Tabla de contenidos

Introducción 6

Triángulos 8

    Triángulos de práctica 9

Teorema 13

    Practica el teorema de Pitágoras 15

Medida de ángulos 18

    Práctica de la medida de ángulos 20

Ángulos coterminales 23

    Practica ángulos coterminales 25

Ángulos de referencia 26

    Practicar ángulos de referencia 28

Radianes 30

    Practica radianes 33

Funciones trigonométricas 37

    Practicar funciones trigonométricas 42

Triángulos rectángulos especiales 45

    Practica triángulos rectángulos especiales 49

Uso de la calculadora TI-84 para encontrar relaciones trigonométricas 52

Uso de la calculadora de Desmos para encontrar relaciones trigonométricas 54

    Practique el uso de la calculadora para encontrar relaciones trigonométricas 55

Encontrar lados y ángulos en triángulos 56

    Practica encontrar lados y ángulos en triángulos 62

Problemas de palabras de trigonometría 65

    Practique problemas de palabras de trigonometría 69

Círculo de unidades 75

    Práctica del círculo de la unidad de relleno 81

Uso del círculo unitario para encontrar valores trig exactos 82

    Practique el uso del círculo unitario para encontrar valores trig exactos 83

Ley de Sines 86

    Práctica Derecho de Sines 91

Ley de Cosines 94

    Práctica de Derecho de Cosines 98

Ley de Sines y Ley de Cosenos Aplicaciones 101

    Práctica Derecho de Sines y Derecho de Cosines Aplicaciones 105

Área de Triángulos 109

    Área de Práctica de Triángulos 113

Graficando el seno y el coseno 115

Practique la representación gráfica del seno y el coseno..127

Graficando tangente y cotangente..135

    Practique graficar tangente y cotangente 142

Graficando secante y cosecante..149

    Practique graficando secante y cosecante 155

Funciones trigonométricas inversas..163

    Practicar funciones trigonométricas inversas..171

Identidades trigonométricas 175

    Practicar identidades trigonométricas 178

Simplificación de expresiones trigonométricas...180

    Practicar la simplificación de expresiones trigonométricas....................................182

Prueba de identidades trigonométricas..184

    Práctica de probar identidades trigonométricas 186

Identidades de suma y diferencia 189

    Practique identidades de suma y diferencia 192

Identidades de doble ángulo y medio ángulo 194

    Practica identidades de doble ángulo y medio ángulo 199

Identidades de suma de productos...201

    Practique identidades de suma de productos 205

Demostrando más identidades trigonométricas 208

    Practicar la prueba de identidades más trigonométricas 208

Resolución de ecuaciones trigonométricas 210

    Practicar la resolución de ecuaciones trigonométricas 219

Soluciones 222

    Triángulos de práctica 222

    Practica soluciones de teoremas pitagóricos 222

    Práctica de soluciones de medición de ángulos 223

    Practique soluciones de ángulos coterminales 223

    Soluciones de ángulos de referencia de práctica 223

    Practique las soluciones de radianes 223

    Practique las soluciones de funciones trigonométricas 224

    Practique soluciones especiales de triángulos rectángulos 225

    Practique el uso de la calculadora para encontrar soluciones de relaciones trigonométricas
    225

    Practique la búsqueda de lados y ángulos en soluciones de triángulos 226

    Practique la trigonometría Soluciones de problemas de palabras 226

    Practique el uso del círculo de unidades para encontrar soluciones exactas de valores trig 227

    Práctica de Derecho de Sines Solutions 227

Práctica Derecho de Cosines Solutions 228

Área de Práctica de Triángulos Soluciones 228

Practique la representación gráfica de soluciones sinusoidales y de coseno 228

Practique la representación gráfica de soluciones tangentes y cotangentes 233

Practique la representación gráfica de soluciones secantes y cosecantes 238

Practique soluciones de funciones trigonométricas inversas 243

Practique soluciones de identidades trigonométricas 244

Práctica simplificación de soluciones de expresiones trigonométricas 244

Practique la prueba de soluciones de identidades trigonométricas 245

Practique soluciones de identidades de doble ángulo y medio ángulo 250

Practique soluciones de identidades de suma de productos 251

Practique probar más soluciones de identidades trigonométricas 252

Practique la resolución de soluciones de ecuaciones trigonométricas 257

Introducción

Bienvenido al mundo de la trigonometría, una fascinante rama de las matemáticas que explora las relaciones entre los ángulos y los lados de los triángulos. Si usted es un estudiante de secundaria que toma precálculo, o una especialización en matemáticas, un estudiante de ingeniería, o simplemente tiene curiosidad sobre las aplicaciones de la trigonometría en diversos campos, este libro de texto completo está diseñado para equiparlo con los conceptos fundamentales, técnicas y habilidades de resolución de problemas necesarias para dominar este tema.

La trigonometría, derivada de las palabras griegas "trigonon" (que significa triángulo) y "metron" (que significa medida), tiene una rica historia que se remonta a miles de años. Las civilizaciones antiguas, como los egipcios y los babilonios, reconocieron la importancia de los ángulos y las proporciones en la medición y construcción de estructuras. Con el tiempo, la trigonometría se ha convertido en una poderosa herramienta para comprender el mundo que nos rodea, encontrar soluciones a problemas complejos y descubrir los secretos de la naturaleza.

En este libro de texto, profundizaremos en los principios fundamentales de la trigonometría, a partir de los conceptos básicos de ángulos, triángulos rectángulos y funciones trigonométricas. Exploraremos las relaciones trigonométricas, incluyendo seno, coseno y tangente, y aprenderemos cómo se relacionan con los lados y ángulos de un triángulo. Con una base sólida en estos principios básicos, pasaremos a temas más avanzados, como el círculo unitario, las identidades trigonométricas, las funciones trigonométricas inversas y las aplicaciones en geometría y física.

A lo largo de este viaje, encontrará numerosos ejemplos, ilustraciones y aplicaciones del mundo real que ayudarán a solidificar su comprensión de la trigonometría. Le proporcionaremos explicaciones paso a paso y lo guiaremos a través de estrategias de resolución de problemas, asegurándonos de que desarrolle las habilidades necesarias para abordar una amplia gama de problemas trigonométricos con confianza.

Este libro de texto está estructurado para adaptarse a diferentes estilos de aprendizaje y niveles de competencia. Ya sea que prefiera un enfoque conceptual o una perspectiva más práctica y práctica, encontrará una variedad de ejercicios y actividades para involucrar su mente y reforzar su comprensión. Además, cada capítulo concluye con un conjunto completo de problemas de práctica, lo que le permite poner a prueba sus conocimientos y reforzar los conceptos cubiertos. Las respuestas a todos los conjuntos de práctica estarán en la parte posterior del libro.

El objetivo de este libro es proporcionar una comprensión básica de la trigonometría que puede encontrar en el precálculo y que se requiere para el cálculo y los cursos de matemáticas más avanzados. Este libro sigue un formato similar a mis libros anteriores en la Serie de Introducción a las Matemáticas y es una forma ampliada de mis notas de clase e incluye explicaciones adicionales, ejemplos y práctica. Me centraré en resolver tantos problemas a mano, pero también mostraré cómo se pueden usar calculadoras gráficas como Desmos. Este libro comenzará con los conceptos básicos de triángulos y trigonometría encontrados en un curso de geometría de la escuela secundaria y profundizará en los conceptos utilizados en el precálculo y el cálculo.

Estoy emocionado de embarcarme en este viaje matemático con ustedes y espero que este libro de texto sirva como un recurso valioso a lo largo de su educación matemática. Entonces, comencemos nuestra exploración del cautivador mundo de la trigonometría, donde los ángulos y triángulos desbloquean un universo de posibilidades.

Triángulos

Un triángulo es una forma con 3 lados rectos. Los triángulos son muy importantes en la geometría y el mundo real, construyendo puentes y casas, volando aviones, usando GPS para navegar, midiendo las alturas de árboles grandes, encontrando distancias a objetos lejanos, etc. Para un triángulo, todos los ángulos interiores suman . $180°$

Ejemplo 1: Encuentra la medida del ángulo faltante.

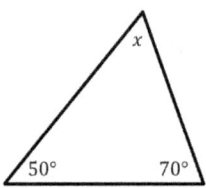

Solución: Los ángulos deben sumar hasta 180 grados, por lo que el ángulo faltante debe ser $x = 180 - 50 - 70 = 60$ ∎

Podemos clasificar los triángulos por sus ángulos o sus lados. Aquí hay dos tablas para mostrar cómo:

	CLASSIFY TRIANGLES BY ANGLES		
TERM	Right	Acute	Obtuse
DEFINITION	Triangle with 1 right angle	Triangle with all acute angles	Triangle with 1 obtuse angle
PICTURE			

	CLASSIFY TRIANGLES BY SIDES		
TERM	Equilateral	Isosceles	Scalene
DEFINITION	Triangle with 3 equal sides (it will also have 3 equal angles, equiangular)	Triangle with 2 equal sides (base angles will also be equal)	Triangle with no equal sides
PICTURE	We put marks on sides to show ≅		

Triángulos de práctica

Encuentra la medida de cada ángulo indicado.

1)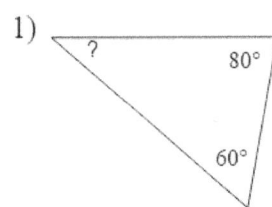

2)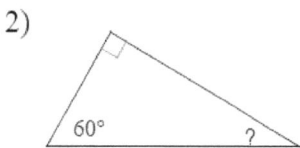

3)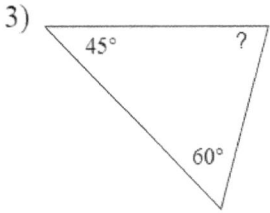

4)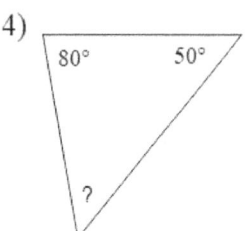

Triángulos

5)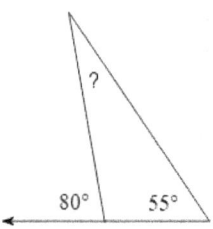

6)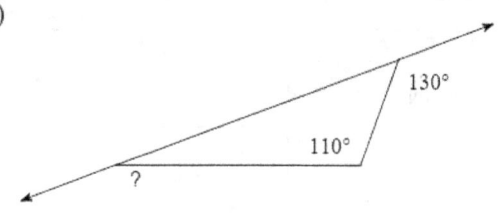

Encuentra la medida del ángulo A.

7)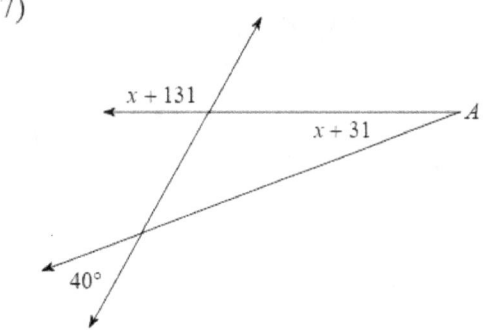

8)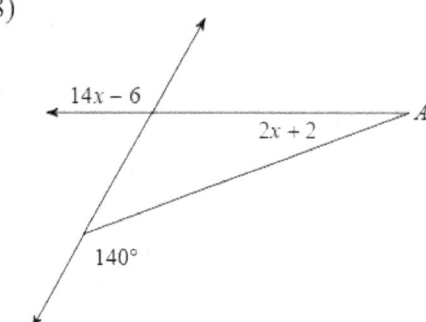

9)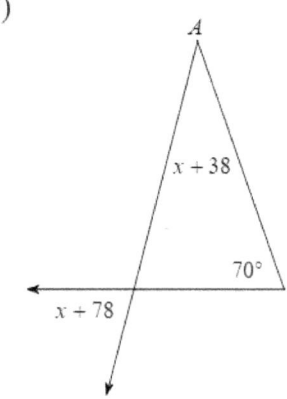

10)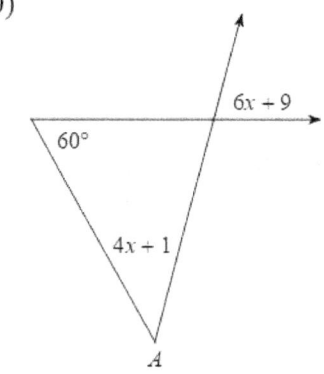

Encuentra la medida de cada ángulo indicado.

11)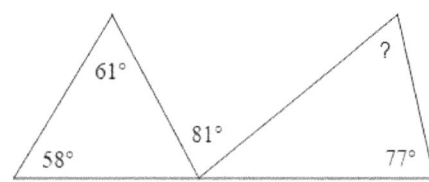

12)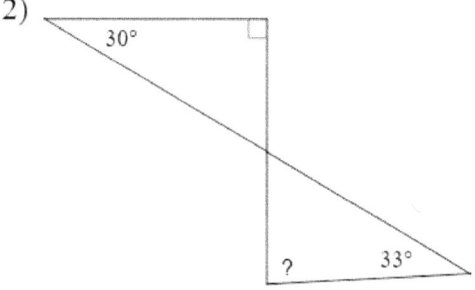

13)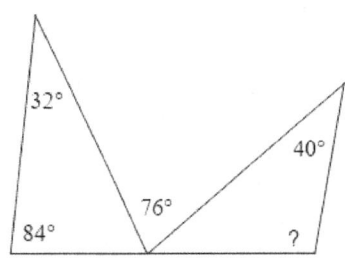

14)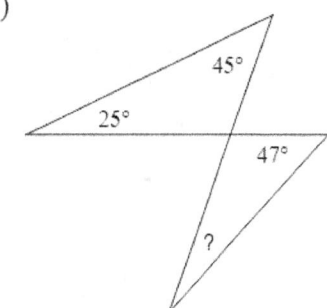

15)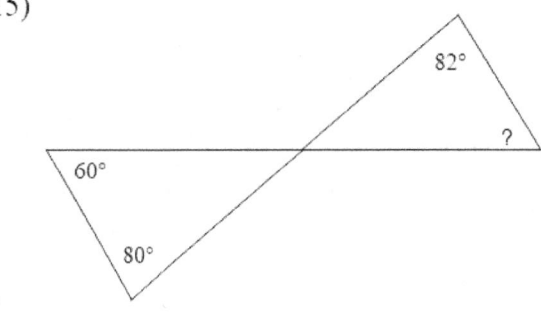

16)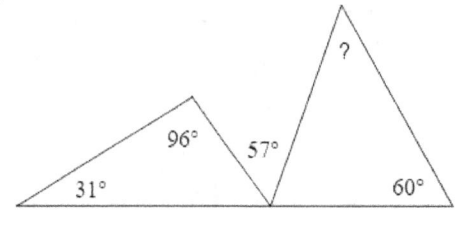

17)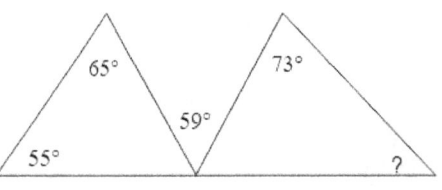

18)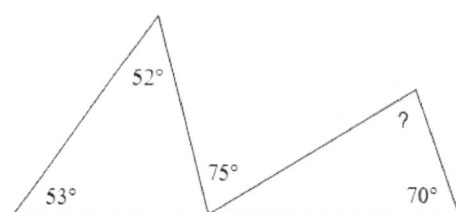

19)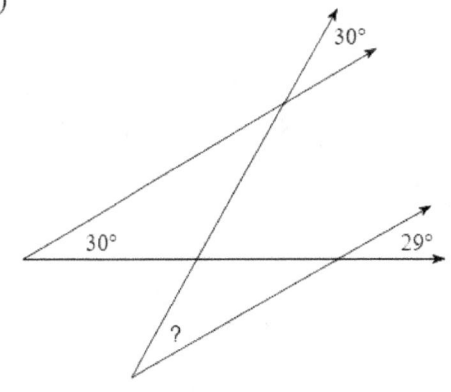

20)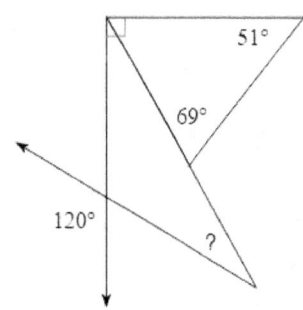

21)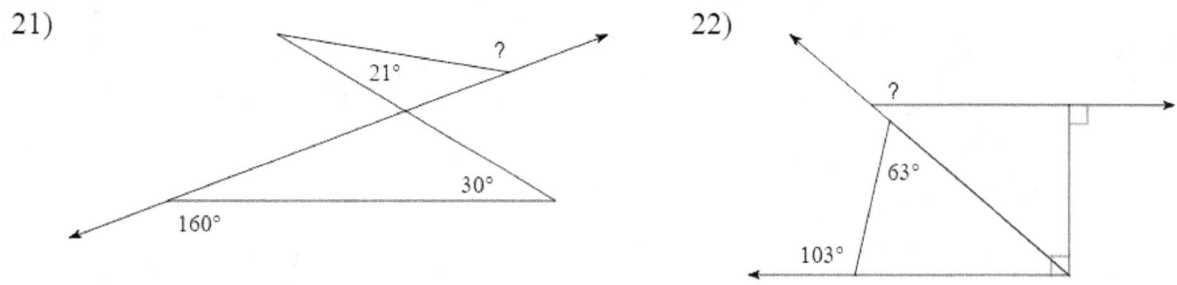

22)

Clasifica cada triángulo por sus ángulos y lados. Los lados iguales y los ángulos iguales, si los hay, se indican en cada diagrama.

23)

24)

25)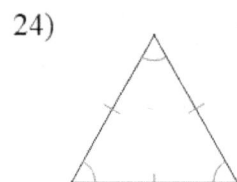

26)

27)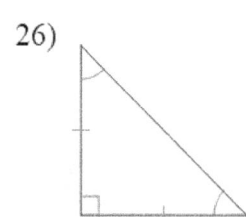

28)

29)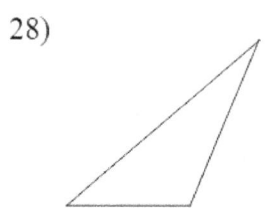

30)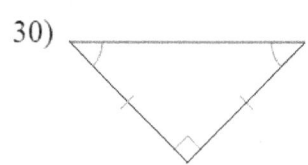

Teorema

El teorema de Pitágoras es un principio fundamental en matemáticas que se relaciona con triángulos rectángulos. Establece que en un triángulo rectángulo, el cuadrado de la longitud de la hipotenusa (el lado opuesto al ángulo recto) es igual a la suma de los cuadrados de las longitudes de los otros dos lados.

Matemáticamente, el teorema de Pitágoras se puede expresar como: $a^2 + b^2 = c^2$

$$a^2 + b^2 = c^2$$

En esta ecuación, c representa la longitud de la hipotenusa, mientras que a y b representan las longitudes de los otros dos lados, que se llaman las piernas del triángulo.

Este teorema lleva el nombre del antiguo matemático griego Pitágoras, a quien se le atribuye su descubrimiento, aunque la evidencia sugiere que el principio también era conocido por civilizaciones anteriores. El teorema de Pitágoras es un concepto fundamental en geometría y tiene numerosas aplicaciones en diversos campos, como la ingeniería, la arquitectura y la física.

El teorema nos permite calcular la longitud de un lado de un triángulo rectángulo si se conocen las longitudes de los otros dos lados. También se usa a menudo para determinar si un triángulo es un triángulo rectángulo comprobando si la ecuación es verdadera para sus longitudes de lado.

Ejemplo 1: Encuentra el lado faltante de cada triángulo. Deja tus respuestas en la forma radical más simple.

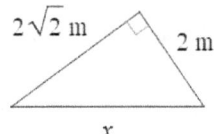

Solución: Primero identifique la hipotenusa que siempre está opuesta al ángulo recto. El cuadro cuadrado apunta a la hipotenusa x. Etiqueta las patas a y b, que son intercambiables.

Luego sustituya en el teorema de Pitágoras: obtener . Simplifique el lado derecho, . Entonces. Finalmente toma la raíz cuadrada de ambos lados y simplifica el radical para obtener . En trigonometría, generalmente dará su respuesta como una respuesta exacta en esta forma radical, pero aún así es útil encontrar la aproximación decimal para ver si su respuesta tiene sentido. $a^2 + b^2 = c^2 (2\sqrt{2})^2 + 2^2 = x^2 8 + 4 = x^2 12 = x^2 x = \sqrt{12} = \sqrt{4}\sqrt{3} = 2\sqrt{3} x = 2\sqrt{3} \approx 3.4641$. Al dar aproximaciones decimales, es mejor redondear a las diez milésimas o cuatro decimales. Dado que las piernas son 2 y podemos ver que nuestra respuesta tiene sentido ya que estábamos resolviendo la hipotenusa que debería ser el lado más largo. $2\sqrt{2} \approx 2.8284 x = 2\sqrt{3}$ ∎

Ejemplo 2: Encuentra el lado que falta de cada triángulo. Deja tus respuestas en la forma radical más simple.

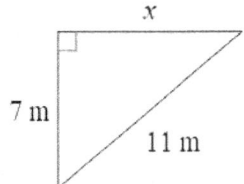

Solución: El primer paso es encontrar la hipotenusa que siempre está frente a la caja. El cuadrado apunta a la hipotenusa 11. Etiqueta las patas a y b, que son intercambiables. Sea a = 7, b = x:

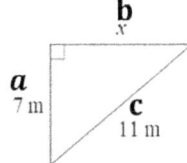

Luego sustituya en el teorema de Pitágoras: obtener $a^2 + b^2 = c^2$

$7^2 + x^2 = 11^2$. Simplificando da, . Entonces. Finalmente toma la raíz cuadrada de ambos lados para obtener . . $49 + x^2 = 121 \quad x^2 = 121 - 49 = 72 \quad x = \sqrt{72} = \sqrt{36}\sqrt{2} = 6\sqrt{2} \quad 6\sqrt{2} \quad x = 6\sqrt{2} \approx 8.4853$ ∎

Practica el teorema de Pitágoras

Encuentra el lado que falta de cada triángulo. Deja tus respuestas en la forma radical más simple.

1)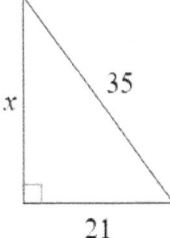

2)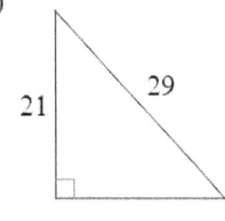

3)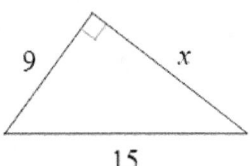

4)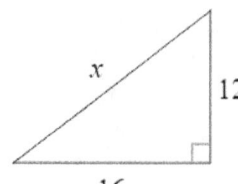

5)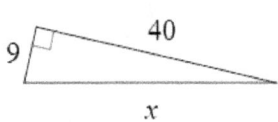

6)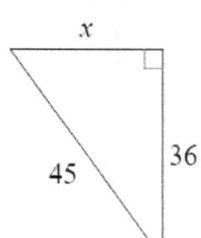

7)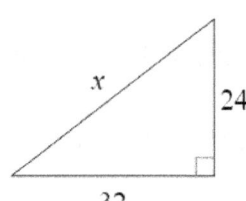

8)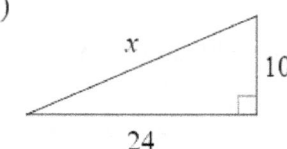

9)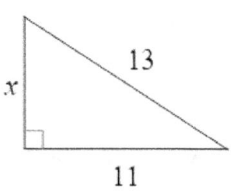

10)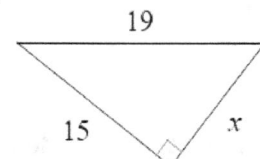

11)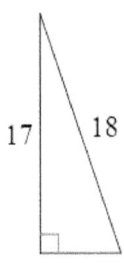

12)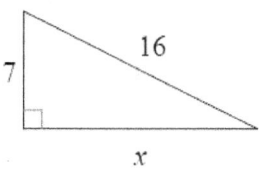

13)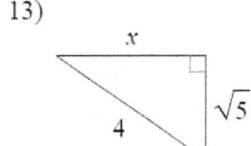

14)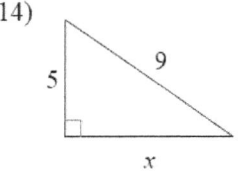

15)

16)

17) $a = 5$, $b = \sqrt{65}$

18) $a = \sqrt{15}$, $b = \sqrt{15}$

19) $a = 14$, $b = 7$

20) $a = \sqrt{10}$, $c = 3\sqrt{2}$

21) $a = \sqrt{65}$, $c = 17$

22) $a = 13$, $b = 13$

23) $a = 13$, $b = \sqrt{65}$

24) $b = \sqrt{226}$, $c = 19$

25) $a = 7$, $b = 7$

26) $b = 7$, $c = 18$

27) $a = 10$, $c = 14$

28) $b = 13$, $c = 14$

29) $a = 14$, $c = 34$

30) $b = 20$, $c = 45$

Medida de ángulos

Un ángulo se forma girando un rayo dado alrededor de su punto final a algún lado terminal.

El lado inicial es el rayo original. El lado terminal es el segundo lado. La cantidad de rotación se mide en grados o radianes. Al hacer trigonometría, a menudo interpretamos los ángulos como formados en el plano de coordenadas con el vértice en el origen. El plano de coordenadas tiene un *eje x* y un eje y que dividen el plano en cuatro cuadrantes etiquetados con números romanos. Comenzando en la parte superior derecha con el cuadrante I, luego yendo en el sentido de las agujas del reloj con el cuadrante II, el cuadrante III y el cuadrante IV.

La posición estándar para el lado inicial es el eje *x* positivo.

Ir **en sentido contrario a las agujas del reloj** se considera un ángulo **POSITIVO**.

Ir en **el sentido de las agujas del reloj** se considera un ángulo **NEGATIVO**.

Cuando el lado terminal está en el eje *x positivo* se forma un ángulo de 0 grados. Una rotación completa alrededor de terminar en el eje *x* es de 360 grados. Un cuarto de rotación es de 90 grados, media vuelta es de 180 grados y tres cuartos es de 270 grados.

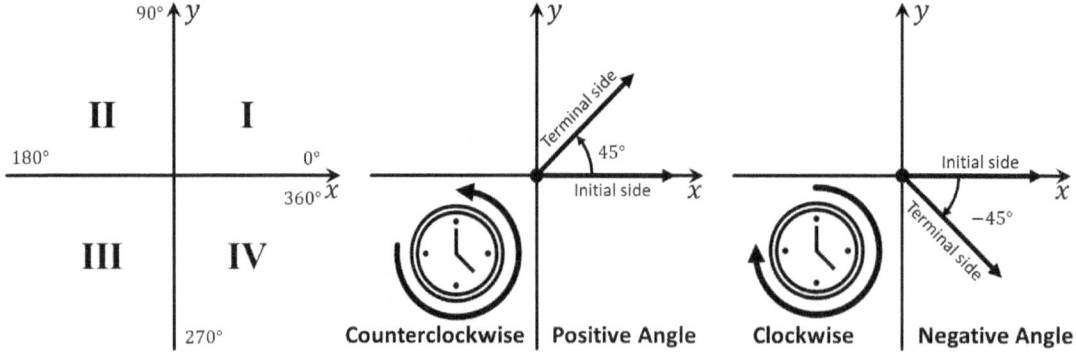

Ejemplo 1: Encuentra la medida del ángulo en el diagrama

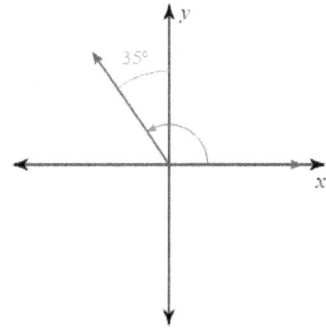

Solución: Dado que el ángulo gira en sentido contrario a las agujas del reloj, será un ángulo

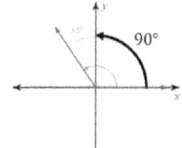

positivo. Va más allá del eje y por lo que podemos agregar 90 y 35 para obtener

la solución de 125 °∎

Ejemplo 2: Buscar la medida del ángulo en el diagrama

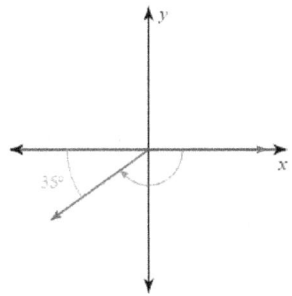

Solución: Dado que el ángulo gira en el sentido de las agujas del reloj, será un ángulo negativo.

La marca muestra que es 35 ° menos de la mitad de una rotación.

Medida de ángulos

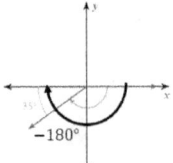

Ir al eje x negativo sería –180° por lo que podemos agregar 35 a –180 para obtener la solución de –145° ■

Ejemplo 3: Encuentra la medida del ángulo en el diagrama

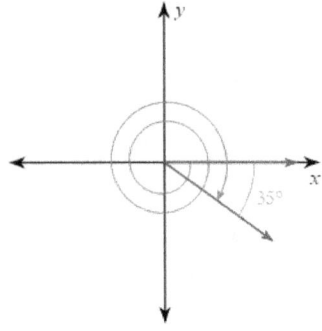

Solución: Dado que el ángulo gira en el sentido de las agujas del reloj, será un ángulo negativo.

Hace más de un bucle alrededor.

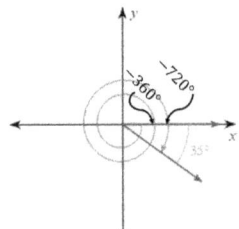

Hace dos rotaciones completas en la dirección negativa para –720° y luego va 35° extra en la dirección negativa –720° + –35° = –755° ■

Práctica de la medida de ángulos

Encuentra la medida de cada ángulo.

Medida de ángulos

1)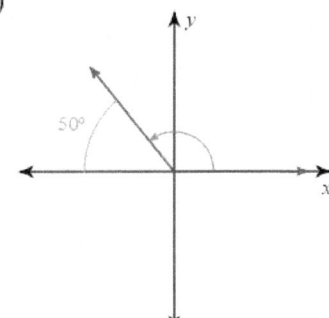

2)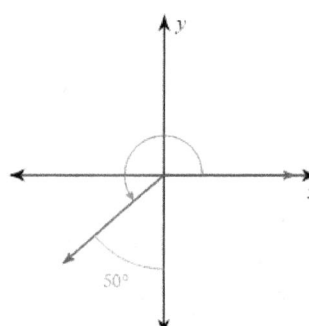

3)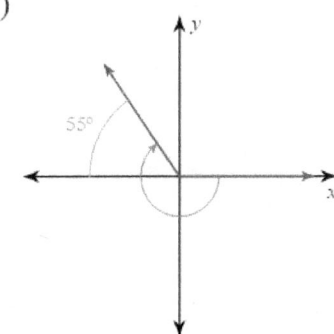

4)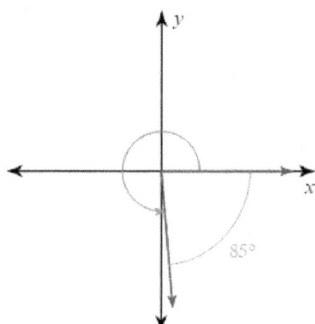

5)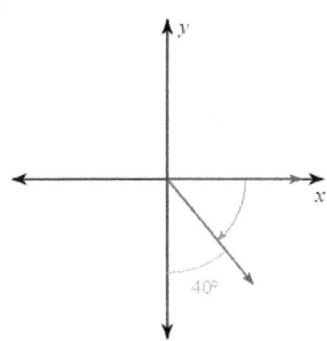

6)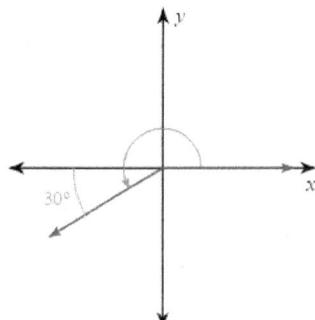

7)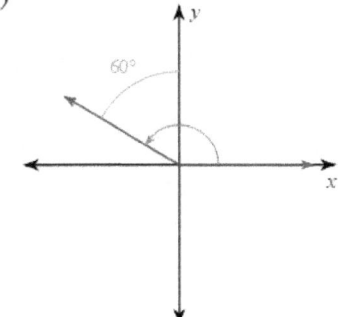

8)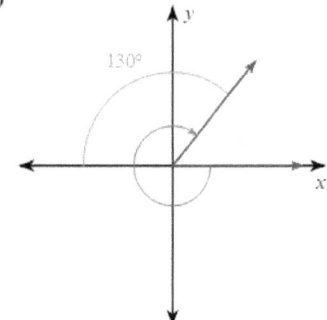

Medida de ángulos

9)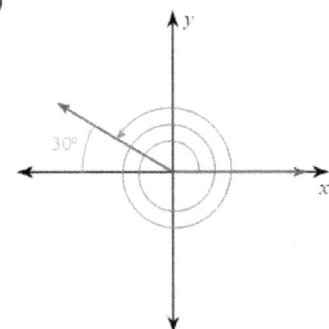

10)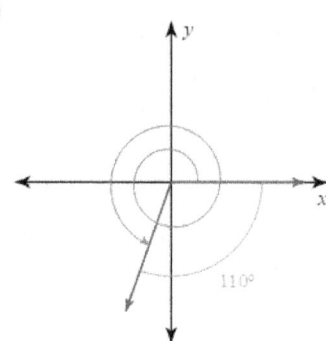

11)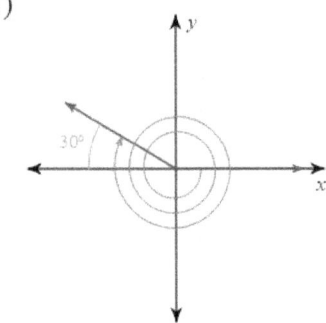

12)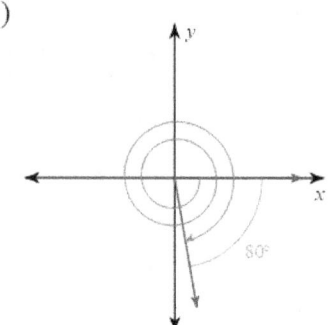

Dibuja un ángulo con la medida dada en posición estándar.

13) −350°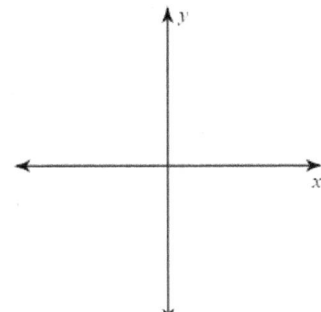

14) 235°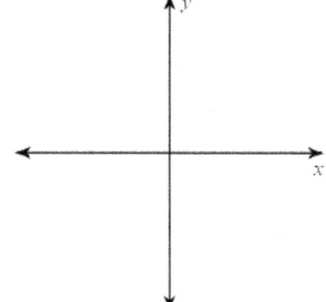

15) −100°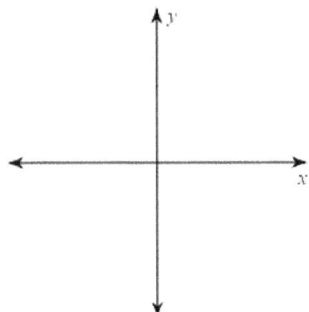

16) 335°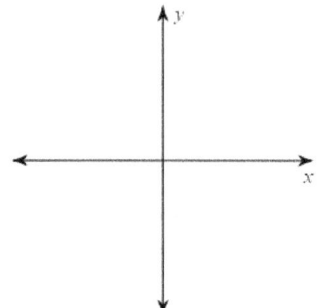

17) 565°
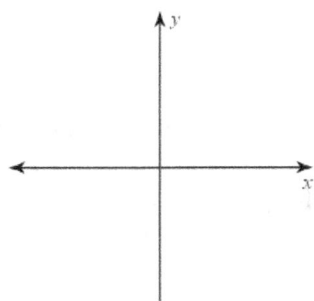

18) 420°
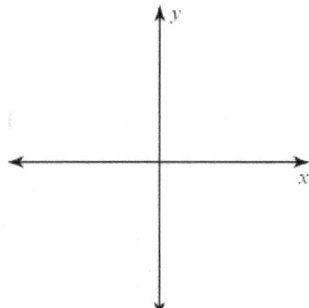

19) −580°
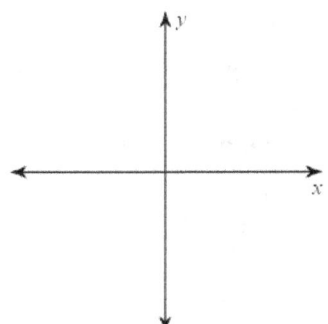

20) −465°
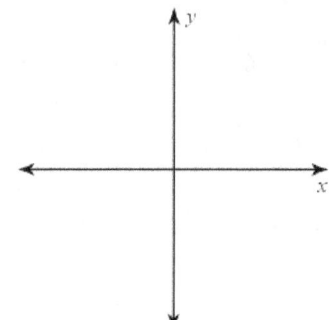

Ángulos coterminales

Los ángulos coterminales son ángulos que tienen el mismo lado inicial y el mismo lado terminal, es decir, los ángulos terminan en el mismo lugar.

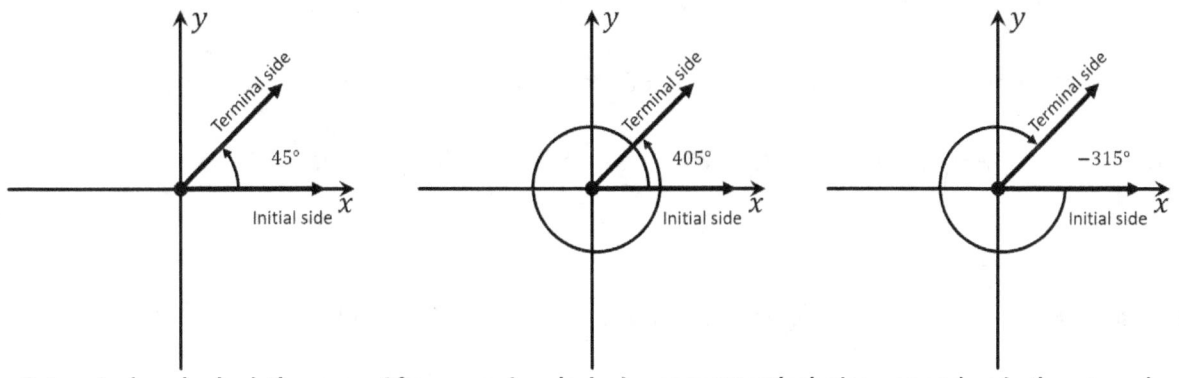

Coterminal angles look the same. After wrapping clockwise or counterclockwise, you end up in the same place

Ángulos coterminales

Hay una cantidad infinita de ángulos coterminales positivos y negativos.

Fórmula de ángulo coterminal: Dado cualquier ángulo x, entonces los ángulos coterminales se encuentran por $x + 360k$, donde k es un entero. Los ángulos coterminales difieren en múltiplos de $360°$. $k \in \mathbb{Z} = \{...-3,-2,-1,0,1,2,3,...\}$

Ejemplo 1: Indique si los ángulos dados 270° y −450° son coterminales.

Solución: La forma más fácil de determinar si dos ángulos son coterminales es determinar si la diferencia entre ellos es un múltiplo de 360°. Tome 270 − (− 450) = 720. Luego divide la diferencia por 360. 720 dividido por 360 es 2. Entonces, los ángulos son coterminales ■

Ejemplo 2: Indique si los ángulos dados 870° y 330° son coterminales.

Solución: Encuentra la diferencia: 870 − 330 = 540. Luego divide la diferencia por 360. 540 dividido por 360 es 1.5, no se divide uniformemente. Por lo tanto, los ángulos NO son coterminales ■

Ejemplo 3: Encuentra un ángulo coterminal para 830° entre 0° y 360°.

Solución: Dado que el ángulo es superior a 360, queremos restar un multiplicador de 360 para terminar entre 0 y 360. Podemos usar 720° que da 830° − 720° = 110° ■

Ejemplo 4: Encuentra un ángulo coterminal para −175° entre 0° y 360°.

Solución: Como el ángulo es menor que 360, queremos agregar un multiplicador de 360 para terminar entre 0 y 360. Podemos usar 360° que da −175° + 360° = 185° ∎

Ejemplo 5: Encuentra un ángulo coterminal positivo y negativo para el ángulo dado 225°.

Solución: Hay un número infinito de ángulos coterminales, pero es más fácil encontrar y comprobar los ángulos más cercanos. Podemos encontrar un ángulo coterminal positivo y negativo para un ángulo dado sumando o restando múltiplos de 360 grados. Como se nos da un ángulo positivo que es menor que 360, queremos agregar 360 para obtener otro ángulo positivo: 225 ° + 360 ° = 585 °. Luego reste 360 para obtener un ángulo coterminal negativo: 225 ° - 360 ° = - 135 °. Entonces, los dos ángulos son: 135 ° y 585 ° ∎

Practica ángulos coterminales

Indique si los ángulos dados son coterminales.

1) 155°, 515°

2) 140°, −220°

3) 285°, −75°

4) 335°, −695°

7) 265°, −625°

8) 115°, −245°

Encuentra un ángulo coterminal entre 0° y 360°.

9) 975°

10) −332°

11) 905°

12) 465°

13) −705°

14) −175°

Ángulos de referencia

15) −550°

16) −638°

Encuentra un ángulo coterminal positivo y negativo para cada ángulo dado.

17) 355°

18) 300°

19) −60°

20) 480°

21) 290°

22) 0°

23) −529°

24) 378°

Ángulos de referencia

El **ángulo de referencia** es el ángulo más pequeño posible hecho por el lado terminal del ángulo dado con el eje x. Siempre es un ángulo agudo (excepto cuando es exactamente 90 grados). Un ángulo de referencia siempre es positivo, sin importar en qué lado del eje esté cayendo.

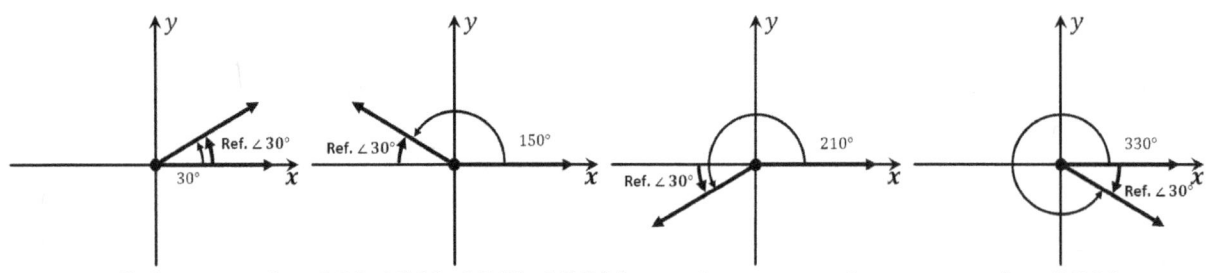

All these angles 30°, 150°, 120°, 330° have the same reference angle of 30°

Para encontrar el ángulo de referencia para cualquier ángulo, primero encuentre un ángulo coterminal que se encuentre entre 0 ° y 360 °, luego determine en qué cuadrante se encuentra. Si está en el cuadrante I, entonces el ángulo de referencia es el mismo que el ángulo coterminal. Si está en el cuadrante II, entonces el ángulo de referencia se obtiene restando el ángulo coterminal de 180°. Si está en el cuadrante III, entonces el ángulo de referencia se obtiene restando 180° del ángulo coterminal. Por último, si está en el cuadrante IV, entonces el ángulo de referencia se obtiene restando el ángulo coterminal de 360°.

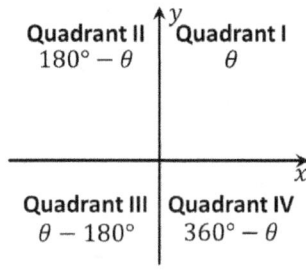

Finding Reference Angles for Each Quadrant

Ejemplo 1: Encuentra el ángulo de referencia.

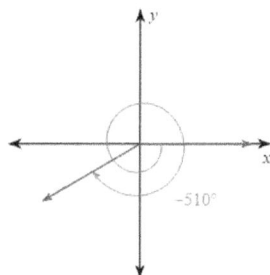

Solución: Dado que el ángulo es negativo y se envuelve más de una vez, queremos encontrar el ángulo coterminal que esté entre 0° y 360°. Necesitamos agregar un múltiplo de 360°. Tome −510° + 720° = 210°. Esto está en el tercer cuadrante, por lo que tenemos que averiguar qué tan lejos está del eje x a 180°. Restar 210° − 180° = 30° ∎

Ejemplo 2: Encuentra el ángulo de referencia para 685°.

Ángulos de referencia

Solución: Dado que el ángulo es positivo y superior a 360°, necesitamos encontrar el ángulo coterminal entre 0° y 360°. Resta 685° − 360° = 325°. Este ángulo está en el cuadrante IV, así que reste 360° − 325° = 35° ∎

Practicar ángulos de referencia

Encuentra el ángulo de referencia.

1)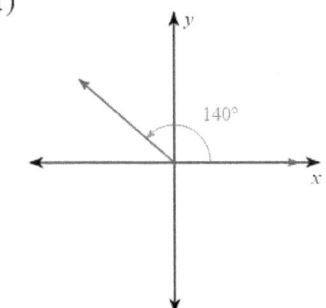

2)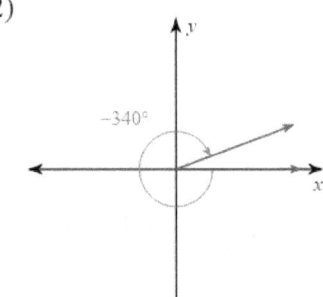

3)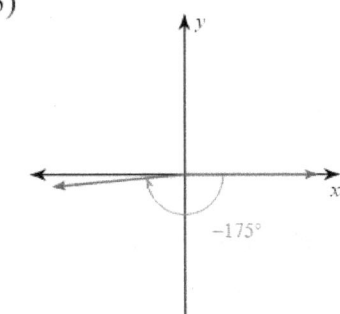

4)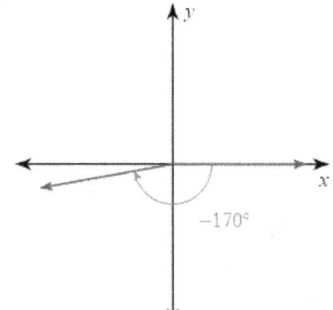

5)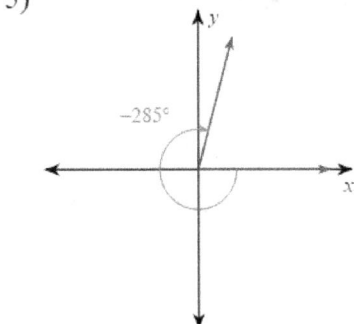

6)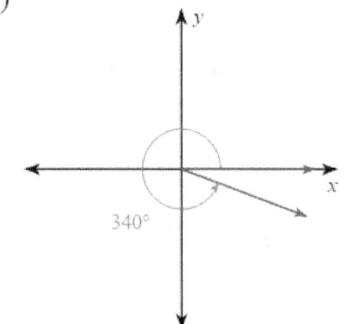

7)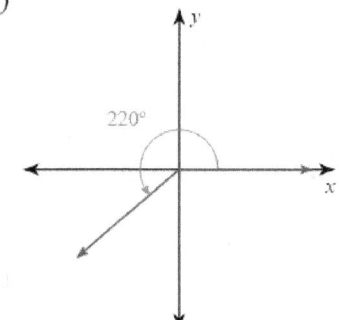

8)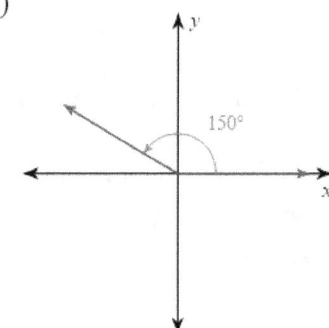

9)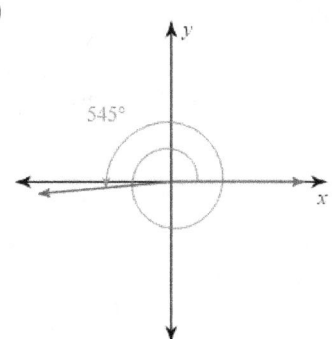

10)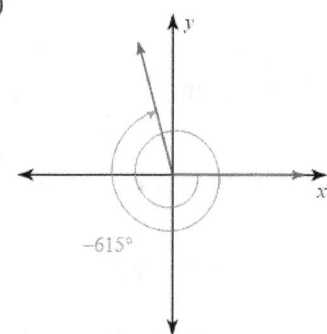

11)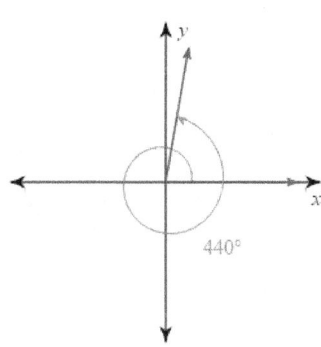

12)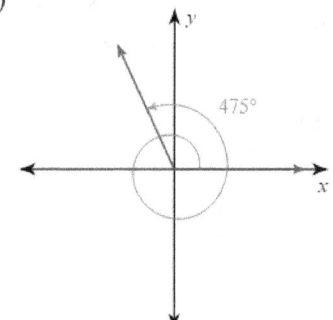

13) 155°

14) 350°

15) −250°

16) −110°

17) −385°

18) 470°

19) 485°

20) −570°

Radianes

Los ángulos de medición también se pueden hacer en otra unidad llamada radianes. Los radianes se utilizan para medir ángulos basados en el radio del círculo en términos de π. Usaremos un **círculo unitario** con radio 1 que tiene una circunferencia de 2π. Por lo tanto, una rotación completa es 360° = 2π radianes. La mitad de una rotación completa es 180° = π radianes. Podemos usar este hecho para convertir entre grados y radianes.

Podemos convertir la medida de grado en radianes multiplicando por $\frac{\pi}{180}$. Y convierte los radianes de nuevo en grados multiplicando por $\frac{180}{\pi}$.

Radianes se abrevia rad, pero a menudo esto se omite en la escritura matemática.

Degrees to Radians	Radians to Degrees
$\times \dfrac{\pi}{180°}$	$\times \dfrac{180°}{\pi}$

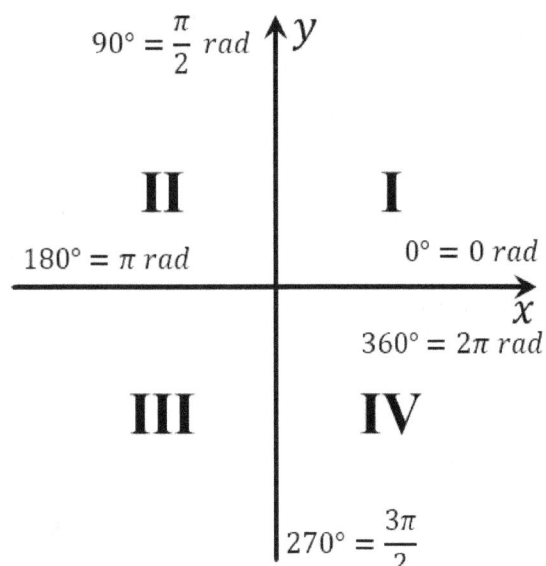

Ejemplo 1: Convertir 20° en radianes.

Solución: Multiplica la medida de grado por el factor de conversión y reduce la fracción:

$$20° \cdot \frac{\pi}{180°} = \frac{\pi}{9}\ \blacksquare$$

Ejemplo 2: Convertir en grados. $\frac{3\pi}{4}$

Solución: Multiplique la medida del radián por el factor de conversión y reduzca la fracción:

$$\frac{3\pi}{4} \cdot \frac{180°}{\pi} = 135°\ \blacksquare$$

Ejemplo 3: Encuentra la medida del ángulo.

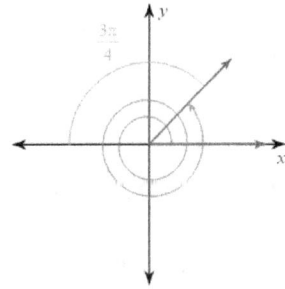

Solución: Dado que el ángulo gira en sentido contrario a las agujas del reloj, será un ángulo positivo. Hace más de un bucle alrededor. Hace dos rotaciones completas sumando 4π. Se nos da que $\frac{3\pi}{4}$ los radianes quedan para llegar a la mitad de una rotación de π. Restando nos da la cantidad adicional que necesitamos para ir: . $\pi - \frac{3\pi}{4} = \frac{\pi}{4}$ Suma las dos rotaciones completas y esta cantidad adicional: . La medida del ángulo es $4\pi + \frac{\pi}{4} = \frac{16\pi}{4} + \frac{\pi}{4} = \frac{17\pi}{4}$ $\frac{17\pi}{4}\ \blacksquare$

Radianes

Fórmula de ángulo coterminal en radianes: Dado cualquier ángulo x, entonces los ángulos coterminales se encuentran por $x + 2\pi k$, donde $k \in \mathbb{Z} = \{\ldots -3, -2, -1, 0, 1, 2, 3, \ldots\}$. Los ángulos coterminales difieren en múltiplos de 2π.

Ejemplo 4: Encuentra un ángulo coterminal positivo y uno negativo para los $-\frac{2\pi}{3}$ radianes de ángulo dados.

Solución: Hay un número infinito de ángulos coterminales, pero es más fácil encontrar y comprobar los ángulos más cercanos. Podemos encontrar un ángulo coterminal positivo y negativo para un ángulo dado sumando o restando múltiplos de 2π radianes. Como se nos da un ángulo negativo, queremos sumar 2π para obtener un ángulo positivo: $-\frac{2\pi}{3} + 2\pi = -\frac{2\pi}{3} + \frac{6\pi}{3} = \frac{4\pi}{3}$ Luego reste 2π para obtener otro ángulo coterminal negativo: $-\frac{2\pi}{3} - 2\pi = -\frac{2\pi}{3} - \frac{6\pi}{3} = -\frac{8\pi}{3}$. Entonces, los dos ángulos son $-\frac{8\pi}{3}$ y $\frac{4\pi}{3}$ ∎

Para encontrar el ángulo de referencia para cualquier ángulo, primero encuentre un ángulo coterminal que se encuentre entre 0 y 2π, luego determine en qué cuadrante se encuentra. Si está en el cuadrante I, entonces el ángulo de referencia es el mismo que el ángulo coterminal. Si está en el cuadrante II, entonces el ángulo de referencia se obtiene restando el ángulo coterminal de π. Si está en el cuadrante III, entonces el ángulo de referencia se obtiene restando π del ángulo coterminal. Por último, si está en el cuadrante IV, entonces el ángulo de referencia se obtiene restando el ángulo coterminal de 2π.

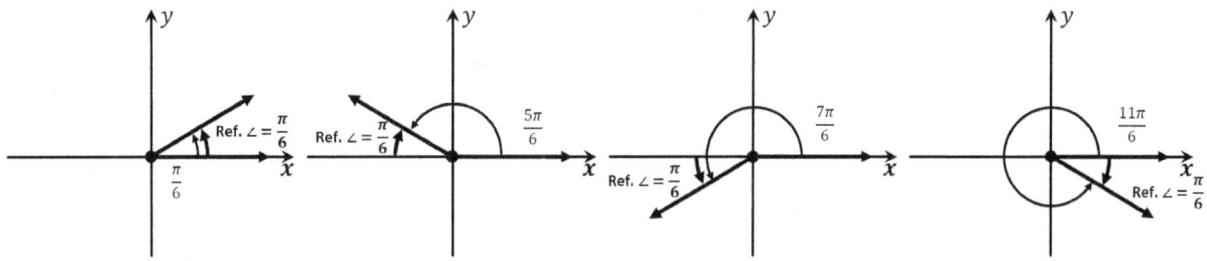

All these angles: $\frac{\pi}{6}, \frac{5\pi}{6}, \frac{7\pi}{6}, \frac{11\pi}{6}$ have the same reference angle of $\frac{\pi}{6}$

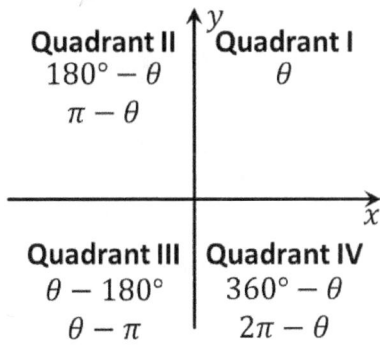

Ejemplo 5: Buscar el ángulo de referencia para $-\frac{17\pi}{6}$

Solución: -2π Dado que el ángulo es negativo y menor necesitamos encontrar el ángulo coterminal entre 0 y 2π. Sumar Este ángulo está en el cuadrante III, así que reste. El ángulo de referencia es $-\frac{17\pi}{6} + 4\pi = -\frac{17\pi}{6} + \frac{24\pi}{6} = \frac{7\pi}{6} \frac{7\pi}{6} - \pi = \frac{7\pi}{6} - \frac{6\pi}{6} = \frac{\pi}{6} \frac{\pi}{6}$ ∎

Practica radianes

Convierte cada medida de grado en radianes.

1) 200°

2) 135°

3) 45°

4) 360°

5) −270°

6) −100°

7) 525°

8) −960°

Radianes

Convierte cada medida de radián en grados.

9) $\dfrac{23\pi}{12}$

10) $\dfrac{5\pi}{3}$

11) $\dfrac{7\pi}{9}$

12) $\dfrac{8\pi}{9}$

13) $-\dfrac{5\pi}{12}$

14) $-\dfrac{14\pi}{9}$

15) $\dfrac{49\pi}{12}$

16) $-\dfrac{55\pi}{12}$

Encuentra la medida de cada ángulo en radianes.

17)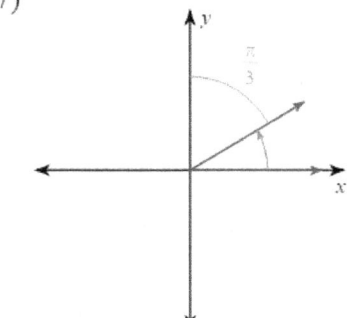

18)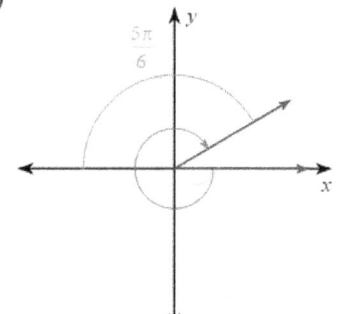

19)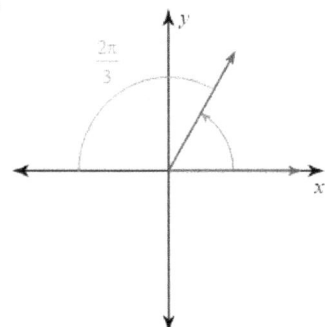

20)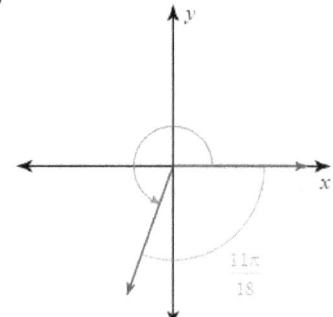

Radianes

21)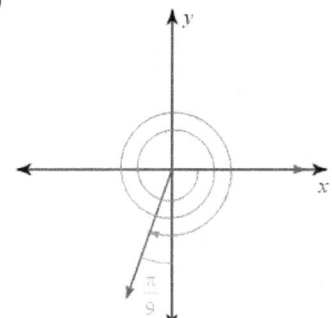

22)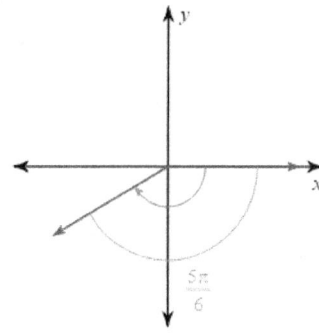

23)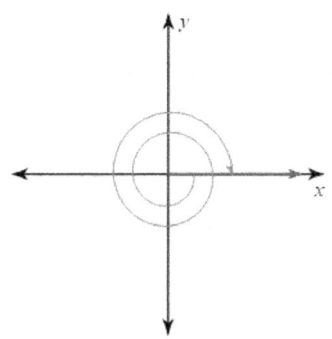

24)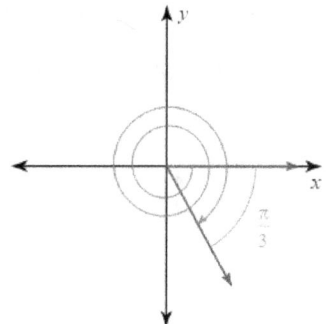

Dibuja un ángulo con la medida dada en posición estándar.

25) $\dfrac{3\pi}{4}$

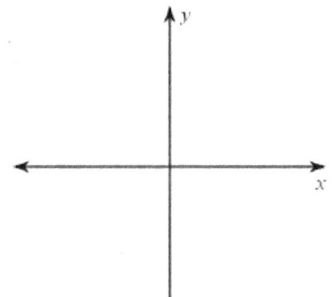

26) $\dfrac{\pi}{6}$

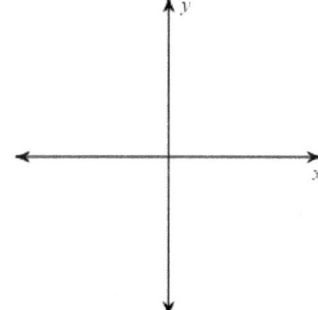

Radianes

27) $-\dfrac{7\pi}{4}$

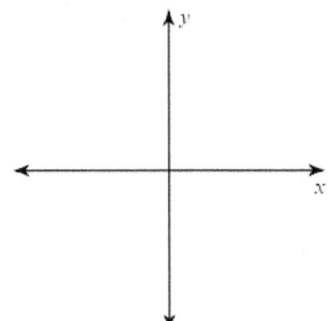

28) $-\dfrac{2\pi}{3}$

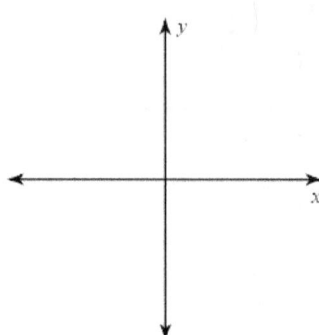

Encuentra los ángulos coterminales positivos y negativos más cercanos para cada ángulo dado.

29) $\dfrac{13\pi}{4}$

30) $\dfrac{7\pi}{12}$

31) 0

32) $\dfrac{23\pi}{36}$

33) $-\dfrac{3\pi}{2}$

34) $-\dfrac{43\pi}{36}$

35) $-\dfrac{13\pi}{12}$

36) $-\dfrac{7\pi}{4}$

Encuentra el ángulo de referencia.

37)

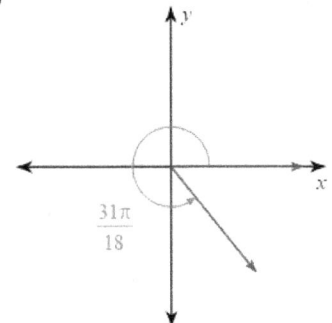

$\dfrac{31\pi}{18}$

38)

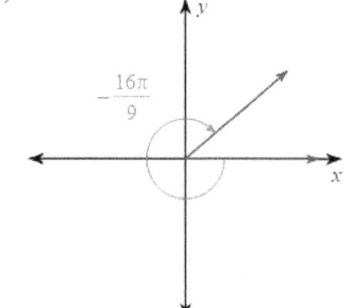

$-\dfrac{16\pi}{9}$

39)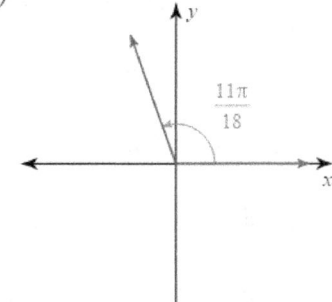

40)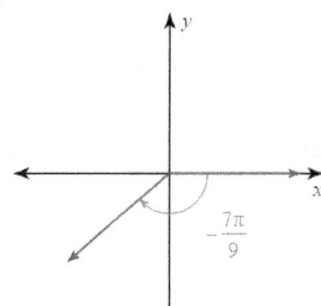

41)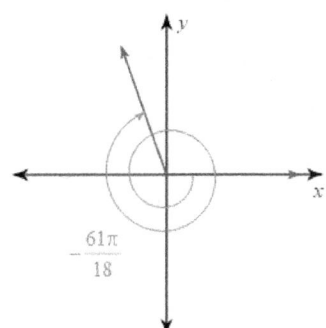

42)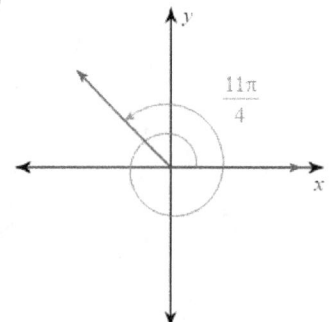

43) $-\dfrac{5\pi}{4}$

44) $-\dfrac{11\pi}{12}$

45) $-\dfrac{7\pi}{9}$

46) $-\dfrac{5\pi}{3}$

47) $-\dfrac{67\pi}{18}$

48) $\dfrac{31\pi}{9}$

49) $-\dfrac{43\pi}{18}$

50) $\dfrac{17\pi}{6}$

Funciones trigonométricas

Una relación trigonométrica compara las longitudes de dos lados con respecto a un ángulo agudo, Yo (theta) en un triángulo rectángulo. No importa las longitudes de los lados o cuán grande sea el triángulo, siempre que los ángulos sean los mismos, los triángulos con ser

Funciones trigonométricas

similares y las longitudes de los lados estarán en la misma proporción. Hay seis razones trigonométricas que se definen: seno, coseno, tangente, secante, cosecante y cotangente. Para determinar las proporciones, debe ser capaz de identificar las partes de un triángulo rectángulo. La hipotenusa (hypotenuse) es el lado más largo y está en ángulo recto. El lado adyacente (adjacent) está al lado del ángulo y es el otro lado que forma el ángulo junto con la hipotenusa. El lado opuesto (opposite) es opuesto al ángulo Yo theta. La hipotenusa, el lado adyacente y el lado opuesto dependen del ángulo elegido.

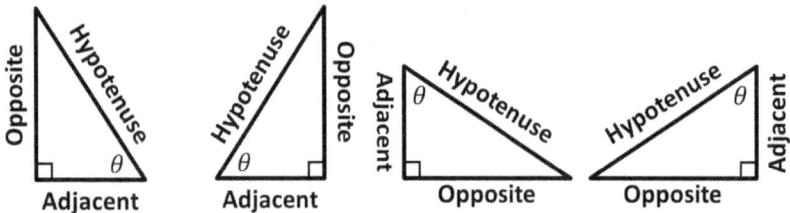

Sine (pecado abreviado) es igual al lado opuesto sobre la hipotenusa. El coseno (abreviado cos) es igual al lado adyacente sobre la hipotenusa. La tangente (abreviado tan) es igual al lado opuesto sobre el lado adyacente. Cosecante (abreviado csc) es igual a la hipotenusa sobre el lado opuesto. Secante (abreviado sec) es igual a la hipotenusa sobre el lado adyacente. La cotangente (abreviada cot) es igual al lado adyacente sobre el lado opuesto.

$\sin \theta = \dfrac{opposite}{hypotenuse}$	$\csc \theta = \dfrac{hypotenuse}{opposite}$
$\cos \theta = \dfrac{adjacent}{hypotenuse}$	$\sec \theta = \dfrac{hypotenuse}{adjacent}$
$\tan \theta = \dfrac{opposite}{adjacent}$	$\cot \theta = \dfrac{adjacent}{opposite}$

El dispositivo mnemotécnico SOHCAHTOA se usa a menudo para ayudar a memorizar las 3 proporciones básicas de trig:

SOH: SIN = Opp/Hyp   **CAH**: COS = Adj/Hyp   **TOA**: TAN = Opp/Adj

Las tres relaciones trig restantes son las recíprocas de estas tres, voltee las fracciones anteriores:

CSC = Hyp/ Opp   SEC = Hyp/ Adj   COT = adj/ opp

$$\csc\theta = \frac{1}{\sin\theta} \quad \sec\theta = \frac{1}{\cos\theta} \quad \cot\theta = \frac{1}{\tan\theta}$$

Pasos para resolver problemas de relación trigonométrica:

1) Haga un dibujo y etiquete los lados y ángulos si no se proporciona uno.

2) Identifique el ángulo sobre el que se está preguntando.

3) Etiquete la hipotenusa desde el ángulo recto, luego el opuesto y los lados adyacentes.

4) Escriba la fórmula para la relación trigonométrica que se está pidiendo.

5) Si necesita un lado que no se da, use el teorema de Pitágoras para encontrar el lado que falta.

6) Sustituir en la fórmula y reducir, racionalizar el denominador si es necesario.

Ejemplo 1: Encuentra todas las relaciones trigonométricas para el ángulo dado en el triángulo:

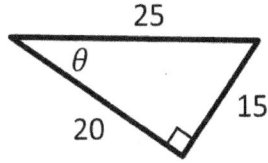

Solución: Etiquete los lados para el θ dado.

Funciones trigonométricas

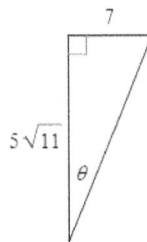

$$\sin \theta = \frac{O}{H} = \frac{15}{25} = \frac{3}{5}, \quad \cos \theta = \frac{A}{H} = \frac{20}{25} = \frac{4}{5} \quad \tan \theta = \frac{O}{A} = \frac{15}{20} = \frac{3}{4}$$

$$\csc \theta = \frac{H}{O} = \frac{25}{15} = \frac{5}{3}, \quad \sec \theta = \frac{H}{A} = \frac{25}{20} = \frac{5}{4} \quad \cot \theta = \frac{A}{O} = \frac{20}{15} = \frac{4}{3} \blacksquare$$

Ejemplo 2: Encuentra csc θ

Solución: Aquí estamos encontrando solo cosecante, que es la proporción de hipotenusa sobre el lado opuesto. Etiqueta los lados para el θ dado:

No se nos da la hipotenusa. Necesitamos usar el teorema de Pitágoras para resolverlo. $H = \sqrt{\left(5\sqrt{11}\right)^2 + 7^2} = \sqrt{275 + 49} = \sqrt{324} = 18$

Ahora tenemos eso $\csc \theta = \frac{18}{7}$ $\blacksquare$

Ejemplo 3: En el triángulo ABC, el ángulo C es un ángulo recto. Encuentra el valor de la función trig:

Find $\sin A$ if $b = 6$, $c = 18$

Solución: Dibuje el triángulo, observando que A, B y C representan los ángulos siendo C el ángulo recto. Los lados se denotan con letras minúsculas, a, b y c, opuestas a los ángulos correspondientes. Etiquete los lados dados b = 6 y c = 18. El seno del ángulo A es lo que queremos encontrar. Etiqueta la hipotenusa, lados opuestos y adyacentes.

[Triángulo: B arriba, C abajo izquierda (ángulo recto), A abajo derecha (ángulo θ). Opp a = ? en lado BC, Hyp c = 18 en lado BA, Adj b = 6 en lado CA]

Queremos encontrar el pecado A, estableciendo la fórmula: $\sin A = \frac{opp}{hyp} = \frac{a}{c}$. No se nos da a, así que necesitamos usar el teorema de Pitágoras para resolver . Sustituyendo tenemos: . Resuelve foros: . Conecte esto en la proporción: $a^2 + b^2 = c^2$ $a^2 + 6^2 = 18^2$ $a = \sqrt{18^2 - 6^2} = \sqrt{324 - 36} = \sqrt{324 - 36} = \sqrt{288} = \sqrt{144}\sqrt{2} = 12\sqrt{2}$ $\sin A = \frac{opp}{hyp} = \frac{a}{c} = \frac{12\sqrt{2}}{18} = \frac{2\sqrt{2}}{3}$ ∎

Ejemplo 4: Encuentra el valor de la función trig indicada:

Find $\csc \theta$ if $\cos \theta = \dfrac{3}{11}$

Solución: Dibuja el triángulo. Si $\cos \theta = \frac{3}{11} = \frac{adj}{hyp}$, entonces el lado adyacente es igual a 3 y la hipotenusa es igual a 11. Etiqueta el triángulo. Para encontrar csc θ, necesitamos conocer el

Funciones trigonométricas

lado opuesto que no se da directamente. Resolver por el teorema de Pitágoras. Sustituyendo tenemos: . Resuelve foros: . $a^2 + 3^2 = 11^2$ $a = \sqrt{11^2 - 3^2} = \sqrt{121 - 9} = \sqrt{112} = \sqrt{16}\sqrt{7} = 4\sqrt{7}$

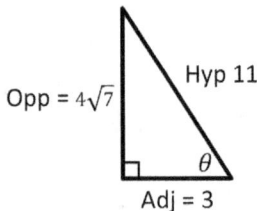

Ahora podemos conectarnos a la relación trig deseada: Racionalizar .$\csc \theta = \dfrac{hyp}{opp} = \dfrac{11}{4\sqrt{7}} \dfrac{11}{4\sqrt{7}} \cdot \dfrac{\sqrt{7}}{\sqrt{7}} = \dfrac{11\sqrt{7}}{28}$

Entonces, la respuesta final es $\dfrac{11\sqrt{7}}{28}$ ∎

Practicar funciones trigonométricas

Encuentra el valor de la función trig indicada.

1) $\cot \theta$

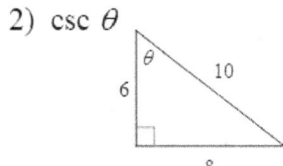

2) $\csc \theta$

3) $\sin \theta$

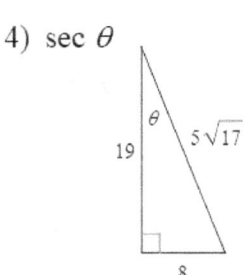

4) $\sec \theta$

5) cos θ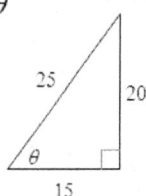

6) tan θ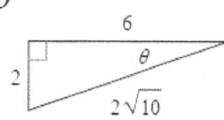

7) sin θ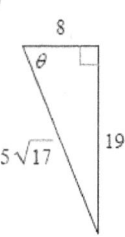

8) cos θ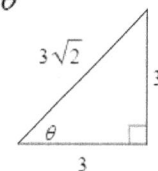

9) tan θ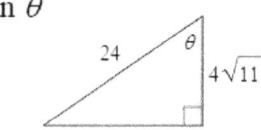

10) cot θ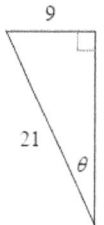

11) sec θ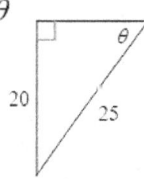

12) csc θ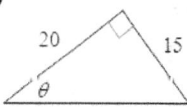

13) sin θ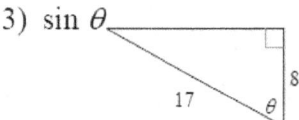

14) cos θ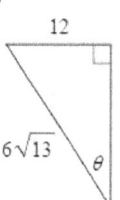

15) sec θ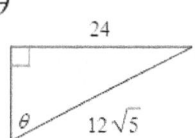

16) cos θ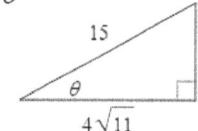

Funciones trigonométricas

En cada triángulo ABC, el ángulo C es un ángulo recto. Encuentra el valor de la función trig indicada.

17) Find $\sec A$ if $a = 20$, $b = 15$

18) Find $\cot A$ if $c = 25$, $b = 7$

19) Find $\sin A$ if $c = 17$, $b = 8$

20) Find $\sin A$ if $c = 11$, $a = 4\sqrt{6}$

21) Find $\cos A$ if $c = 17$, $b = 15$

22) Find $\sec A$ if $c = 25\sqrt{2}$, $b = 25$

23) Find $\tan A$ if $b = 5$, $a = 12$

24) Find $\sin A$ if $a = 6$, $b = 8$

Encuentra el valor de la función trig indicada.

25) Find $\tan \theta$ if $\cot \theta = \dfrac{4}{3}$

26) Find $\csc \theta$ if $\sec \theta = \dfrac{25}{24}$

27) Find $\cot \theta$ if $\sin \theta = \dfrac{12}{13}$

28) Find $\cos \theta$ if $\sin \theta = \dfrac{2\sqrt{14}}{15}$

29) Find $\sec\theta$ if $\csc\theta = \dfrac{4\sqrt{15}}{15}$

30) Find $\tan\theta$ if $\sec\theta = \sqrt{2}$

31) Find $\cot\theta$ if $\cos\theta = \dfrac{23\sqrt{2}}{34}$

32) Find $\cot\theta$ if $\sec\theta = \dfrac{13}{5}$

Triángulos rectángulos especiales

Hay dos triángulos especiales que se pueden utilizar para encontrar valores exactos de funciones trigonométricas comunes. El primer triángulo especial se basa Fuera de un cuadrado en el que dibujamos la diagonal, formando un triángulo de 45° – 45° – 90°. Las piernas medirán 1 unidad cada una y luego usarán el teorema de Pitágoras para resolver la hipotenusa: $a^2 + b^2 = c^2$ Entonces entonces la hipotenusa es $.1^2 + 1^2 = c^2 c = \sqrt{1^2 + 1^2} = \sqrt{2}$

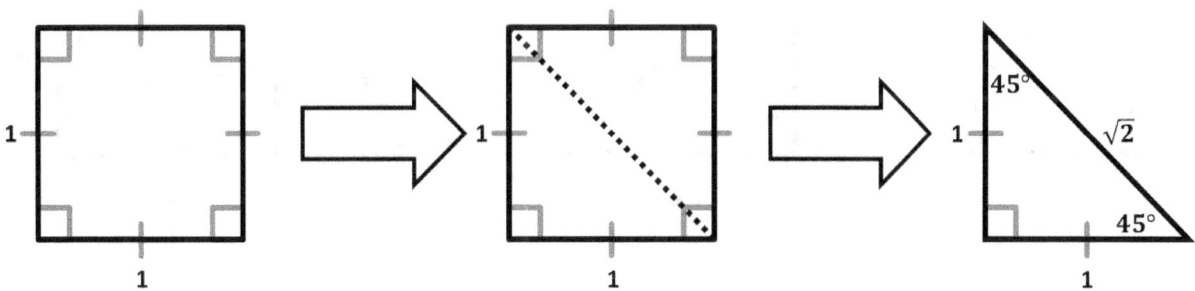

El segundo triángulo especial se basa en un triángulo equilátero en el que dibujamos la altura, formando un triángulo de 30 ° – 60 ° – 90 °. La hipotenusa medirá 2 unidades y la otra pierna es

Triángulos rectángulos especiales

la mitad de esa cantidad, 1 unidad. Luego usa el teorema de Pitágoras para resolver la pierna corta: $a^2 + b^2 = c^2$ entonces entonces la pierna restante es $.a^2 + 1^2 = 2^2 a = \sqrt{2^2 - 1^2} = \sqrt{3}$

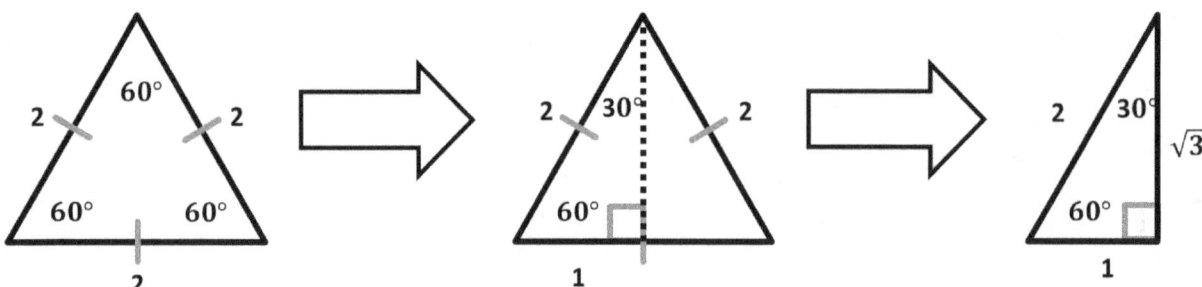

Usando estos triángulos rectángulos especiales, podemos encontrar los lados que faltan dado un lado y ángulo.

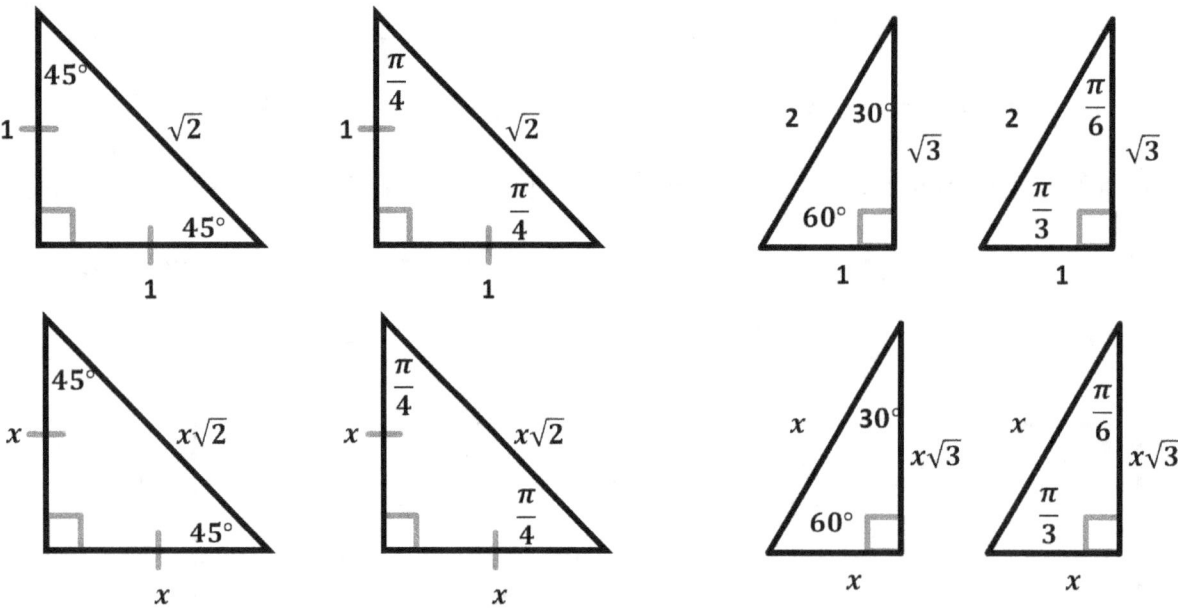

Ejemplo 1: Encuentra las longitudes de lado que faltan. Deja tus respuestas como radicales en la forma más simple.

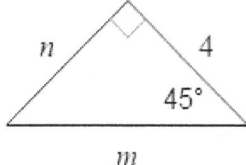

Solución: Este es un triángulo 45-45-90. Utilice la proporción de $x:x:x\sqrt{2}$ y etiquete los lados.

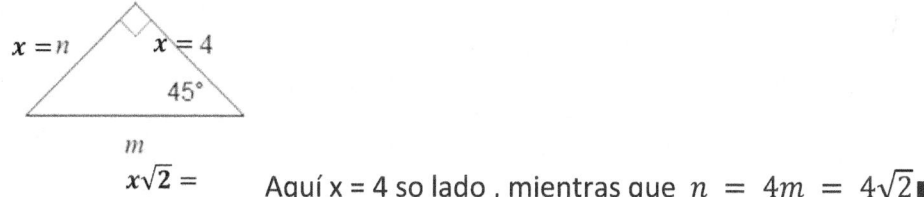

Aquí x = 4 so lado, mientras que $n = 4m = 4\sqrt{2}$ ∎

Ejemplo 2: Encuentra las longitudes de lado que faltan. Deja tus respuestas como radicales en la forma más simple.

Solución: Este es un triángulo 30-60-90. Dado que x se usa en el problema, usaremos a para configurar la proporción de $a:2a:a\sqrt{3}$ y etiquetar los lados.

Desde $2a = 4\sqrt{3}$, entonces, y. En pocas palabras: , y $y = a = 2\sqrt{3} x = a\sqrt{3} = 2\sqrt{3}\sqrt{3} = 6 y = 2\sqrt{3} x = 6$ ∎

Ejemplo 3: Encuentra las longitudes de lado que faltan. Deja tus respuestas como radicales en la forma más simple.

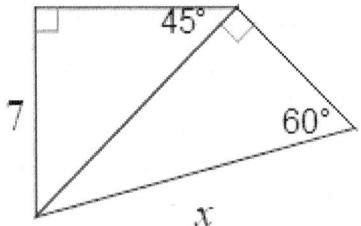

Solución: Este problema involucra ambos triángulos. Primero nos centramos en el triángulo sobre el que tenemos más información, que es el de la izquierda, que es un triángulo 45-45-90 y en la relación y etiquetamos $a: a: a\sqrt{2}$ los lados:

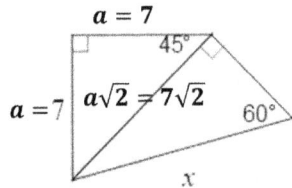

Ahora podemos usar ese lado como parte del otro triángulo que es un triángulo 30-60-90 y en la proporción de y $b: 2b: b\sqrt{3}$ etiquetar los lados:

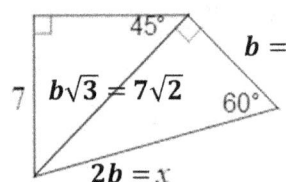

Ahora esto requerirá un poco de trabajo para resolver x. Deje entonces . Ahora encuentra . La respuesta final es $b\sqrt{3} = 7\sqrt{2}$ $b = \frac{7\sqrt{2}}{\sqrt{3}} \cdot \frac{\sqrt{3}}{\sqrt{3}} = \frac{7\sqrt{6}}{3}$ $x = 2b = 2 \cdot \frac{7\sqrt{6}}{3} = \frac{14\sqrt{6}}{3}$ $\frac{14\sqrt{6}}{3}$ ∎

Practica triángulos rectángulos especiales

Encuentra las longitudes de lado que faltan. Deja tus respuestas como radicales en la forma más simple.

1)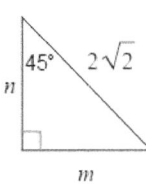

2)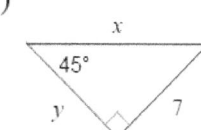

3)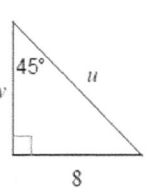

4)

$$\frac{3\sqrt{2}}{2}$$

5)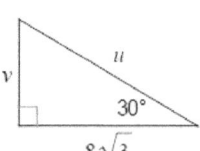

6)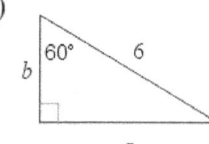

7)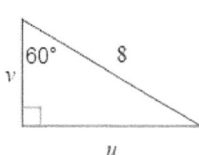

8)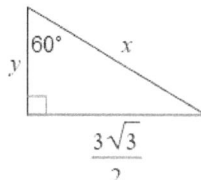

$$\frac{3\sqrt{3}}{2}$$

9)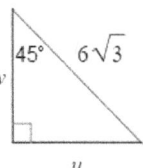

10)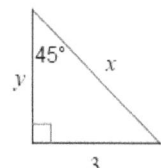

Página | 49

Triángulos rectángulos especiales

11)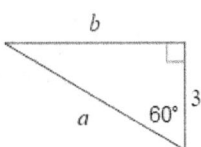

12)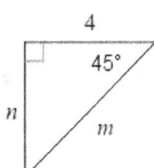

13)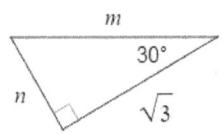

14)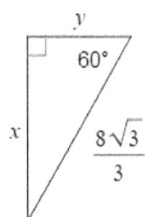

15)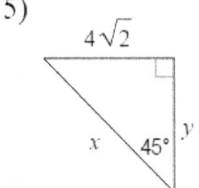

16)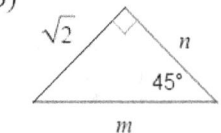

17)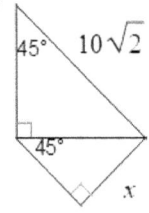

18)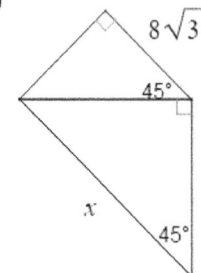

19)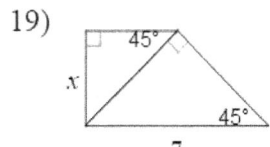

20)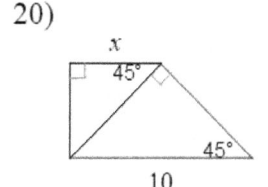

21)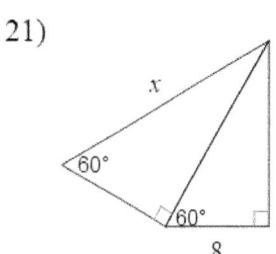

22)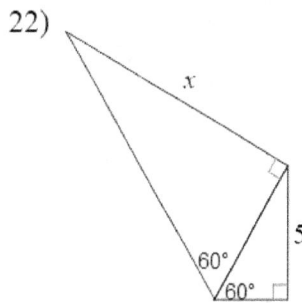

23)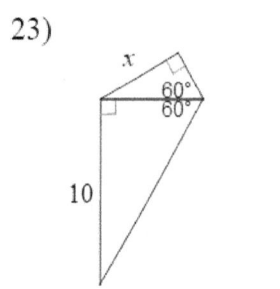

24)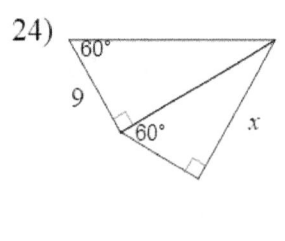

25)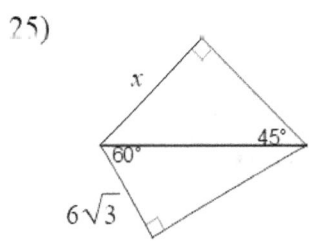

26)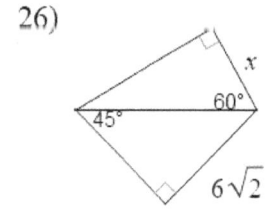

27)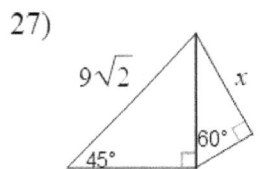

28)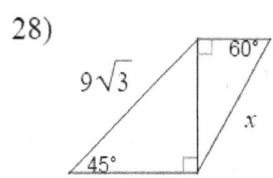

Uso de la calculadora TI-84 para encontrar relaciones trigonométricas

29)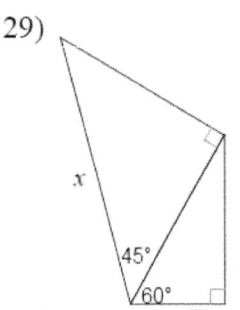

30)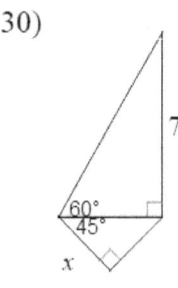

31)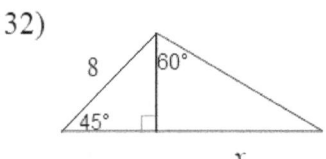

32)

Uso de la calculadora TI-84 para encontrar relaciones trigonométricas

La mayoría de las calculadoras científicas estándar tienen botones para el seno, coseno, y tangente, solo busca los botones:

[SIN], [COS], [TAN]

Aquí es donde los encuentra en una calculadora gráfica Texas Instruments-84:

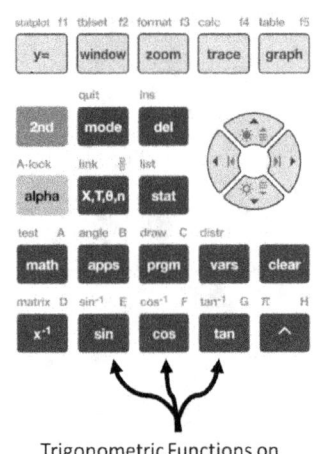

Trigonometric Functions on
TI-84 graphing calculator

Pero no tienen botones para secante, cosecante y cotangente. No es un gran problema porque secant, cosecante y cotangente son recíprocos de las otras funciones trig. Para encontrarlos con la mayoría de las calculadoras tendrás que usar el botón recíproco.

$$\csc\theta = \frac{1}{\sin\theta} \quad \sec\theta = \frac{1}{\cos\theta} \quad \cot\theta = \frac{1}{\tan\theta}$$

Cuando use una calculadora, asegúrese siempre de que esté en el modo correcto: grados o radianes dependiendo del problema. En la calculadora TI-84, use el botón de modo cerca de la parte superior que abre la pantalla para seleccionar radianes o grados:

Por ejemplo, para encontrar $\csc 10 = \frac{1}{\sin 10}$. En la calculadora, escriba:

[SIN][1][0][ENTER][x^{-1}][ENTER]

```
sin(10
                0.1736481777
Ans⁻¹
                5.758770483
```

$\csc 10 = 5.7588$

Uso de la calculadora de Desmos para encontrar relaciones trigonométricas

Desmos es una calculadora gráfica gratuita disponible en línea o como una aplicación. Una vez más, asegúrese de que esté en el modo correcto: grados o radianes dependiendo del problema. En la calculadora Desmos, use el icono de la herramienta para la configuración del gráfico cerca de la parte superior derecha, que abre la pantalla para seleccionar radianes o grados. Desmos tiene las seis funciones trig disponibles debajo del icono del teclado y funciones seleccionadas:

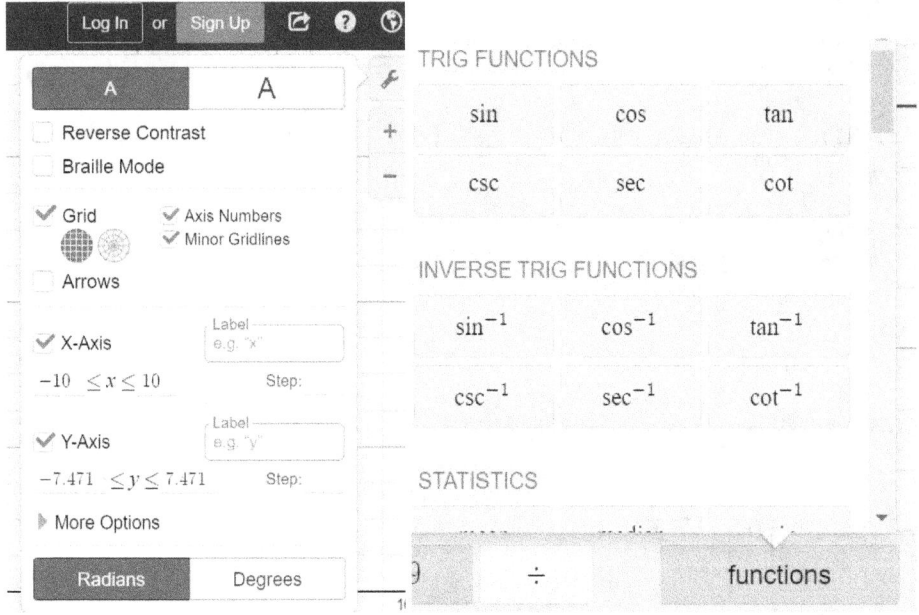

Por ejemplo, en Desmos para encontrar csc 10 tipo:

$$\operatorname{csc}(10) = 5.75877048314$$

Ejemplo 1: Buscar $\cos \frac{\pi}{18}$

Solución: Asegúrese de cambiar la calculadora a radianes.

En TI-84:   cos(π/18)
          0.984807753

En Desmos: $\cos\left(\dfrac{\pi}{18}\right) = 0.98480775301$

Por lo general, para la mayoría de los propósitos, incluidas las pruebas de Colocación Avanzada y SAT, redondeará al lugar de diez milésimas o cuatro decimales:

$\cos\dfrac{\pi}{18} = .9848$ ∎

Practique el uso de la calculadora para encontrar relaciones trigonométricas

Encuentra el valor de cada uno. Redondea tus respuestas a la diezmilésima más cercana.

1) $\cot 20°$

2) $\tan 35°$

3) $\sin 20°$

4) $\cos 35°$

5) $\sec 55°$

6) $\csc 2°$

7) $\sin 28°$

8) $\sec 12°$

9) $\cot \dfrac{5\pi}{12}$

10) $\cos \dfrac{\pi}{60}$

11) $\csc \dfrac{43\pi}{90}$

12) $\sin \dfrac{2\pi}{9}$

13) $\tan \dfrac{\pi}{18}$

14) $\cot \dfrac{53\pi}{180}$

15) $\sec \dfrac{4\pi}{9}$

16) $\sec \dfrac{\pi}{6}$

Encontrar lados y ángulos en triángulos

17) $\cot 40°$

18) $\cos \dfrac{2\pi}{9}$

19) $\sec 18°$

20) $\sec \dfrac{13\pi}{60}$

21) $\cot 62°$

22) $\sec 13°$

23) $\tan \dfrac{\pi}{10}$

24) $\csc \dfrac{7\pi}{36}$

25) $\cos \dfrac{2\pi}{9}$

26) $\cos 69°$

27) $\tan 70°$

28) $\cos 10°$

29) $\sec \dfrac{2\pi}{5}$

30) $\sin 70°$

31) $\sin \dfrac{\pi}{3}$

32) $\sec 62°$

Encontrar lados y ángulos en triángulos

Podemos usar relaciones trigonométricas para encontrar lados y ángulos faltantes en un triángulo rectángulo. Cuando estamos usando relaciones trigonométricas, estamos usando El hecho de que dos triángulos cualesquiera con dos triángulos congruentes serán similares. Por lo tanto, todos los lados serán proporcionales. Las relaciones trig son solo proporciones entre los lados correspondientes.

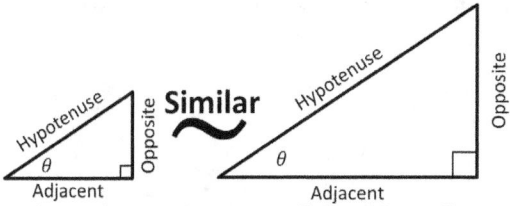

If 2 angles are the same, all the sides will be in proportion, and all the trigonometric ratios will be the same

Para encontrar un lado faltante en un triángulo rectángulo dado un lado y un ángulo, puede usar relaciones trigonométricas (seno, coseno o tangente) dependiendo del ángulo sobre el que tenga información. Estos son los pasos:

1. Identifica el triángulo rectángulo y observa dónde está el ángulo recto.
2. Identifique el ángulo para el que tiene información y etiquételo θ.
3. Etiqueta los tres lados del triángulo: la hipotenusa (el lado opuesto al ángulo recto), el lado opuesto del ángulo θ y el lado adyacente del ángulo θ.
4. Elija la relación trigonométrica que relaciona el lado conocido y el lado faltante. Las tres razones trigonométricas son:

    - $\sin \theta = \frac{\text{opposite}}{\text{hypotenuse}}$
    - $\cos \theta = \frac{\text{adjacent}}{\text{hypotenuse}}$
    - $\tan \theta = \frac{\text{opposite}}{\text{adjacent}}$

5. Reorganice la ecuación trigonométrica para resolver el lado que falta.
6. Sustituye los valores conocidos: Introduce los valores conocidos (longitud del lado y ángulo θ) en la ecuación y resuelve el lado que falta.
7. Use una calculadora para calcular el lado que falta. ¡Compruebe si radianes / grados!

Encontrar lados y ángulos en triángulos

Asegúrese de utilizar las unidades de medida correctas y aplicar la relación trigonométrica adecuada basada en la información proporcionada.

Ejemplo 1: Encuentra la medida de cada lado indicado. Redondear a la décima más cercana.

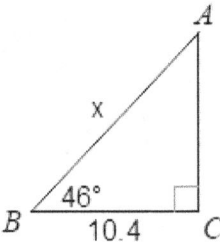

Solución: Comience etiquetando el ángulo θ dado , y luego etiquete los lados H (hipotenusa), O (opuesto) y A (adyacente):

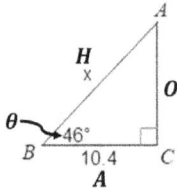

Observe qué lados se nos dan con respecto al ángulo θ. El lado adyacente es 10.4 y el lado desconocido es la hipotenusa. Como se nos da adyacente e hipotenusa, usamos coseno y configuramos la relación y sustituimos en 46 en θ, 10.4 en A y x en H.

$$\cos 46° = \frac{10.4}{x}$$

Queremos resolver x, para que podamos reorganizar: $x = \frac{10.4}{\cos 46}$

Ahora asegúrese de que la calculadora esté en grados y conéctela a la calculadora:

```
10.4/cos(46)
          14.97138
```

Se nos pide que redondeemos a la décima más cercana, un decimal. Entonces, x = 15 ■

Para encontrar un ángulo faltante en un triángulo rectángulo dado dos lados, puede usar funciones trigonométricas inversas. Para las funciones trig inversas, la entrada es la relación y la salida será la medida del ángulo. Por ejemplo, el seno inverso se denota como arcsin o sin^{-1}.

Inverse Sine	Inverse Cosine	Inverse Tangent
If $\sin \theta = x$ Then $\sin^{-1} x = \theta$	If $\cos \theta = x$ Then $\cos^{-1} x = \theta$	If $\tan \theta = x$ Then $\tan^{-1} x = \theta$

En el TI-84 utilice el botón [2nd] para utilizar las funciones trig inversas. Por ejemplo, para $\sin^{-1}\left(\frac{1}{2}\right)$ usted escribiría:

[2nd][SIN][(][1][÷][2][)][ENTER] sin⁻¹(1/2)

30

En Desmos, todas las funciones de trig inversa están disponibles debajo del icono del teclado y luego en el menú de funciones:

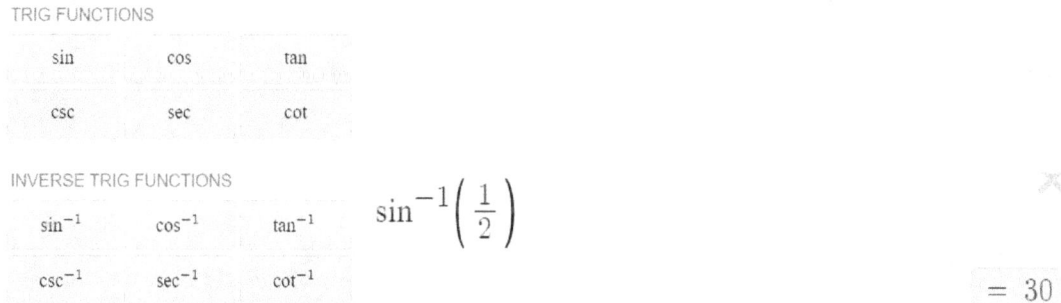

Estos son los pasos para encontrar un ángulo perdido:

1. Identifica el triángulo rectángulo y observa dónde está el ángulo recto.

2. Identifique qué ángulo de medición está tratando de encontrar y etiquete θ.

3. Etiqueta los tres lados del triángulo: la hipotenusa (el lado opuesto al ángulo recto), el lado opuesto del ángulo θ y el lado adyacente del ángulo θ.

4. Seleccione la función trigonométrica inversa adecuada: Dependiendo de los lados dados, elija la función trigonométrica inversa que relaciona los lados conocidos y el ángulo faltante. Las tres funciones trigonométricas inversas son:

- Sine inverso (arcsin): $\sin^{-1}(\frac{opposite}{hypotenuse}) = \theta$

- Coseno inverso (arccos): $\cos^{-1}(\frac{adjacent}{hypotenuse}) = \theta$

- Tangente inversa (arctan): $\tan^{-1}(\frac{opposite}{adjacent}) = \theta$

5. Sustituir los valores conocidos: Introduce los valores conocidos (longitudes de lado) en la ecuación trigonométrica inversa elegida y resuelve el ángulo faltante θ.

6. Use una calculadora para calcular el ángulo faltante. ¡Compruebe si radianes / grados!

Recuerde usar los lados correctos para cada función trigonométrica inversa y prestar atención a las unidades de medida (radianes o grados) según sea necesario.

Ejemplo 2: Encuentra la medida de cada ángulo indicado. Redondear a la décima más cercana.

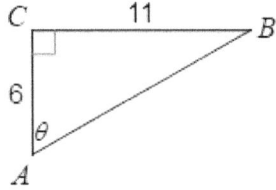

Solución: El ángulo θ ya está etiquetado. Etiquete los lados H (hipotenusa), O (opuesto) y A (adyacente):

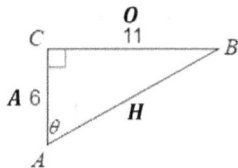

Como se nos da opuesto y adyacente, usamos tangente y configuramos la razón y sustituimos en 6 en A y 11 en O.

$$\tan \theta = \frac{11}{6}$$

$$\tan^{-1}\left(\frac{11}{6}\right) = \theta$$

```
tan⁻¹(11/6)
              61.38954033
```

El problema establece redondear a la décima más cercana, por lo que θ = 61.4 ∎

Ejemplo 3: En el problema, el ángulo C es un ángulo recto. Resuelve el triángulo redondeando las respuestas a la décima más cercana. $m\angle B = 51°, b = 8$

Solución: En este problema, no se nos da una imagen sólo información sobre un triángulo rectángulo. Dibuja un triángulo rectángulo con C como ángulo recto y etiqueta los ángulos A, B, C y los lados a, b, c (cada letra minúscula opuesta a la letra mayúscula). Etiquete las partes conocidas:

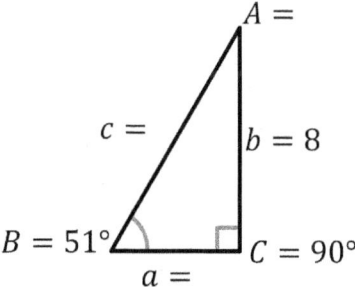

Encontrar lados y ángulos en triángulos

Necesitamos encontrar todos los ángulos y lados para resolver el triángulo. Como ya conocemos dos ángulos, podemos encontrar el tercer ángulo ya que los tres ángulos deben sumar hasta 180°:

$m\angle A = 180 - 90 - 51 = 39$

Ahora para los lados usaremos relaciones trig y la información dada:

$\tan 51 = \frac{8}{a}$ entonces $a = \frac{8}{\tan 51} = 6.47827 \approx 6.5$

$\sin 51 = \frac{8}{c}$ entonces $c = \frac{8}{\sin 51} = 10.29407 \approx 10.3$

Resumiendo tenemos: $m\angle A = 39, a = 6.5, c = 10.3$ ∎

Practica encontrar lados y ángulos en triángulos

Encuentra la medida de cada lado indicada. Redondear a la décima más cercana.

1)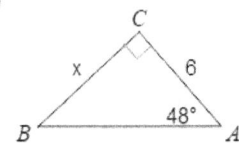

2)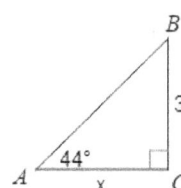

3)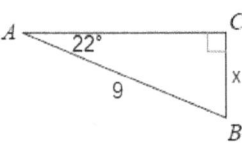

4)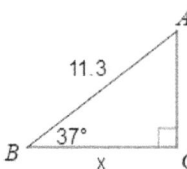

5)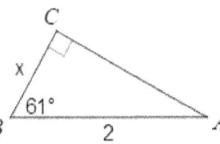

6)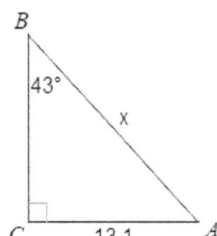

7)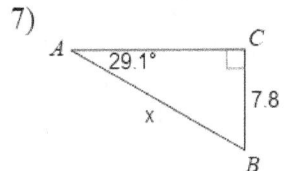

8)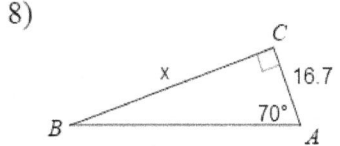

9)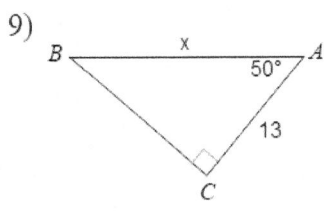

10)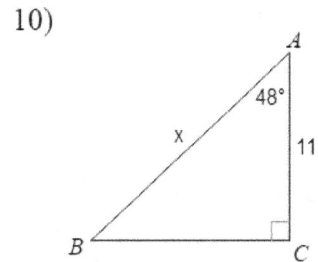

11)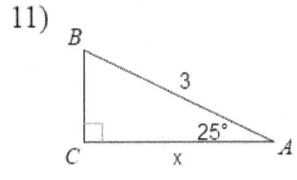

12)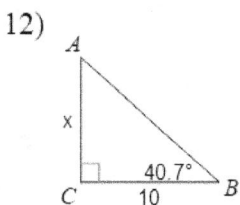

13)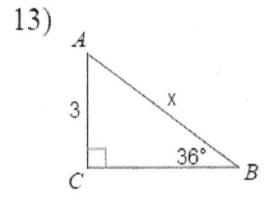

14)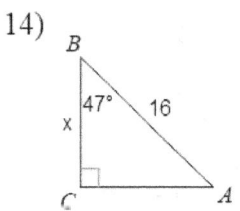

15)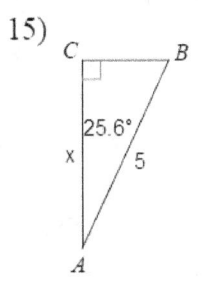

16)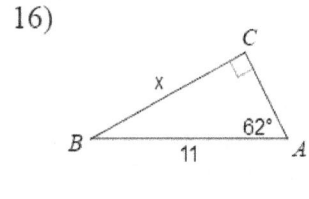

17)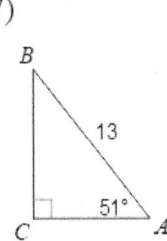

18)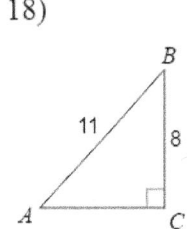

Encontrar lados y ángulos en triángulos

19)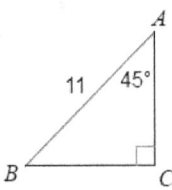

20)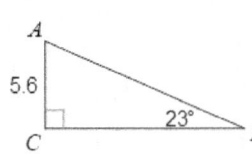

21)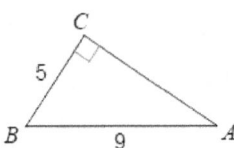

22)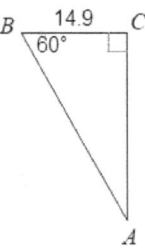

23)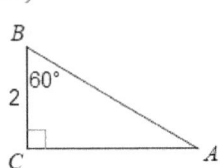

24)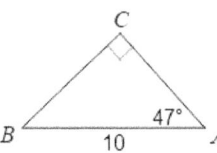

En cada problema, el ángulo C es un ángulo recto. Resuelve cada triángulo redondeando las respuestas a la décima más cercana.

25) $c = 7$, $m\angle A = 24°$

26) $m\angle B = 40°$, $a = 12.5$

27) $m\angle A = 69°$, $b = 10.7$

28) $m\angle A = 52°$, $b = 16$

29) $c = 13$, $a = 6$

30) $a = 13.9$, $b = 7.6$

31) $a = 13$, $b = 15$

32) $m\angle A = 72°$, $b = 11$

Problemas de palabras de trigonometría

Para resolver problemas de palabras de trigonometría, siga estos pasos generales:

1. Lea y comprenda el problema: Lea cuidadosamente la palabra problema para comprender la información dada, lo que se pregunta y cualquier contexto adicional proporcionado.

2. Identifique la relación trigonométrica relevante: Determine qué función trigonométrica (seno, coseno, tangente, etc.) es apropiada para el problema en función de la información dada y lo que debe resolverse.

3. Definir variables: Asigne variables a las cantidades desconocidas del problema. Esto ayuda a configurar la ecuación trigonométrica.

4. Dibujar una imagen o diagrama: Visualice el problema esbozando un diagrama que represente la situación dada. Etiquete las cantidades conocidas y las cantidades desconocidas.

5. Configurar la ecuación trigonométrica: Utilice la función trigonométrica adecuada para relacionar las cantidades conocidas y desconocidas. Aplique la relación trigonométrica relevante basada en la información dada y la cantidad desconocida deseada.

6. Resuelve la ecuación: Resuelve la ecuación algebraicamente para encontrar el valor de la cantidad desconocida. Esto puede implicar reorganizar la ecuación, aplicar identidades trigonométricas o usar una calculadora para evaluaciones de funciones trigonométricas.

7. Compruebe la solución: Una vez que haya encontrado una solución, compruebe si tiene sentido en el contexto del problema. Asegúrese de que la solución satisfaga las restricciones o condiciones dadas.

8. Interpretar y responder la pregunta: Indique claramente la respuesta final al problema en el contexto de la pregunta que se está haciendo. Incluya las unidades de medida apropiadas, si procede.

Recuerde practicar la resolución de varios tipos de problemas de palabras de trigonometría para familiarizarse con diferentes escenarios y mejorar sus habilidades de resolución de problemas.

Muchos problemas de palabras trigonométricas involucran ángulo de elevación o ángulo de depresión. El **Ángulo de elevación** es el ángulo formado entre una línea horizontal y una línea de visión cuando un observador mira hacia arriba. Se usa comúnmente en trigonometría para describir el ángulo en el que un objeto o punto se ve u observa desde un punto de referencia. El **ángulo de depresión** Se utiliza cuando un observador está mirando hacia abajo a un objeto o punto por debajo del nivel de sus ojos. Por ejemplo, se puede usar para medir el ángulo en el que una persona mira hacia el suelo desde una posición elevada, o el ángulo en el que un topógrafo mide el ángulo de una pendiente o inclinación.

Problemas de palabras de trigonometría

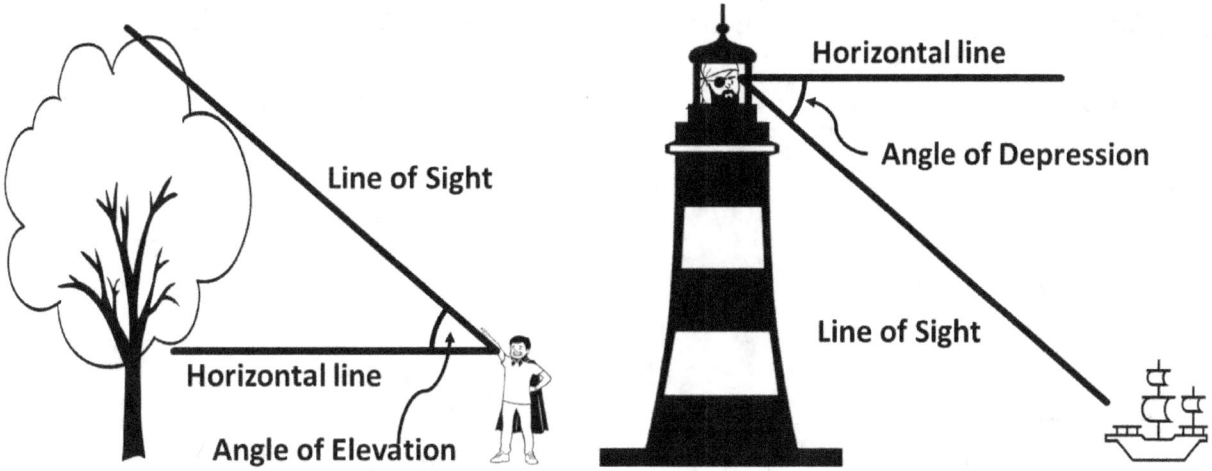

Ejemplo 1: Chanell mira hacia un edificio de 74 m de altura y encuentra que el ángulo de elevación desde el suelo hasta la parte superior del edificio es de 56 °. ¿A qué distancia está el edificio? Redondea tu respuesta final a la centésima más cercana.

Solución: Dibuje una imagen y una etiqueta. Tenemos un triángulo rectángulo y dado un ángulo y el lado opuesto es 74. Queremos encontrar el lado adyacente x. Necesitamos usar la tangente.

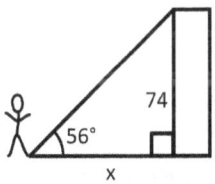

Configure la ecuación trig: $\tan 56 = \frac{74}{x}$. Reorganizar para resolver x: m $x = \frac{74}{\tan 56} = 49.91$ ∎

Ejemplo 2: Una escalera de 40 pies descansa contra una pared vertical. Si la base de la escalera está a 15 pies de la pared, ¿qué ángulo hace la parte inferior de la escalera con el suelo?

Solución: Dibuje una imagen y una etiqueta. Tenemos un triángulo rectángulo y dada la hipotenusa de 40 y el lado adyacente de 15 al ángulo que queremos encontrar. Necesitamos usar coseno inverso.

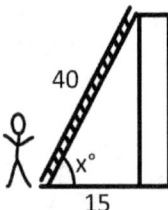

Configure la ecuación trig: $\cos x = \frac{15}{40}$. Reorganizar para resolver x: $x = \cos^{-1}(\frac{15}{40}) = 68°$ ■

Algunos problemas pueden implicar más de un triángulo o varios pasos para resolver.

Ejemplo 3: El edificio A tiene 540 pies de altura y el edificio B tiene 320 pies de altura. Bob está de pie entre los edificios. El ángulo de elevación desde donde Bob está parado es de 63° a la parte superior del Edificio A y 42° a la parte superior del Edificio B. ¿A qué distancia están los edificios?

Solución: Dibuje una imagen y una etiqueta. En este problema tenemos dos triángulos rectángulos y ángulos dados y los lados opuestos para cada uno. Si queremos saber qué tan lejos están los edificios, necesitamos encontrar el lado adyacente. Necesitamos usar la tangente para encontrar cada lado adyacente y sumarlos.

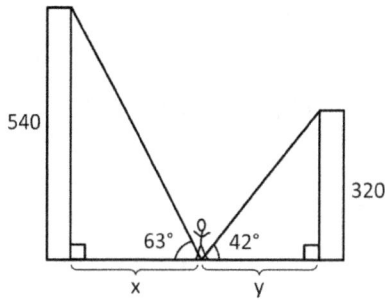

Configure las ecuaciones trig: $\tan 63 = \frac{540}{x}$ y . Reorganizar para resolver x: y resolver para y: .

Suma las dos longitudes juntas 275.14 + 355.4 = 630.54 $\tan 42 = \frac{320}{y}$ $x = \frac{540}{\tan 63} = 275.14$ $y = \frac{320}{\tan 42} = 355.4$ ∎

Practique problemas de palabras de trigonometría

Resuelve el problema de cada palabra. El redondeo extiende la centésima más cercana y los ángulos a la décima más cercana.

1. Ryan estaba midiendo la altura de un árbol y notó que cuando estaba a 15 pies de distancia, el ángulo de elevación era de 70 °. ¿Qué tan alto es el árbol?

2. Desde la cima de un faro a 100 pies sobre el nivel del mar, el ángulo de depresión de un barco en el mar es de 26 °. ¿Cuál es la distancia horizontal desde el barco hasta la base del faro?

3. Se está construyendo una rampa para acceder a una puerta que está a 2.5 pies sobre el suelo. Encuentra la longitud de la rampa si el ángulo de elevación debe ser de 10°.

4. Una escalera de 30 pies descansa contra una pared vertical. Si la parte superior de la escalera alcanza un punto a 16 pies de altura de la pared, ¿qué ángulo hace la parte inferior de la escalera con el suelo?

5. Anna mira hacia un edificio de 62 m de altura y encuentra que el ángulo de elevación desde el suelo hasta la parte superior del edificio es de 51 °. ¿A qué distancia está el edificio?

6. La gente de Fredericksburg quería construir un puente sobre un río cercano. Mateo quería medir el ancho del río sin cruzarlo. Matthew vio un árbol al otro lado del río y marcó el lugar directamente frente a él. Luego caminó hasta otro punto 15 metros río abajo y descubrió que el ángulo entre su lado del río y la línea que lo conectaba con el árbol era de 76 °.

7. ¡Un pequeño pero horrible alienígena está parado en la cima de la Torre Eiffel (que tiene 324 metros de altura) y amenaza con destruir la ciudad de París! Un agente de Men in Black está parado a nivel del suelo, a 54 metros de la plaza Eiffel, apuntando su pistola láser al alienígena. ¿En qué ángulo, en grados, debe el agente disparar su pistola láser?

8. Una escalera de 50 pies descansa contra una pared vertical. Si la base de la escalera está a 30 pies de la pared, ¿qué ángulo hace la parte inferior de la escalera con el suelo?

9. Tony estaba en un faro a 60 m sobre el nivel del mar. Mira hacia abajo en un ángulo de depresión de 30 ° y nota un bote en el agua. ¿A qué distancia está el barco del faro?

10. Phillip estaba a 25 m de la base de un árbol y el ángulo de elevación desde el suelo hasta la parte superior del árbol era de 48 °. ¿Qué tan alto es el árbol?

11. Los amigos de Emilia le dieron una lección de paracaidismo para su cumpleaños. Su helicóptero despegó del centro de paracaidismo, ascendiendo en un ángulo de 20 ° y recorrió una distancia de 3,4 kilómetros antes de caer en línea recta perpendicular al suelo. ¿A qué distancia del centro de paracaidismo aterrizó Emilia?

12. Galileo quería soltar una bola de madera y una bola de hierro desde una altura de 100 metros y medir la duración de su caída. Encontró una rampa con una inclinación de 12° que podía subir hasta llegar a una altitud de 100 m. ¿Hasta dónde debe caminar Galileo por la rampa?

13. ¡Un pequeño pero horrible alienígena está parado en la parte superior del Empire State Building (que tiene 443 metros de altura) y amenaza con destruir la ciudad de Nueva York! Un agente de Men in Black está parado a nivel del suelo, a 18 metros al otro lado de la calle, apuntando su pistola láser al alienígena. ¿En qué ángulo, en grados, debe el agente disparar su pistola láser?

14. Un submarino está sumergido a 200 metros bajo la superficie del océano. El submarino detecta un barco en la superficie del agua y mide el ángulo de elevación a 62 °. ¿Cuál es la distancia horizontal del submarino al barco?

15. Los amigos de Emilia le dieron una lección de paracaidismo para su cumpleaños. Su helicóptero despegó del centro de paracaidismo, ascendiendo en un ángulo de 20 ° y recorrió una distancia de 3,4 kilómetros antes de caer en línea recta perpendicular al suelo. ¿Qué tan lejos cayó Emilia en el aire?

16. El kit de Sarah está volando a 50 pies sobre el suelo. El ángulo de elevación desde donde su mano sostiene la cuerda a la cometa es de 40°.

17. Un barco navega hacia un faro. En cierto punto, el barco está a 500 metros del faro. El ángulo de elevación desde el barco hasta la parte superior del faro es de 35°. ¿Qué altura tiene el faro?

18. Matthew está volando un avión a una altitud de 4000 metros. Matthew ve el aeropuerto en un ángulo de depresión de 40°. ¿Cuál es la distancia horizontal entre el aeropuerto y el avión?

19. Un cable está unido desde la parte superior de un poste a un punto en el suelo a 20 pies de la base del poste. Si el ángulo de depresión desde la parte superior del poste hasta el punto de fijación es de 65°, encuentre la longitud del cable.

20. Ben está sentado en un árbol a 36 pies sobre el suelo mirando a un ciervo. Si el ciervo está a 50 pies de la base del árbol, encuentre el ángulo de depresión de Ben al ciervo.

21. El ángulo de depresión de un helicóptero a una plataforma de aterrizaje es de 35°. Si la distancia horizontal desde el helicóptero hasta la plataforma de aterrizaje es de 1100 pies, encuentre la altitud del helicóptero.

22. Joe está haciendo tirolesa en un campamento. Si la distancia vertical desde su plataforma a la siguiente plataforma es de 900 pies y el ángulo de depresión es de 19°, encuentre la longitud de la tirolesa.

23. Un barco se encuentra en el punto A en un lago. El barco quiere viajar directamente a través del lago para llegar al punto B. La distancia entre los puntos A y B es de 500 metros. Sin embargo, debido a una fuerte corriente en el lago, el barco se desvía de su curso. El ángulo entre la trayectoria deseada (línea recta de A a B) y la trayectoria real del barco es de 20°. ¿Qué tan lejos de curso viaja el barco?

Problemas de palabras de trigonometría

24. Una escalera está apoyada contra una pared. La base de la escalera está a 5 metros de la pared, y la escalera hace un ángulo de 60 ° con el suelo. ¿Cuánto mide la escalera?

25. Un asta de bandera se encuentra verticalmente en un terreno nivelado. Desde un punto a 50 metros de la base del asta de la bandera, el ángulo de elevación hasta la parte superior del asta de la bandera es de 30 °. ¿Qué tan alto es el asta de la bandera?

26. Katie está volando una cometa desde un punto en el suelo. Katie ha soltado 150 metros de cuerda, y la cuerda hace un ángulo de elevación de 55 ° con el suelo. ¿Qué tan alta está la cometa sobre el suelo?

27. Sam está parado a 100 metros de la base de un edificio alto. Sam mira hacia arriba en la parte superior del edificio y mide el ángulo de elevación para que sea de 55 °. ¿Qué altura tiene el edificio?

28. Jack está parado a 34 pies de la base de una pared de roca viendo a sus amigos Alex y Brittany escalar la pared. El ángulo de elevación es de 39° a Alex y 26° a Bretaña. ¿A cuántos pies por encima de Bretaña está Alex?

29. William está construyendo una cabaña de madera. La cabina tiene 42 metros de ancho. Obtuvo un manojo de vigas de madera de 27 metros de largo para el techo de la cabaña. Naturalmente, quiere colocar las vigas del techo en un ángulo tal que cada par de vigas

opuestas se encuentre exactamente en el medio. ¿Cuál es el ángulo de elevación, en grados, de las vigas del techo?

30. El edificio A tiene 462 pies de altura y el edificio B tiene 326 pies de altura. Daniel está de pie entre los edificios. El ángulo de elevación desde donde Daniel está parado es de 73 ° a la parte superior del Edificio A y 52 ° a la parte superior del Edificio B. ¿A qué distancia están los edificios?

31. Un buzo ve un naufragio en un ángulo de depresión de 24°. El ángulo de elevación desde el buzo hasta su barco en la superficie es de 55°. Si el naufragio está directamente debajo de su barco y la distancia horizontal entre el buzo y el naufragio es de 115 pies, ¿qué tan lejos está el barco en la superficie y el naufragio en la parte inferior?

32. Magda está diseñando un paseo en silla. Las cuerdas oscilantes miden 5 metros de largo, y en pleno apogeo se inclinan en un ángulo de 29°. Magda quiere que las sillas estén a 2,75 metros del suelo en pleno apogeo. ¿Qué tan alto debe ser el poste del columpio?

Círculo de unidades

El círculo unitario es un concepto fundamental en trigonometría y geometría. Es un círculo con un radio de 1 unidad, centrado en el origen de un plano de coordenadas (0, 0). El

Círculo de unidades

círculo unitario juega un papel crucial en la comprensión de las propiedades de las funciones trigonométricas y sus relaciones con los ángulos.

Estas son algunas de las características y propiedades clave del círculo unitario:

1. Coordenadas: Cada punto en el círculo unidad puede ser representado por sus coordenadas (x, y), donde para un ángulo θ, las coordenadas de un punto en el círculo unidad son (cos θ, sin θ).

2. Ángulos: El círculo unitario proporciona una forma de asociar ángulos con puntos en el círculo. Si mide un ángulo en sentido contrario a las agujas del reloj desde el eje x positivo, el punto correspondiente en el círculo unidad tendrá coordenadas determinadas por la función trigonométrica coseno y seno.

3. Funciones trigonométricas: El círculo unitario ayuda a definir y visualizar los valores de las funciones trigonométricas como el seno, el coseno y la tangente. Para cualquier ángulo θ, el seno de θ es la coordenada y del punto correspondiente en el círculo unitario, y el coseno de θ es la coordenada x. La tangente de θ se define como la relación entre el seno y el coseno y será la pendiente del lado terminal.

4. Cuadrantes: El círculo unidad se divide en cuatro cuadrantes, etiquetados como el primer, segundo, tercer y cuarto cuadrantes, en sentido contrario a las agujas del reloj desde el eje x positivo. Cada cuadrante corresponde a rangos específicos de valores para seno y coseno. Los signos de seno y coseno cambian a medida que se mueve entre cuadrantes.

5. Ángulos especiales: El círculo unitario es particularmente útil para comprender los valores de las funciones trigonométricas en ángulos especiales, como 0 grados (o 0 radianes),

30 grados (o π/6 radianes), 45 grados (o π/4 radianes), 60 grados (o π/3 radianes) y 90 grados (o π/2 radianes). Estos ángulos tienen coordenadas fácilmente reconocibles en el círculo unitario.

6. Identidades trigonométricas: El círculo unitario proporciona una representación geométrica de varias identidades y relaciones trigonométricas, lo que permite su comprensión y derivación intuitivas.

El círculo unitario sirve como una ayuda visual para comprender las propiedades de las funciones trigonométricas y sus conexiones con los ángulos. Es una herramienta poderosa para resolver ecuaciones trigonométricas, evaluar funciones trigonométricas y explorar relaciones geométricas en el contexto de triángulos y funciones periódicas.

Comencemos a construir el círculo unidad dibujando un círculo con radio de 1 y el centro en el origen. Estamos graficando la ecuación: $x^2 + y^2 = 1$. Luego coloque los puntos donde el círculo interseca los ejes. A continuación, si dibujamos cualquier otro radio del círculo, formará un ángulo de θ con el eje x. Dibujamos la línea vertical desde donde se cruza el círculo hasta el eje x y tenemos un triángulo rectángulo donde como la hipotenusa es siempre 1, entonces y $\cos\theta = \frac{\text{adj}}{\text{hyp}} = \frac{x}{1} = x$. La pendiente de la hipotenusa será $.\sin\theta = \frac{\text{opp}}{\text{hyp}} = \frac{y}{1} = y$ m $= \frac{\text{rise}}{\text{run}} = \frac{y}{x} = \frac{\text{opp}}{\text{adj}} = \tan\theta$

$$\cos\theta = \frac{\text{adj}}{\text{hyp}} = \frac{x}{1} = x$$

$$\sin\theta = \frac{\text{opp}}{\text{hyp}} = \frac{y}{1} = y$$

$$\tan\theta = \frac{\text{opp}}{\text{adj}} = \frac{y}{x} = m, \text{slope}$$

Círculo de unidades

Marque los ángulos en grados y radianes a lo largo de los ejes:

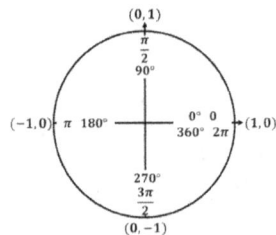

Ahora usamos nuestros triángulos rectángulos especiales para rellenar los ángulos importantes.

Comencemos con el triángulo 30-60-90 orientado con el 30° en el origen:

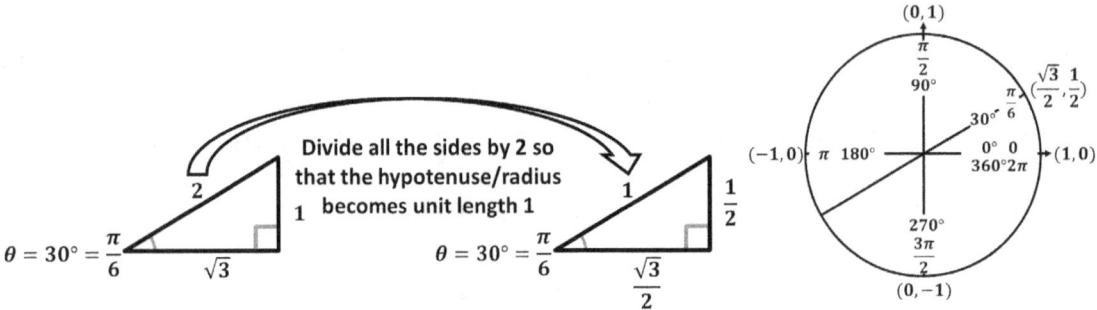

Ahora oriente con el ángulo de 60° en el origen:

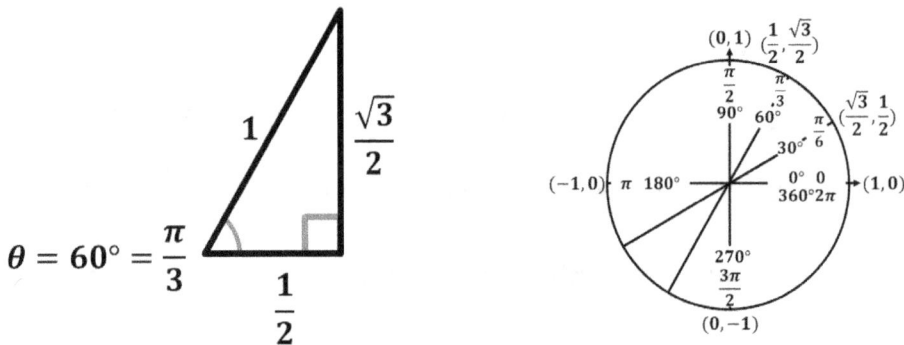

Utilice el triángulo 45-45-90 para rellenar los ángulos y coordenadas restantes en el primer cuadrante:

Página | 78

Círculo de unidades

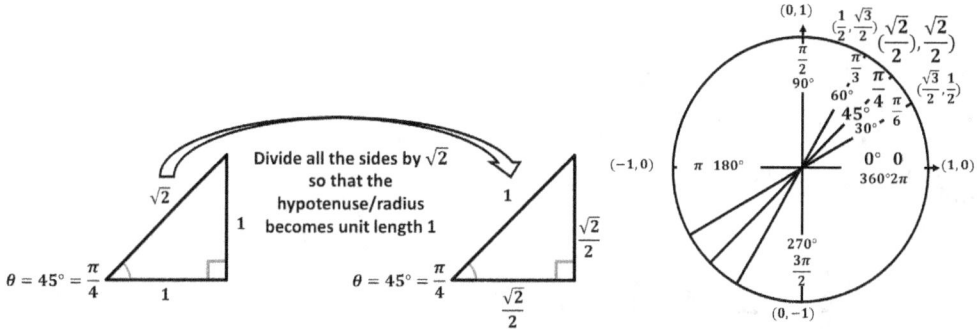

Ahora que el primer cuadrante está hecho, comience a dibujar los ángulos para cada 30° o π/6 radianes. Luego haga lo mismo para cada radianes de 45° o π/4. Asegúrese de reducir todas las fracciones:

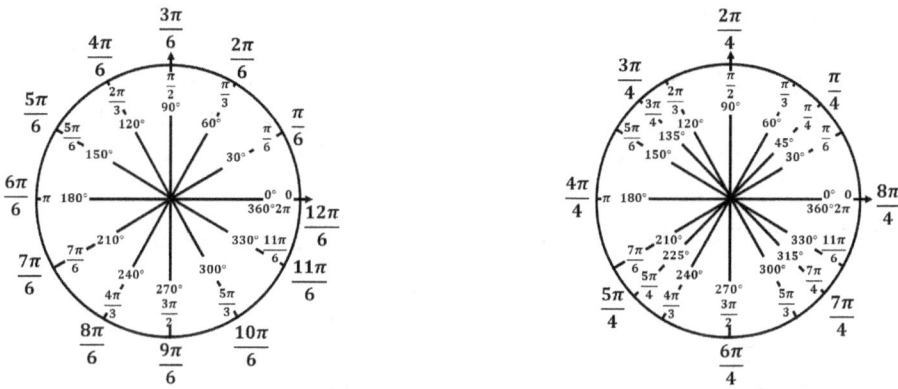

Ahora podemos rellenar las coordenadas en los otros cuadrantes. Al reflejar a través del eje y, anule la coordenada x y cuando se refleje a través del eje x negará la coordenada y.

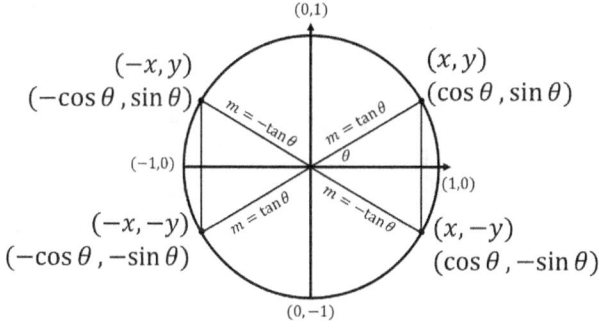

Página | 79

Círculo de unidades

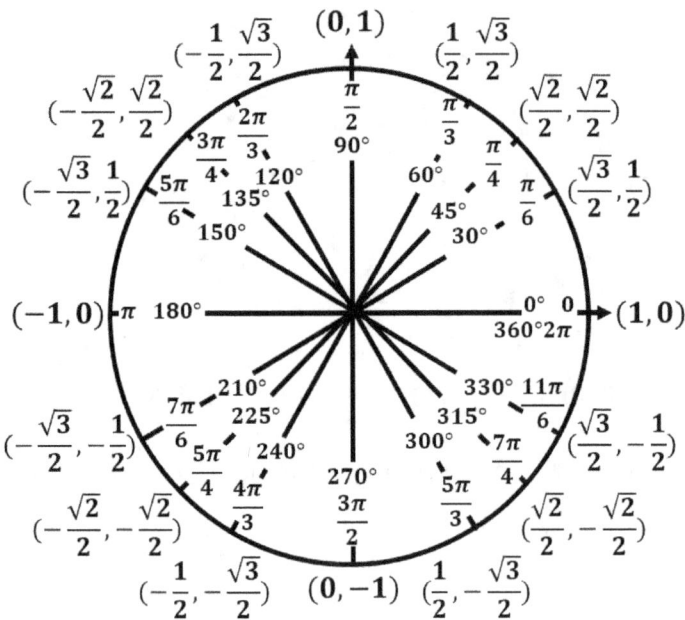

A medida que avanza en cada cuadrante, algunos de los valores de trig son positivos y otros son negativos. Un dispositivo mnemotécnico para ayudarle a recordar: HECHOS, que significa en el primer cuadrante **Todas las funciones trig son positivas. Ir en el sentido de las agujas del reloj al cuarto cuadrante Coseno es positivo (secante también es positivo). En el tercer cuadrante la tangente es positiva. Por último, en el segundo cuadrante, el seno es positivo** Aquí es donde cada una de las funciones trigonométricas son positivas y negativas:

S II	A I
Positive: sin Negative: cos, tan	Positive: sin, cos, tan Negative: none
Positive: tan Negative: sin, cos	Positive: cos Negative: sin, tan
T III	C IV

Quadrants where trig functions are positive

Práctica del círculo de la unidad de relleno

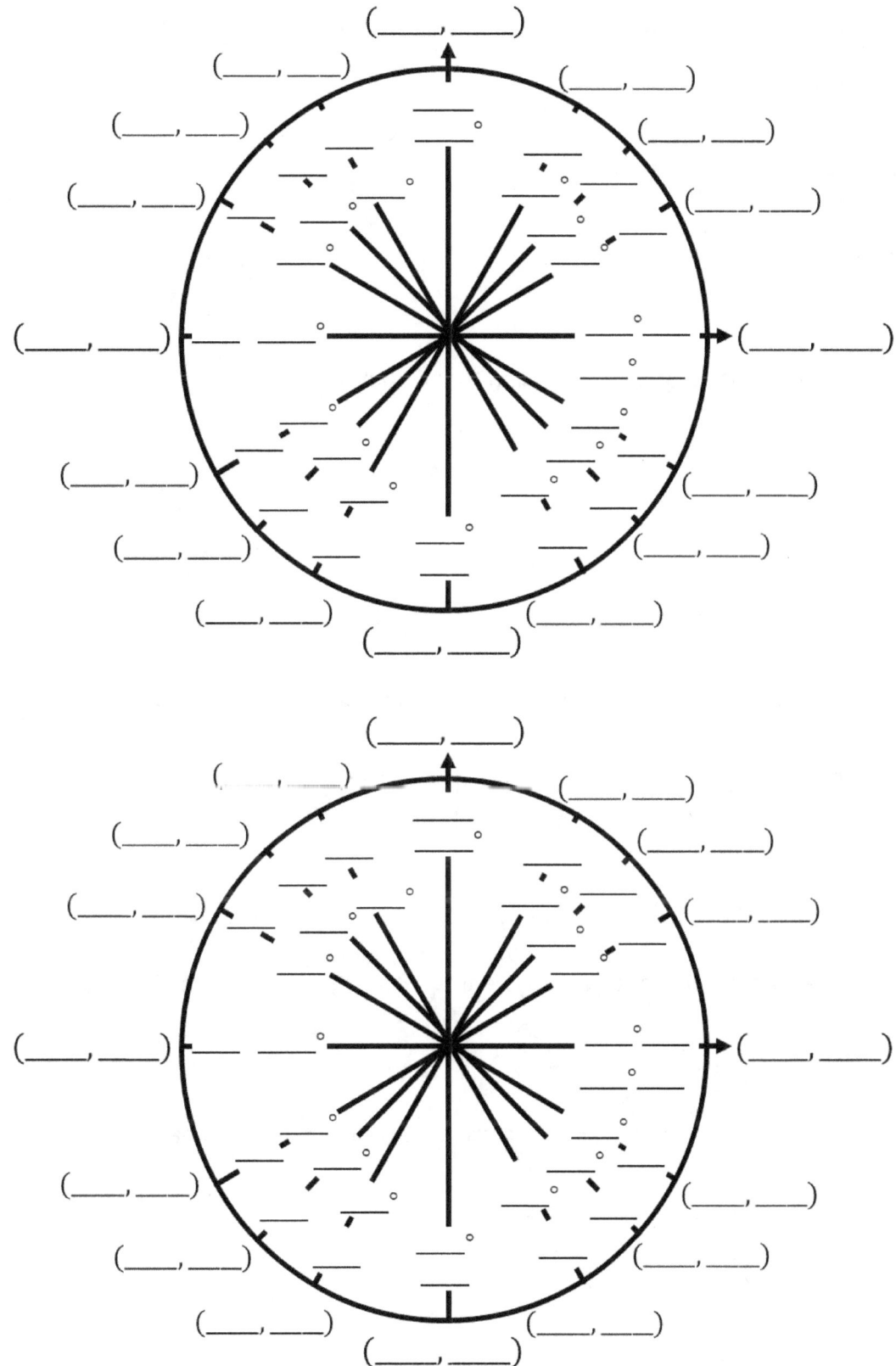

Uso del círculo unitario para encontrar valores trig exactos

Usando el círculo unitario, puede encontrar valores exactos de muchos ángulos comunes:

$\sin\theta = y$	$\csc\theta = \dfrac{1}{y}$
$\cos\theta = x$	$\sec\theta = \dfrac{1}{x}$
$\tan\theta = \dfrac{y}{x}$	$\cot\theta = \dfrac{x}{y}$

Ejemplo 1: Encuentra el valor exacto de la función trigonométrica.

$\sec\theta$

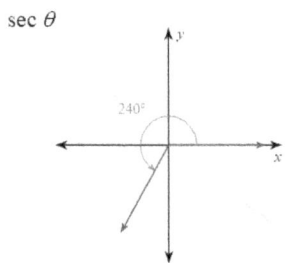

Solución: Encuentra las coordenadas correspondientes a θ = 240°. Las coordenadas son $(-\tfrac{1}{2}, -\tfrac{\sqrt{3}}{2})$. Secante es el recíproco de la coordenada x que es − 2 ∎

Ejemplo 2: Encuentra el valor exacto de csc 120°.

Solución: Encuentra las coordenadas correspondientes a θ = 120°. Las coordenadas son $(-\tfrac{1}{2}, \tfrac{\sqrt{3}}{2})$.

Cosecante es el recíproco de la coordenada y que es . Dado que la raíz cuadrada está en la parte inferior, necesitamos racionalizar $\dfrac{2}{\sqrt{3}} \dfrac{2}{\sqrt{3}} \cdot \dfrac{\sqrt{3}}{\sqrt{3}} = \dfrac{2\sqrt{3}}{3}$ ∎

Ejemplo 3: Encuentra el valor exacto de cuna −900°.

Solución: Aquí tenemos un ángulo negativo. Encuentra un ángulo de conterminal entre 0° y 360°. Suma 3(360) + (−900) = 180. Encuentra las coordenadas correspondientes a θ = 180°. Las coordenadas son (−1,0). La cotangente es la relación . Dividir por cero hace que la cotangente ($\frac{x}{y} = \frac{-1}{0}$ 180°) sea indefinida. ∎

Ejemplo 5: Buscar el valor exacto de $\cos \frac{19\pi}{6}$

Solución: Aquí tenemos un ángulo positivo en radianes pero por encima de 2π. Encuentra un ángulo conterminal entre 0 y $\frac{19\pi}{6} - 2\pi = \frac{7\pi}{6}$ 2π. Restar. Encuentra las coordenadas correspondientes a . Las coordenadas son θ = $\frac{7\pi}{6}$ $(-\frac{\sqrt{3}}{2}, -\frac{1}{2})$. Coseno es la coordenada x que es $-\frac{\sqrt{3}}{2}$ ∎

Practique el uso del círculo unitario para encontrar valores trig exactos

Encuentra el valor exacto de cada función trigonométrica.

1) sec θ

2) cot θ

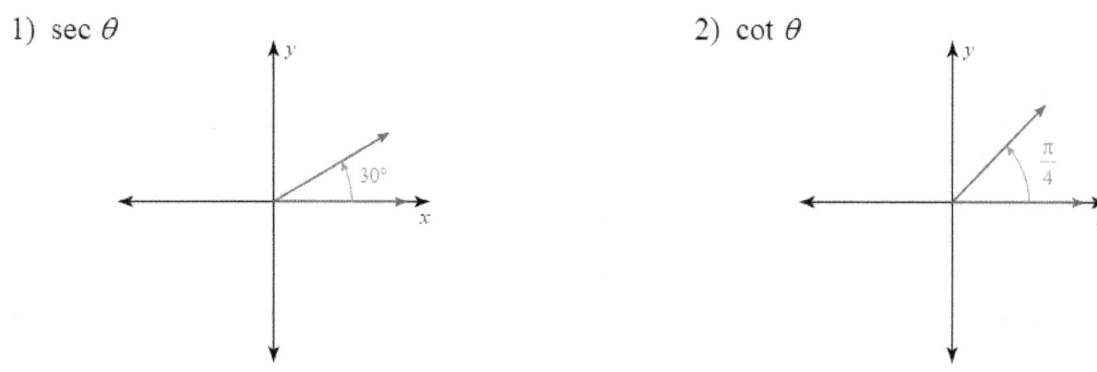

Uso del círculo unitario para encontrar valores trig exactos

3) $\cos \theta$
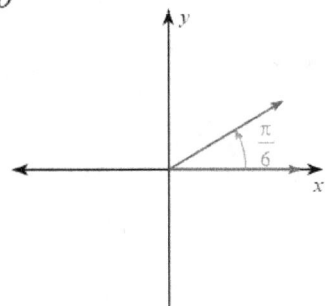

4) $\sec \theta$
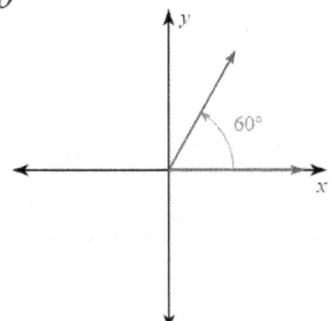

5) $\csc \theta$
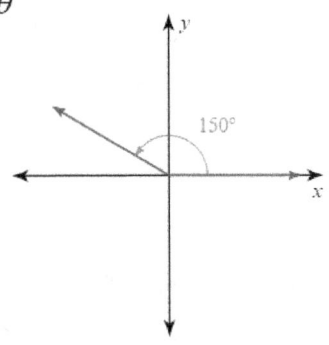

6) $\sin \theta$
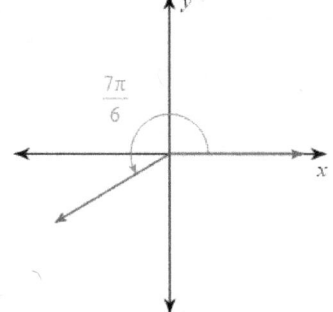

7) $\tan \theta$
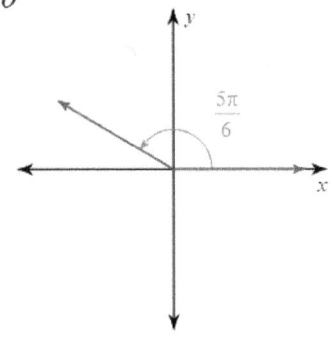

8) $\cot \theta$
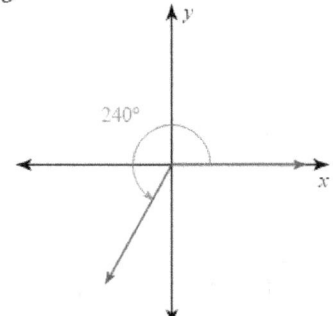

9) $\sec 60°$

10) $\cot 180°$

11) $\csc 120°$

12) $\sin 270°$

13) $\csc \dfrac{5\pi}{3}$

14) $\csc \dfrac{4\pi}{3}$

15) $\tan \dfrac{\pi}{6}$

16) $\sin \dfrac{\pi}{3}$

17) $\tan 330°$

18) $\csc 30°$

19) $\cot 315°$

20) $\sec 60°$

21) $\sin 225°$

22) $\cos 30°$

23) $\tan 300°$

24) $\cot 0°$

25) $\cot -990°$

26) $\sin -\dfrac{17\pi}{6}$

27) $\cot \dfrac{16\pi}{3}$

28) $\tan -240°$

29) $\tan \dfrac{7\pi}{2}$

30) $\sec -780°$

31) $\cos 750°$

32) $\sec -690°$

33) $\csc -1035°$

34) $\sin -720°$

35) $\csc -540°$

36) $\cos 5\pi$

37) $\cot 960°$

38) $\csc -\dfrac{11\pi}{2}$

39) $\cos -\dfrac{7\pi}{4}$

40) $\sec \dfrac{9\pi}{4}$

Ley de Sines

La Ley de los Senos relaciona las proporciones de los lados de un triángulo con los senos de sus ángulos opuestos. Es aplicable a cualquier triángulo, ya sea un triángulo rectángulo o un triángulo oblicuo (un triángulo que no tiene ángulo recto). La Ley de Sines establece que en un triángulo con lados de longitudes a, b y c, y ángulos opuestos A, B y C, respectivamente, se mantiene la siguiente relación:

$$\frac{a}{\sin A} = \frac{b}{\sin B} = \frac{c}{\sin C}$$

O si resuelve los ángulos, es útil escribirlo como:

$$\frac{\sin A}{a} = \frac{\sin B}{b} = \frac{\sin C}{c}$$

La Ley de los Senos se puede usar para encontrar medidas de lado y ángulo dados dos ángulos y cualquier lado (AAS o ASA) o dos longitudes de lado y un ángulo fuera de ellos (SSA). Al resolver un triángulo usando la Ley de los Sines, puede usar los siguientes pasos:

1. Identifique los lados y ángulos conocidos del triángulo.

2. Determine qué lado(s) o ángulo(s) desconocido(s) necesita(s) encontrar.

3. Aplicar la Ley de Sines para establecer una proporción utilizando el(los) lado(s) y ángulo(s) conocido(s) y el(los) lado(s) desconocido(s) y el(los) ángulo(s).

4. Resuelve la proporción para encontrar el lado (s) desconocido (s) o ángulo (s) multiplicando y reorganizando la ecuación.

5. Verifique su solución para asegurarse de que tenga sentido en el contexto del triángulo y el problema que se está resolviendo.

Es importante tener en cuenta que la Ley de Sines puede tener múltiples soluciones o ninguna solución en absoluto en el caso ambiguo de la SSA, como cuando la información dada es inconsistente o contradictoria.

Ejemplo 1: Encuentra todos los ángulos y lados restantes. Redondea tus respuestas a la décima más cercana.

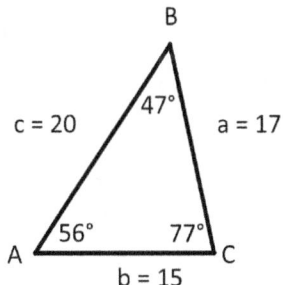

Solución: Como se nos dan dos ángulos, podemos encontrar el ángulo restante restando los ángulos de 180°. $180 - 56 - 47 = 77$.

$$\frac{17}{\sin 56} = \frac{b}{\sin 47} = \frac{c}{\sin 77}$$

Entonces

$$b = \frac{17 \sin 47}{\sin 56} = 15$$

$$c = \frac{17 \sin 77}{\sin 56} = 20$$

Ejemplo 2: Encuentra la medición. Redondea tus respuestas a la décima más cercana.

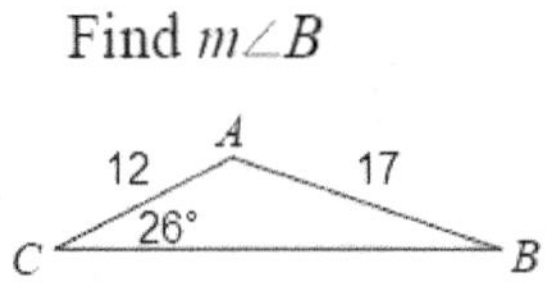

Find $m\angle B$

```
         A
    12  / \  17
       /26°\
      C─────B
```

Solución: Se nos dan dos lados y un ángulo. Esto es SSA.

$$\frac{\sin 26}{17} = \frac{\sin B}{12}$$

Entonces

$$\sin B = \frac{12 \sin 26}{17} = 0.3094$$

$B = \sin^{-1} 0.3094 = 18.0230 \approx 18°$ ∎

De la clase de Geometría debe recordar que la prueba de triángulos congruentes se puede hacer con Lado-Lado-Lado (SSS), Lado-Ángulo-Lado (SAS), Ángulo-Ángulo-Lado (AAS) o Ángulo-Lado-Ángulo (ASA). Pero no existe un teorema de triángulo congruente para Side-Side-Angle (o SSA). SSA es ASS al revés y no hay ASS en geometría. Ángulo-lado-lado da un caso ambiguo donde puede haber una solución, dos soluciones o ninguna solución.

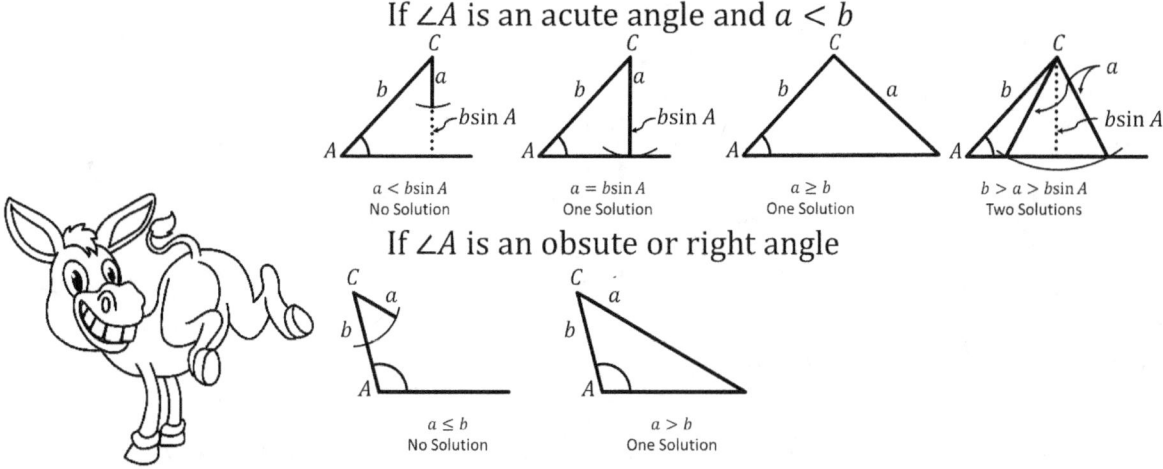

Datos importantes a tener en cuenta:

- La función seno siempre tiene un rango entre −1 y 1.

- Los ángulos con una función seno positiva pueden estar en el cuadrante I o en el cuadrante II.

- Para encontrar el otro ángulo posible reste de 180°.

- La suma de los ángulos en un triángulo es siempre 180°.

- Ningún triángulo puede tener dos ángulos obtusos (mayor o igual a 90°).

Ejemplo 3: Encuentra la medición. Redondea tus respuestas a la décima más cercana.

$m\angle A = 49°$, $c = 19$ ft, $a = 15$ ft
Find $m\angle C$

Solución: Dibuje una imagen. Al dibujar la imagen, tenga en cuenta que puede que no haya ninguna solución o que haya múltiples soluciones. Se nos dan dos lados y un ángulo. Esto es SSA.

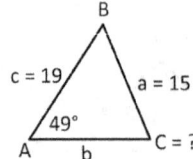

$$\frac{\sin 49}{15} = \frac{\sin C}{19}$$

Entonces $\sin C = \frac{19 \sin 49}{15} = 0.9559$

$C = \sin^{-1} 0.9559 = 72.9336 \approx 72.9°$ Dado que tenemos SSA y un ángulo agudo, necesitamos verificar múltiples soluciones. Para encontrar el otro ángulo, reste 72.9 de 180, lo que da 107.1°, esta también es una posible respuesta. Entonces, este problema tiene dos soluciones para el ángulo C:

107.1° y 72.9° ∎

Ejemplo 4: Encuentra la medición. Redondea tus respuestas a la décima más cercana.

$m\angle C = 32°$, $b = 20$ in, $c = 6$ in
Find $m\angle B$

Solución: Dibuje una imagen. Dado que esto es SSA, tenemos el caso ambiguo, necesitamos verificar si hay múltiples o ninguna solución. Dibujar la imagen es convincente de que no hay solución ya que c es mucho más corto que b. Estableceremos la ley de los senos y la probaremos también:

$$\frac{\sin 32}{6} = \frac{\sin B}{20}$$

Entonces $\sin B = \frac{20 \sin 32}{6} = 1.7663$

Nótese que el seno de B tendría que ser más de uno. Esto es imposible y cuando se conecta a la calculadora:

$B = \sin^{-1} 1.7663 = undefined$ Por lo tanto, este problema no tiene solución para el ángulo B ∎

Práctica Derecho de Sines

Encuentra cada medida indicada. Redondea tus respuestas a la décima más cercana.

1) Find $m\angle A$

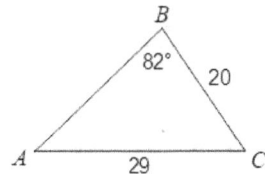

2) Find $m\angle B$

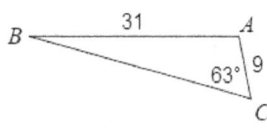

3) Find $m\angle A$

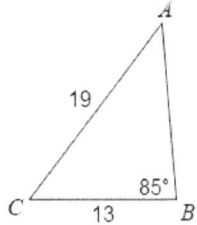

4) Find $m\angle A$

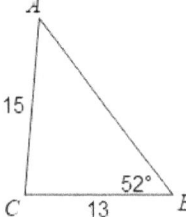

5) Find AB

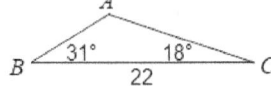

6) Find AC

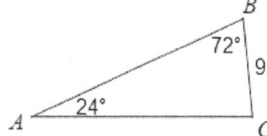

Ley de Sines

7) Find AB

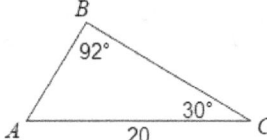

8) Find AC

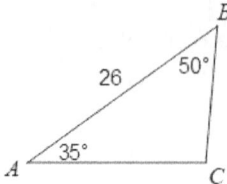

Dibuja el triángulo. Resuelve cada triángulo. Redondea tus respuestas a la décima más cercana.

9) $m\angle B = 39°$, $m\angle C = 41°$, $a = 36$

10) $m\angle C = 120°$, $m\angle B = 50°$, $b = 31$

11) $m\angle C = 34°$, $m\angle B = 108°$, $a = 11$

12) $m\angle C = 94°$, $b = 9$, $c = 29$

13) $m\angle B = 58°$, $m\angle C = 105°$, $b = 29$

14) $m\angle B = 58°$, $m\angle C = 29°$, $a = 33$

15) $m\angle C = 134°$, $m\angle B = 18°$, $a = 32$

16) $m\angle A = 59°$, $m\angle B = 24°$, $c = 22$

17) $m\angle C = 137°$, $b = 9$, $c = 14$
Find $m\angle B$

18) $m\angle A = 46°$, $c = 30$, $a = 28$
Find $m\angle C$

19) $m\angle C = 70°$, $b = 28$, $c = 6$
Find $m\angle B$

20) $m\angle C = 118°$, $c = 33$, $b = 14$
Find $m\angle B$

Ley de Sines

21) $m\angle B = 48°$, $a = 22$, $b = 18$
Find $m\angle C$

22) $m\angle C = 91°$, $b = 14$, $c = 28$
Find $m\angle B$

23) $m\angle C = 116°$, $b = 30$, $c = 42$
Find $m\angle B$

24) $m\angle B = 88°$, $b = 26$, $a = 13$
Find $m\angle A$

25) $m\angle B = 22°$, $a = 9$, $b = 15$
Find $m\angle A$

26) $m\angle A = 38°$, $c = 22$, $a = 9$
Find $m\angle B$

27) $m\angle B = 54°$, $a = 30$, $b = 26$
Find $m\angle A$

28) $m\angle A = 113°$, $c = 14$, $a = 25$
Find $m\angle C$

29) $m\angle B = 62°$, $a = 33$, $b = 30$
Find c

30) $m\angle C = 18°$, $m\angle A = 28°$, $c = 21$
Find a

31) $m\angle B = 57°$, $a = 33$, $b = 29$
Find c

32) $m\angle C = 113°$, $m\angle A = 31°$, $c = 25$
Find a

33) $m\angle A = 35°$, $m\angle B = 50°$, $a = 15$
Find b

34) $m\angle B = 147°$, $a = 33$, $b = 31$
Find c

35) $m\angle A = 124°$, $m\angle B = 26°$, $a = 53$
Find b

36) $m\angle C = 72°$, $b = 35$, $c = 34$
Find a

Ley de Cosines

37) $m\angle C = 39°$, $m\angle A = 37°$, $b = 37$
    Find a

38) $m\angle B = 64°$, $a = 33$, $b = 32$
    Find c

39) $m\angle B = 82°$, $a = 22$, $b = 6$
    Find c

40) $m\angle A = 137°$, $m\angle B = 38°$, $c = 4$
    Find b

Ley de Cosines

La Ley de Cosenos se puede usar para encontrar medidas de lado y ángulo dados dos lados y el ángulo incluido (SAS) o tres longitudes de lado (SSS).

$a^2 = b^2 + c^2 - 2bc \cos A$

$b^2 = a^2 + c^2 - 2ac \cos B$

$c^2 = a^2 + b^2 - 2ab \cos C$

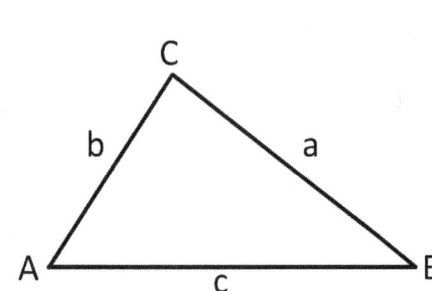

Law of Cosines
$a^2 = b^2 + c^2 - 2bc \cos A$

$b^2 = a^2 + c^2 - 2ac \cos B$

$c^2 = a^2 + b^2 - 2ab \cos C$

When $c = 90°$ Pythagorean Theorem $a^2 + b^2 = c^2$

Ejemplo 1: Resuelve cada triángulo. Redondea tus respuestas a la décima más cercana.

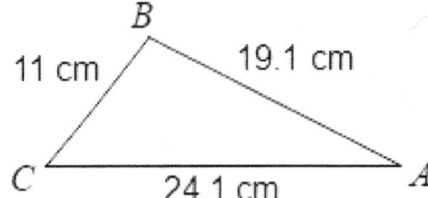

Solución: Etiquete la imagen. Se nos dan 3 lados y necesitamos encontrar los tres ángulos.

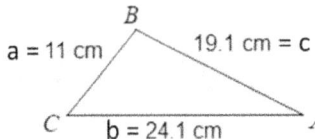

Resuelve por un: $11^2 = 24.1^2 + 19.1^2 - 2(24.1)(19.1)\cos A$

$121 = 945.62 - 920.62 \cos A$

Resolver para cos A: $121 = 945.62 - 920.62 \cos A$

$-824.62 = -920.62 \cos A$

$\dfrac{824.62}{920.62} = \cos A$

$\cos A = 0.8957$

$A = \cos^{-1}(0.8957) = 26.4$

Resuelve para B: $24.1^2 = 11^2 + 19.1^2 - 2(11)(19.1) \cos B$

$580.81 = 485.81 - 420.2 \cos B$

Resuelve para cos B:

$95 = -420.2 \cos B$

$\cos B = -0.2261$

Dado que el coseno es negativo, B debe ser un ángulo obtuso

$B = \cos^{-1}(-0.2261) = 103.1$

Ley de Cosines

Resuelve para C: $19.1^2 = 11^2 + 24.1^2 - 2(11)(24.1)\cos C$

$364.81 = 701.81 - 530.2 \cos C$

Resuelve para cos C:

$-337 = -530.2 \cos C$

$\cos C = 0.6356$

$C = \cos^{-1}(0.6356) = 50.5$

Podríamos haber resuelto para C, usando el hecho de que los tres ángulos suman 180, pero es mejor usar la información dada para resolver el triángulo en lugar de usar una parte resuelta para resolver otra (en caso de que se cometa un error). Después de tener los ángulos, verifique que los ángulos sumen 180 °: A + B + C = 26.4 + 103.1 + 50.5 = 180.

Juntando las soluciones tenemos A = 26.4, B = 103.1, C = 50.5 ∎

Ejemplo 2: Resuelve cada triángulo. Redondea tus respuestas a la décima más cercana.

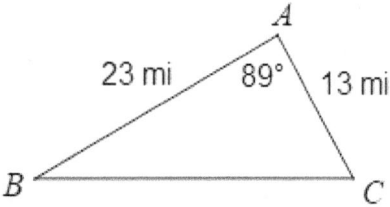

Solución: Etiquete la imagen. Se nos dan 2 lados, un ángulo y necesitamos encontrar las partes restantes.

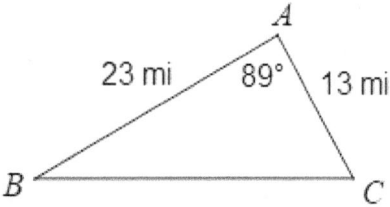

Es más fácil de resolver para los lados, así que vamos a resolver por primera vez:

$a^2 = b^2 + c^2 - 2bc \cos A$

$a^2 = 13^2 + 23^2 - 2(13)(23) \cos 89$

$a^2 = 687.5635$ Recuerde que esto es *A2* y necesitamos tomar la raíz cuadrada:

$a = 26.2$

Resuelve para B: $13^2 = 26.2^2 + 23^2 - 2(23)(26.2) \cos B$

$169 = 1215.44 - 1205.2 \cos B$

$-1046.44 = -1205.2 \cos B$

$B = \cos^{-1}\left(\dfrac{1046.44}{1205.2}\right) = \cos^{-1}(0.8682) = 29.7°$

C = 180 − 89 − 29,7 = 61,3

La solución es a = 26.2, B = 29.7°, C = 61.3° ∎

Para Side-Side-Side (SSS), cuando se le dan las longitudes de lado de un triángulo, debe verificar que realmente se pueda formar un triángulo. No todas las longitudes de lado formarán un triángulo.

El teorema de desigualdad del triángulo establece que la suma de dos longitudes cualesquiera debe ser mayor o igual que la tercera longitud: $a + b \geq c$, , y $a + c \geq b$ $b + c \geq a$

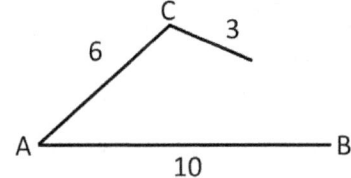

These sides can't form a triangle
$3 + 6 < 10$

Ley de Cosines

Ejemplo 3: Resuelve cada triángulo. Redondea tus respuestas a la décima más cercana.

$b = 23, c = 6, a = 14$

Solución: Estos tres lados no forman un triángulo posible ya que dos lados suman menos el tercer lado: $6 + 4 < 23$. No es posible. ∎

Práctica de Derecho de Cosines

Resuelve cada triángulo. Redondea tus respuestas a la décima más cercana.

1)

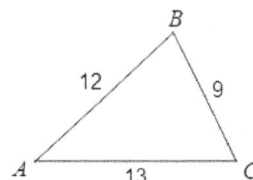

2)

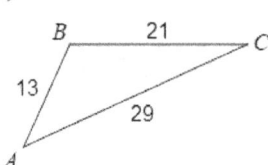

3)

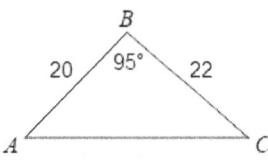

4)

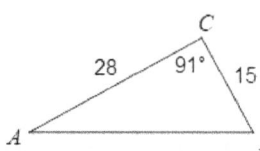

5)

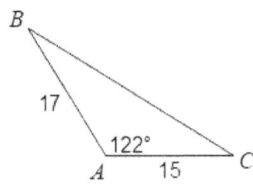

6)

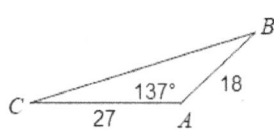

7)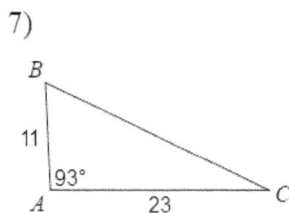

8)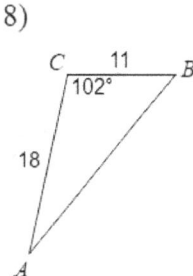

SAS Dibuja el triángulo. Resuelve cada triángulo. Redondea tus respuestas a la décima más cercana.

9) $m\angle C = 118°$, $b = 12$, $a = 17$
Find c

10) $m\angle A = 132.2°$, $c = 18.5$, $b = 25.2$
Find a

11) $b = 29$, $m\angle A = 92°$, $c = 24$
Find a

12) $m\angle B = 116°$, $a = 25$, $c = 28$
Find b

13) $b = 21.3$, $m\angle C = 124.4°$, $a = 10.6$
Find $m\angle A$

14) $m\angle B = 123.7°$, $c = 20.5$, $a = 26$
Find $m\angle C$

15) $m\angle C = 75°$, $b = 9$, $a = 12$
Find $m\angle A$

16) $c = 30$, $b = 21$, $m\angle A = 118°$
Find $m\angle B$

SSS Determine si el triángulo es posible. Resuelve cada triángulo. Redondear a la décima más cercana.

17) $a = 17$, $c = 10$, $b = 11$
Find $m\angle C$

18) $c = 23.3$, $a = 11.6$, $b = 9.4$
Find $m\angle A$

Ley de Cosines

19) $b = 22$, $c = 17$, $a = 26$
Find $m\angle C$

20) $b = 25.4$, $a = 29.1$, $c = 26$
Find $m\angle A$

21) $b = 11$, $a = 24$, $c = 10$
Find $m\angle A$

22) $b = 28$, $c = 25$, $a = 27$
Find $m\angle B$

23) $a = 9$, $b = 14$, $c = 6$
Find $m\angle A$

24) $b = 30$, $c = 26$, $a = 10$
Find $m\angle C$

25) $a = 17$, $c = 10$, $b = 11$
Find $m\angle B$

26) $b = 18.8$, $c = 13.6$, $a = 25$
Find $m\angle A$

27) $c = 17$, $b = 11$, $a = 10$
Find $m\angle B$

28) $a = 9$, $c = 31.2$, $b = 20$
Find $m\angle B$

29) $c = 15$, $b = 17$, $a = 28$
Find $m\angle B$

30) $c = 20$, $b = 26$, $a = 17$
Find $m\angle B$

31) $c = 11.4$, $a = 9.3$, $b = 13$
Find $m\angle C$

32) $b = 21$, $c = 24$, $a = 26$
Find $m\angle B$

Ley de Sines y Ley de Cosenos Aplicaciones

Ahora resolveremos algunas aplicaciones usando la ley de los senos y la ley de los cosenos. Al resolver problemas de palabras, es especialmente importante dibujar una buena imagen o diagrama etiquetando toda la información que se da y determinar qué se necesita resolver. Dependiendo de qué partes de un triángulo se dan, a veces se usa la Ley de los Senos (si se da AAS, ASA o SSA) y a veces se usa la Ley de Cosenos (si se da SSS o SAS). También se pueden usar propiedades adicionales de triángulos y relaciones trigonométricas.

Law of Sines	Law of Cosines
$\dfrac{a}{\sin A} = \dfrac{b}{\sin B} = \dfrac{c}{\sin C}$	$a^2 = b^2 + c^2 - 2bc \cos A$ $b^2 = a^2 + c^2 - 2ac \cos B$ $c^2 = a^2 + b^2 - 2ab \cos C$
Use for: AAS, ASA, SSA	Use for: SSS, SAS

En algunos problemas se le darán instrucciones y rumbos. Las direcciones se dan como Norte, Oeste, Este, Sur o alguna combinación. En el siguiente diagrama decimos que el punto P es N 55° E del origen, el punto Q es S 67° E del origen, el punto R es S 48° W del origen, y el punto S es N 74° W del origen. NW sería lo mismo que N 45°W y SE sería lo mismo que S 45°E.

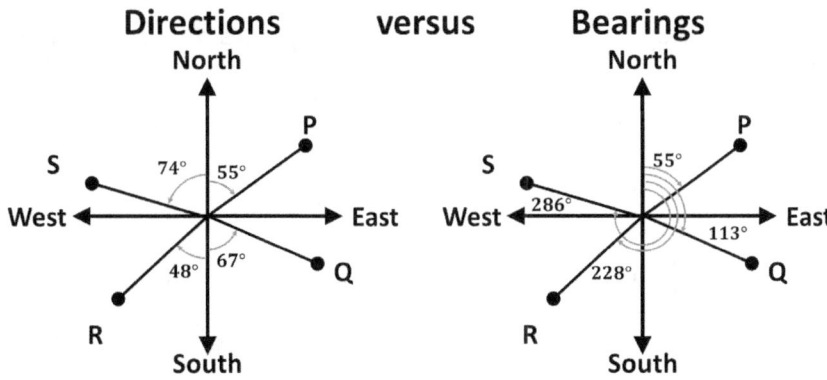

Ley de Sines y Ley de Cosenos Aplicaciones

Un **rodamiento** se da como un ángulo, medido en el sentido de las agujas del reloj desde la dirección norte. En el siguiente diagrama decimos que el punto P está en un rumbo de 55°, el punto Q está en un rumbo de 113°, el punto R está en un rumbo de 228° y el punto S está en un rumbo de 286°.

Ejemplo 1: Un helicóptero volando detecta dos plataformas de aterrizaje debajo. La distancia recta desde el helicóptero hasta la plataforma de aterrizaje A es de 18 millas y la distancia recta desde el helicóptero hasta la plataforma de aterrizaje B es de 12 millas. Si las plataformas de aterrizaje están a 24 millas de distancia, encuentre el ángulo de depresión desde el helicóptero hasta la plataforma de aterrizaje B.

Solución: Dibuje una imagen y una etiqueta. H es el helicóptero en la parte superior, con los puntos A y B a lo largo de una línea horizontal. Etiqueta las longitudes de los lados.

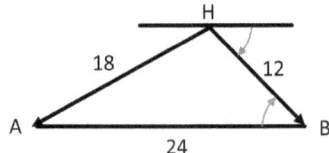

Se nos dan tres longitudes de lado (SSS) y tenemos que encontrar el ángulo de depresión desde el helicóptero hasta la plataforma de aterrizaje B, pero podemos dibujar en una línea horizontal paralela y el ángulo de depresión será el mismo que el ángulo de elevación de B al helicóptero. Podemos usar la Ley de Cosenos para encontrar el ángulo perdido:

$$\cos^{-1}\left(\frac{18^2-12^2-24^2}{-2(12)(24)}\right) = 46.6° \blacksquare$$

Ejemplo 2: Un piloto comienza un vuelo viajando 70 millas NE. Para evitar una tormenta, luego va S 35 ° E. Luego se dirige N 77 ° W para regresar a su ubicación original. Encuentra la distancia total del vuelo.

Solución: El primer paso es hacer un dibujo. En este problema de palabras, un objeto viaja a lo largo de un camino triangular dadas las direcciones de la brújula. Las direcciones dan medidas de ángulo agudo desde el norte o el sur. Puede ser útil dibujar un eje norte cada vez que el avión cambie de dirección, como se muestra en la imagen. Todas las líneas del eje norte son paralelas, y podemos usar el hecho de que los ángulos interiores alternativos son congruentes para ayudar a encontrar todas las medidas de ángulo en el triángulo. Además, que todos los ángulos suman 180°.

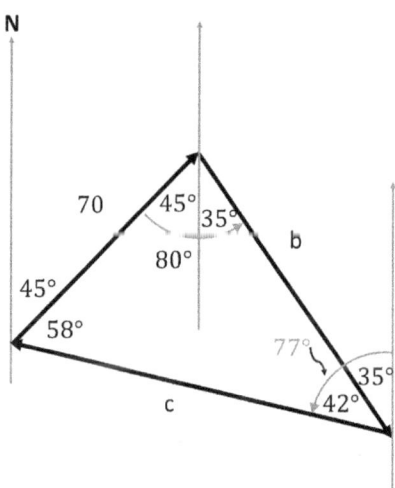

Solo se nos da una distancia, pero podemos calcular todas las medidas de ángulo en el triángulo. Podemos usar la Ley de Sines para encontrar las longitudes de lado restantes estableciendo proporciones para los dos lados restantes:

$$\frac{b}{\sin 58} = \frac{70}{\sin 42} \text{ así que } b = \frac{70 \sin 58}{\sin 42} = 88.72$$

$$\frac{c}{\sin 80} = \frac{70}{\sin 42} \text{ así que } c = \frac{70 \sin 80}{\sin 42} = 103.02$$

Sume las tres millas laterales $70 + 88.72 + 103.02 = 261.74$ ∎

Ejemplo 2: Dos barcos salen al mismo tiempo del mismo muelle. El primer barco viaja a 24 mph a un rumbo de 30 ° el segundo barco viaja a 28 mph a un rumbo de 280 °. Encuentra la distancia entre los dos barcos después de 4 horas.

Solución: El primer paso es hacer un dibujo. En este problema de palabras tenemos dos objetos que comienzan desde el mismo lugar y se mueven en ciertos rumbos. Los rodamientos están dando el ángulo en el sentido de las agujas del reloj desde el norte. Puede ayudar centrar las dos naves comenzando en el origen y etiquetando el eje y como Norte. Como se nos dan las velocidades y el tiempo de duración, podemos multiplicar la tasa por el tiempo para obtener las distancias que recorre cada barco.

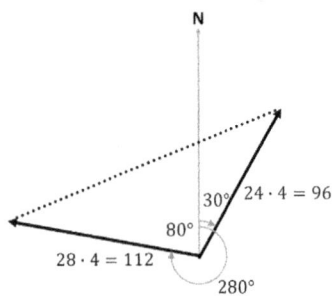

Podemos restar 360 – 280 para obtener 80 como el ángulo agudo que hace el segundo barco con el eje norte. Se nos dan dos lados y el ángulo incluido (SAS), por lo que podemos usar la Ley de Cosenos para resolver la distancia entre las dos naves:

$$\sqrt{96^2 + 112^2 - 2(96)(112)\cos 110} = 170.63 \text{ millas}$$ ∎

Práctica Derecho de Sines y Derecho de Cosines Aplicaciones

1. Matthew y Emilia están parados en la orilla del mar a 10 millas de distancia. La costa es una línea recta entre ellos. Ambos pueden ver el mismo barco en el agua. El ángulo entre la costa y la línea de visión de Matthew hacia el barco es de 35°. El ángulo entre la costa y la línea de visión de Emilia es de 45°. ¿A qué distancia está el barco de Mateo?

2. Jack está a un lado de un cañón de 300 pies y Jill está al otro lado. Jack y Jill pueden ver a Peter en la parte inferior. Jack puede ver a Peter en un ángulo de depresión de 50°, mientras que Jill puede ver a Peter en un ángulo de depresión de 70°. ¿A qué distancia está Jill de Peter?

3. Alice, Bob y Carl están acampando en tiendas de campaña. Si la distancia entre Alice y Bob es de 153 pies, la distancia entre Alice y Carl es de 201 pies y la distancia entre Bob y Carl es de 175 pies, ¿cuál es el ángulo Entre Alice y Carl de la tienda de Bob?

4. Tres barcos están en el mar: el Niño, el Pinta y el Santa María. Desde la Niña, el ángulo entre la línea de visión a la Pinta y la línea de visión a la Santa María es de 45°. Si la distancia de la Niña a la Pinta es de 2 millas y la distancia de la Niña a la Santa María es de 4 millas, ¿cuál es la distancia entre la Pinta y la Santa María?

Ley de Sines y Ley de Cosenos Aplicaciones

5. Dos barcos salen de un puerto a las 9 AM. El barco A navega con una dirección de N 67 ° E a una velocidad de 17 mph. El barco B navega con una dirección de S 34 ° E a una velocidad de 12 mph. Si los barcos mantienen sus caminos, ¿qué tan lejos están a las 3 PM?

6. Un helicóptero que vuela ve dos plataformas de aterrizaje debajo. La distancia recta desde el helicóptero hasta la plataforma de aterrizaje A es de 15 millas y la distancia recta desde el helicóptero hasta la plataforma de aterrizaje B es de 9 millas. Si las plataformas de aterrizaje están a 20 millas de distancia, encuentre el ángulo de depresión desde el helicóptero hasta la plataforma de aterrizaje B.

7. Un cohete se lanza al cielo y se puede ver en Western High School y Eastern High School. Los ángulos de elevación de Western High School y Eastern High School son de 42 ° y 24 ° respectivamente. Si las dos escuelas están a 510 millas de distancia, ¿qué tan lejos está el cohete de Eastern High School?

8. Tres líneas de bayas se plantan en forma triangular. Las fresas se plantan en una línea de 10 pies; Las frambuesas se plantan en una línea de 18 pies. La tercera línea son los arándanos, haciendo un ángulo de 68 ° con las fresas, determina la longitud de la línea de arándanos.

9. Dos camiones, a 36 pies de distancia, están remolcando una gran cortadora de césped. Si la longitud de una cuerda es de 26 pies y la longitud de la otra cuerda es de 20 pies, encuentre el ángulo formado entre las dos cuerdas.

10. Las ciudades de Dallas, Charleston e Indianápolis forman un triángulo. La distancia de Dallas a Charleston es de 980 millas. Charleston a Indianápolis es de 595 millas e Indianápolis a Dallas es de 764 millas. Si Dallas y Charleston se encuentran en la misma latitud, encontrar el rumbo de Charleston a Indianápolis.

11. El barco A viaja hacia el oeste durante 10 millas náuticas, mientras que el barco B viaja a un rumbo de 150 ° durante 8 millas náuticas. ¿A qué distancia están los barcos el uno del otro?

12. Nick mide el ángulo de elevación hasta la cima de una montaña como 37°. Jason, que está 1200 pies más cerca en un camino de nivel recto, mide el ángulo de elevación como 46 °. ¿Qué tan alta es la montaña?

13. Las ciudades de Filadelfia, Washington DC y Boston forman un triángulo. La distancia de Filadelfia a Washington DC es de 140 millas. Washington a Boston es de 442 millas y Boston a Filadelfia es de 135 millas. Dibuja un triángulo que conecte estas tres ciudades y encuentra los ángulos en el triángulo.

14. Dos barcos salen al mismo tiempo del mismo muelle. El primer barco viaja a 18 mph a un rumbo de 130 ° el segundo barco viaja a 24 mph a un rumbo de 20 °. Encuentra la distancia entre los dos barcos después de 2 horas.

15. Un piloto comienza un vuelo viajando 80 millas al noroeste. Para evitar una tormenta, luego va N 70 ° O. Luego se dirige a S 50 ° E para regresar a su ubicación original. Encuentra la distancia total del vuelo.

16. Un barco sale de un puerto, recorre 14 millas, gira 30° y recorre otras 10 millas. ¿A qué distancia está el barco del puerto?

17. Las ciudades de Nashville, Charlotte y Atlanta forman un triángulo. La distancia de Nashville a Atlanta es de 215 millas. Nashville a Charlotte es de 339 millas y Charlotte a Atlanta es de 226 millas. Dibuja un triángulo que conecte estas tres ciudades y encuentra los ángulos en el triángulo.

18. Emily está volando una cometa en un día ventoso. Ella observa la cometa en un ángulo de elevación de 60 °. David está a 150 metros de Emily y mide el ángulo de elevación de la cometa como 45 °. La cometa está volando entre ellos. ¿Qué tan alto está la cometa?

19. Dos barcos salen al mismo tiempo del mismo muelle. El primer barco viaja a 20 mph a un rumbo de 240 ° el segundo barco viaja a 26 mph a un rumbo de 200 °. Encuentra la distancia entre los dos barcos después de 3 horas.

20. Un piloto comienza un vuelo viajando 60 millas SE. Para evitar una tormenta, luego va S 15 ° W. Luego se dirige N 8 ° W para regresar a su ubicación original. Encuentra la distancia total del vuelo.

Área de Triángulos

A partir de la geometría, sabemos cómo encontrar el área de un triángulo. La fórmula para el área de un triángulo es una media base multiplicada por la altura, pero la altura o altitud

Área de Triángulos

no es necesariamente un lado del triángulo y, a veces, primero tenemos que resolverlo.

Podemos usar la trigonometría para resolver la altura y resolver el área de los triángulos.

Si se nos dan dos lados y el ángulo incluido (SAS) podemos resolver el área de un triángulo usando la fórmula:

$$Area = \frac{1}{2} ab \sin C$$

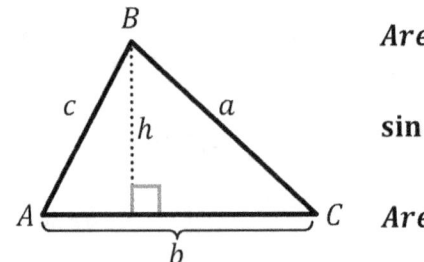

$$Area = \frac{1}{2} bh$$

$$\sin C = \frac{h}{a} \Rightarrow h = a \sin C$$

$$Area = \frac{1}{2} ab \sin C$$

Ejemplo 1: Encuentra el área del triángulo a la décima más cercana.

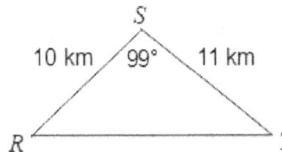

Solución: Aquí se nos da lado-ángulo-lado (SAS) para que podamos usar la fórmula por encima de km2

$$Area = \frac{1}{2} ab \sin C = \frac{1}{2}(10)(11) \sin 99 = 54.3 \ \blacksquare$$

A veces necesitas usar la Ley de los Senos o la Ley de los Cosenos para que puedas encontrar dos lados y un ángulo incluido.

Ejemplo 2: Encuentra el área del triángulo hasta la décima más cercana.

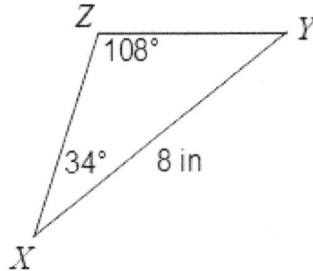

Solución: Aquí se nos da ángulo-ángulo-lado (AAS), por lo que necesitamos usar la Ley de los Senos para encontrar la longitud de XZ. El ángulo que falta es 180 – 108 – 34 = 38. Configura la Ley de Sines para encontrar el lado XZ:

$$\frac{y}{\sin 38} = \frac{8}{\sin 108} \text{ entonces } y = \frac{8 \sin 38}{\sin 108} = 5.18$$

Ahora usa la fórmula de área

$$Area = \frac{1}{2}ab \sin C = \frac{1}{2}(5.18)(8) \sin 34 = 11.6 \text{ en2} \blacksquare$$

Ejemplo 3: Encuentra el área del triángulo a la décima más cercana.

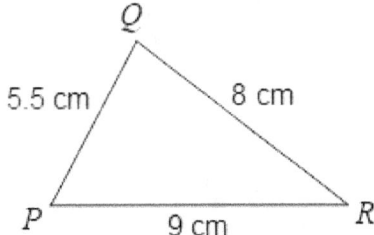

Solución: Aquí se nos da lado lado (SSS), por lo que necesitamos usar la Ley de Cosenos para encontrar un ángulo entre dos lados. No importa qué ángulo se encuentre. Encontremos el ángulo R.

$$5.5^2 = 9^2 + 8^2 - 2(8)(9) \cos R \text{ entonces } R = \cos^{-1}\left(\frac{5.5^2 - 9^2 - 8^2}{-2(8)(9)}\right) = 37.2$$

Ahora use la fórmula de área

$$Area = \frac{1}{2}ab \sin C = \frac{1}{2}(8)(9)\sin 37.2 = 21.8 \text{ cm2} \blacksquare$$

Cuando se da la medida de los tres lados, también puede usar la fórmula de Heron:

$$Area = \sqrt{s(s-a)(s-b)(s-c)} \text{ donde, el semiperímetro.} s = \frac{1}{2}(a+b+c)$$

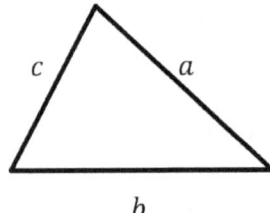

Heron's Formula:

$$Area = \sqrt{s(s-a)(s-b)(s-c)}$$

$$s = \frac{1}{2}(a+b+c) \text{ semiperimeter}$$

Ejemplo 4: Use la fórmula de Heron para encontrar el área del triángulo a la décima más cercana.

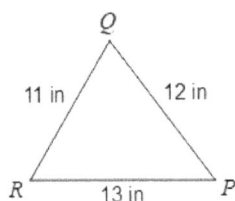

Solución: Aquí se nos da lado a lado (SSS), por lo que usamos la fórmula de Heron para encontrar el área. Primero calcula el semiperímetro $s = \frac{1}{2}(11+12+13) = 18$. Entonces el área viene dada por:

$$Area = \sqrt{18(18-11)(18-12)(18-13)} = \sqrt{18(7)(6)(5)} = 61,5 \text{ pulgadas2} \blacksquare$$

Área de Práctica de Triángulos

Encuentra el área de cada triángulo hasta la décima más cercana.

1)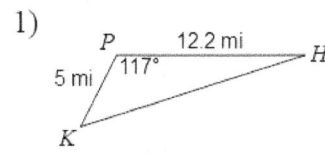

2)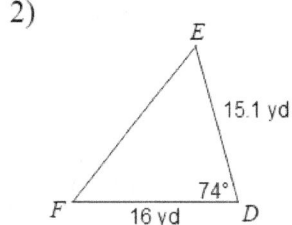

3)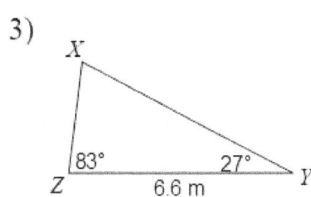

4)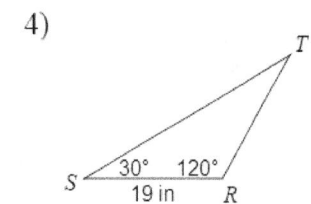

5)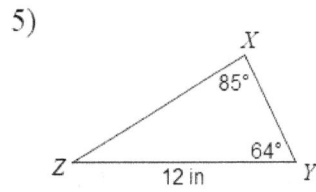

6)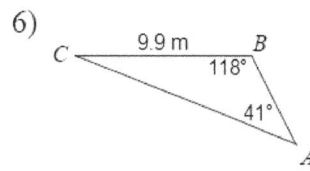

7)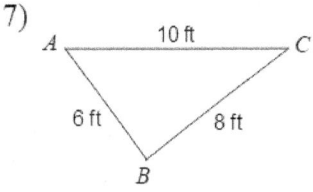

8)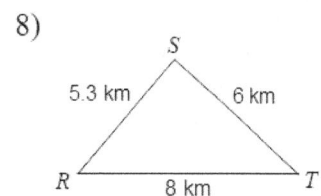

9)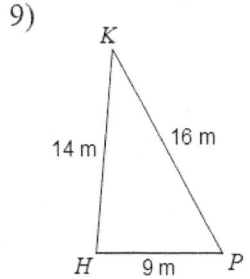

10)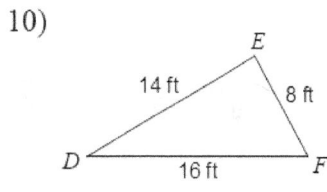

Área de Triángulos

11)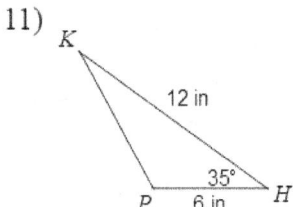

12)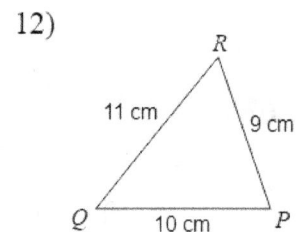

13)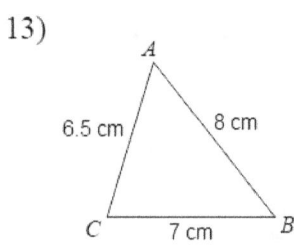

14)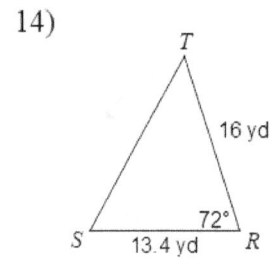

15)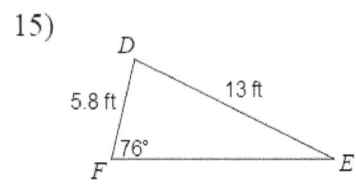

16)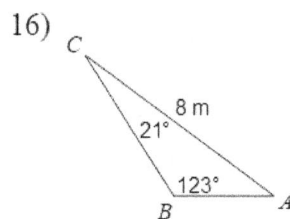

17) In $\triangle ZXY$, $y = 4$ yd, $x = 13$ yd, $m\angle Z = 97°$

18) In $\triangle ABC$, $b = 6$ cm, $m\angle A = 117°$, $c = 6$ cm

19) In $\triangle KHP$, $p = 5$ cm, $k = 10$ cm, $m\angle K = 80°$

20) In $\triangle PKH$, $h = 6.2$ in, $k = 14$ in, $p = 16$ in

21) In $\triangle ZXY$, $z = 13.8$ cm, $x = 10$ cm, $y = 8$ cm

22) In $\triangle ZXY$, $m\angle Z = 140°$, $y = 9$ yd, $x = 6$ yd

23) In $\triangle QRP$, $p = 14$ m, $r = 9$ m, $q = 8$ m

24) In $\triangle TRS$, $s = 8$ mi, $r = 7$ mi, $m\angle T = 113°$

25) In △BCA, $a = 6$ cm, $m\angle B = 49°$, $b = 13$ cm

26) In △STR, $m\angle S = 31°$, $m\angle T = 30°$, $r = 7$ km

27) In △PQR, $r = 12$ mi, $q = 12$ mi, $p = 15$ mi

28) In △RST, $t = 7.9$ ft, $m\angle R = 29°$, $r = 14.3$ ft

29) In △TRS, $t = 11$ yd, $s = 10$ yd, $m\angle T = 91°$

30) In △RST, $s = 8$ cm, $t = 15$ cm, $m\angle R = 16°$

31) In △RPQ, $q = 9$ km, $r = 14$ km, $m\angle R = 56°$

32) In △RPQ, $r = 6.7$ m, $p = 15$ m, $q = 15$ m

33) A triangular piece of wood has side lengths that measure 35 inches, 27 inches and 14 inches. Find the area of the wood to the nearest tenth of a square inch.

34) A triangular garden has side lengths that measure 8 ft, 9 ft 3 in and 13 ft 9 in. Find the area of the garden to the nearest tenth of a square inch.

Graficando el seno y el coseno

Ahora comenzaremos a mirar los gráficos de las funciones trigonométricas. Al graficar algo desconocido, puede hacer una tabla de valores y trazar los puntos. Por lo general, al graficar usaremos radianes. Radianes son también la unidad de ángulo predeterminada utilizada en cálculo. Comencemos con la función seno y exploremos sus características. Podemos usar el círculo de unidades para crear nuestra tabla:

Graficando el seno y el coseno

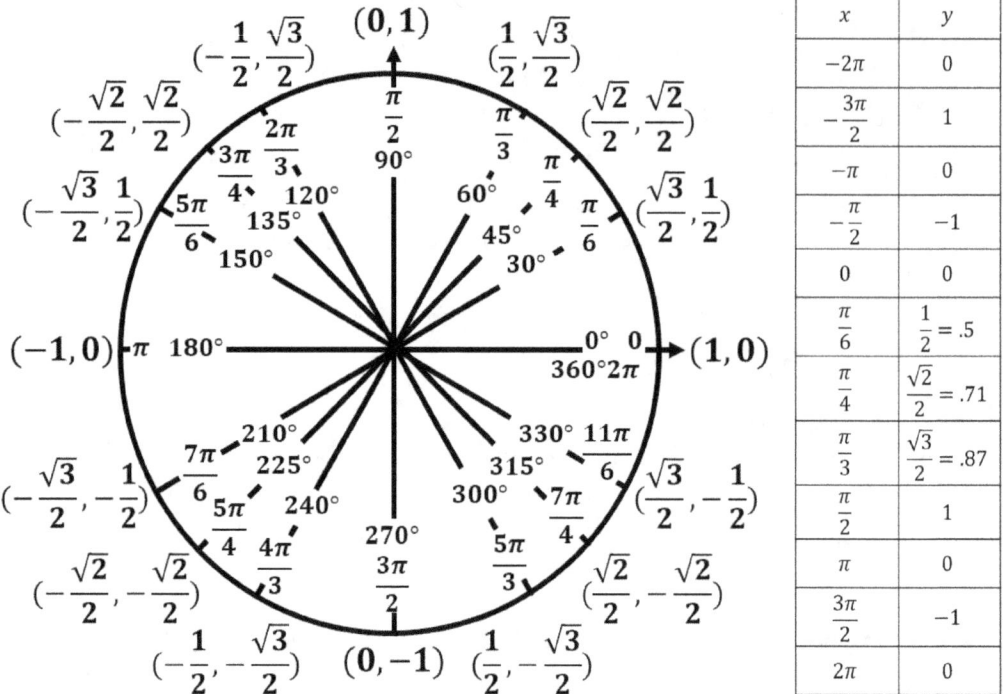

x	y
-2π	0
$-\frac{3\pi}{2}$	1
$-\pi$	0
$-\frac{\pi}{2}$	-1
0	0
$\frac{\pi}{6}$	$\frac{1}{2} = .5$
$\frac{\pi}{4}$	$\frac{\sqrt{2}}{2} = .71$
$\frac{\pi}{3}$	$\frac{\sqrt{3}}{2} = .87$
$\frac{\pi}{2}$	1
π	0
$\frac{3\pi}{2}$	-1
2π	0

Ahora, si grafica estos puntos en papel cuadriculado o Desmos, termina con un gráfico que se ve así y puede conectar los puntos con una curva suave para obtener una función en forma de onda que repite:

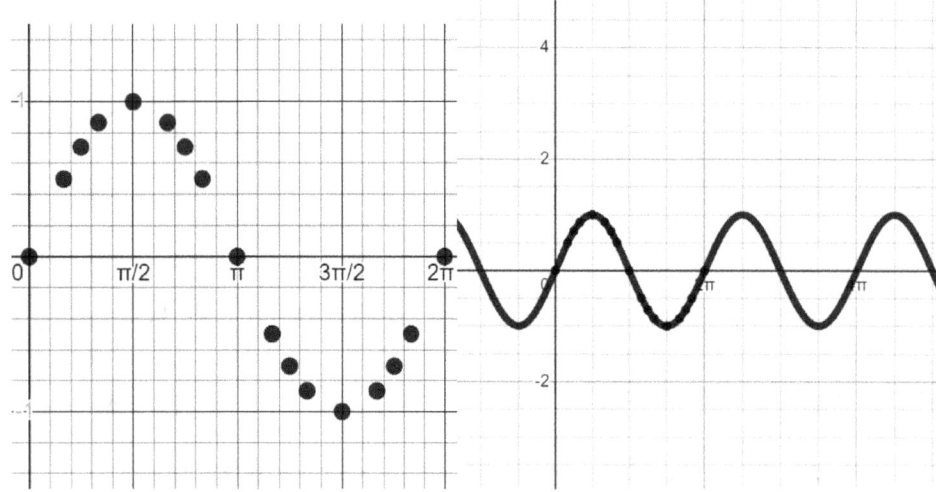

Aquí hay una tabla de características para el seno y el coseno:

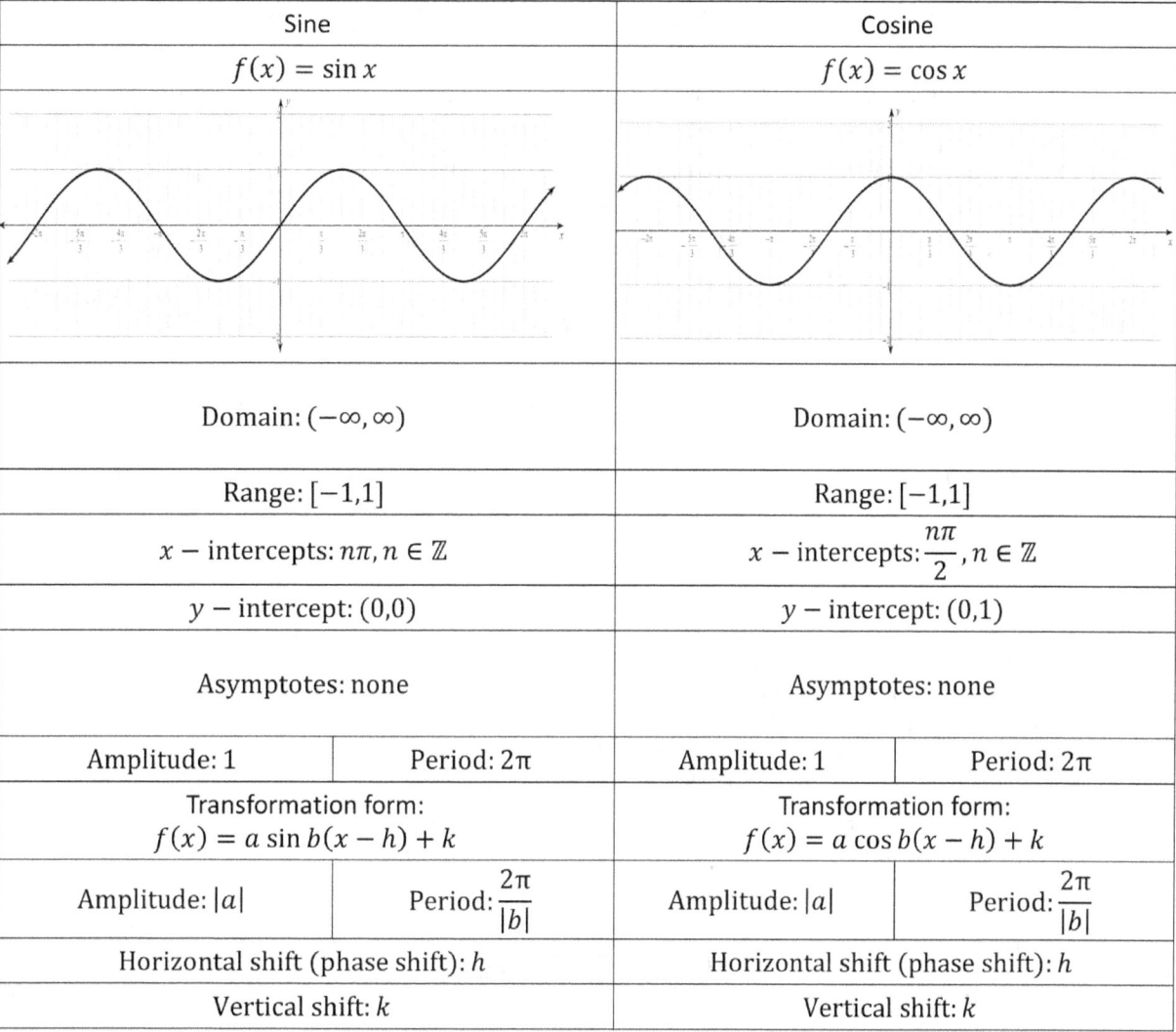

Dominio es la entrada o valores x para una función. El dominio para seno y coseno es todo real, ya que puede tomar el seno de coseno de cualquier número real. El rango es la salida o los valores y. Del círculo unitario es fácil ver que el rango para el seno o el coseno es negativo de uno a positivo. Las intersecciones X, donde el grafo cruza el eje x, son lo mismo que los ceros, donde la función es igual a cero y hay una cantidad infinita para ambas funciones trig. La intersección y es donde el gráfico cruza el eje y.

El coseno y el seno tienen la misma forma de onda y la función coseno es una traducción horizontal de la función seno. El seno y el coseno se llaman **sinusoidal** funciones y tienen algunas características especiales. La cresta o pico de la ola es el máximo, mientras que la vaguada o valle de la ola será un mínimo. La línea media corre a mitad de camino a través de la función trig y para las funciones principales la línea media será el eje x. La amplitud es la altura de la onda desde la línea media hasta la cresta o desde la línea media hasta una vaguada. El período es la duración de un ciclo, de cresta a cresta o de valle a valle. La función seno es una función impar como $f(x) = x^3$ y tiene simetría sobre el origen. La función coseno es una función par como $f(x) = x^2$ y tiene simetría sobre el eje y. Así es como se ven los gráficos de seno y coseno:

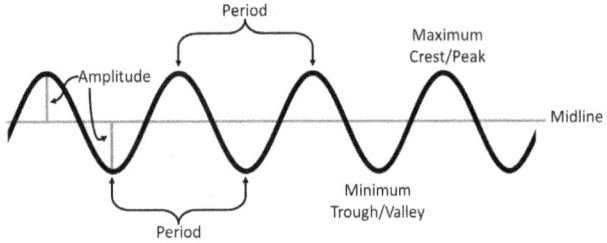

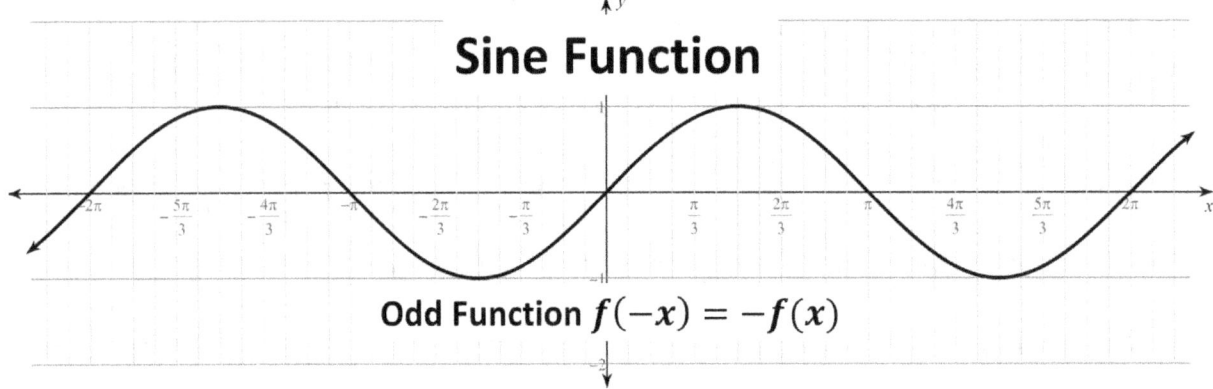

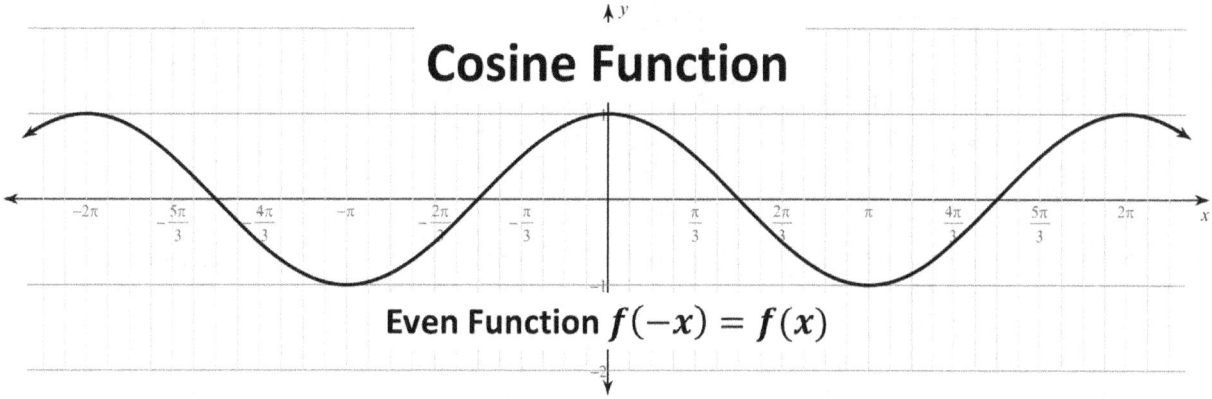

Al graficar a mano, es mejor pensar en cómo se ve un ciclo de cada función padre. Los gráficos a continuación muestran un período o ciclo de seno y coseno. Nótese que el seno se ve como una onda con puntos clave en (0,0), (π,0), (2π,0) y máximo en y $\left(\frac{\pi}{2}, 1\right)$ mínimo en $\left(\frac{3\pi}{2}, -1\right)$. El coseno parece una onda con un máximo en (0, 1) y (2π, 1) y un mínimo en (π, −1). También tiene intercepciones x en $\left(\frac{\pi}{2}, 0\right)$ y $\left(\frac{3\pi}{2}, 0\right)$.

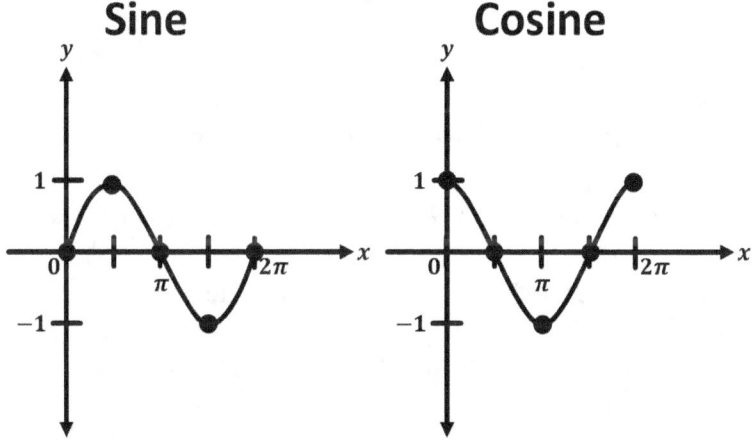

Una vez que comprenda cómo se ve la función padre (forma básica) de cada función, puede usar reglas de transformación para desplazar la función horizontal o verticalmente, estirar la función horizontal o verticalmente y reflejar la función. La mejor manera de aprender esto es verlo por ti mismo en una calculadora gráfica o en Desmos.

Graficando el seno y el coseno

Una de las características más importantes de Desmos son los controles deslizantes. En Desmos intente escribir la forma transformacional de la función seno:

$$y = a\sin(b(x-h)) + k$$

Verá la opción de agregar controles deslizantes para las variables a, b, h y k. Añádelos todos.

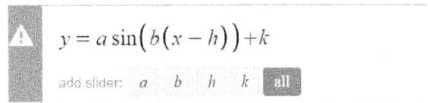

Así es como se verá:

Con *a = 1, b = 1, h = 0 y k = 0, tienes la función padre* Ahora, ¿qué sucede cuando deslizas $y = \sin x$.a hacia la derecha? Debería ver que el gráfico se estira verticalmente, la amplitud cambia con *a*. Si desliza *una a hacia* la izquierda, el gráfico se reflejará hacia abajo a través del eje x. Entonces, ¿qué sucede cuando deslizas *b* hacia la derecha? Debería ver que el gráfico se comprime horizontalmente, el período se hace más pequeño y la frecuencia (la frecuencia es el recíproco del período) se hace más grande. Deslizar *b* hacia la izquierda estirará el gráfico haciendo que el período sea más grande. Al mover el control deslizante h hacia la derecha, mueve el gráfico hacia la derecha y *moviendo* el control deslizante h hacia la izquierda , *mueve el gráfico hacia la* izquierda. Por último, *el* control deslizante h mueve el gráfico hacia arriba y hacia abajo. Estas reglas de transformación funcionan para todas las funciones, no solo para las funciones trigonométricas.

$a \sin\big(b(x-h)\big) + k$		$a \cos\big(b(x-h)\big) + k$	
a	b	h	k
Vertical stretch **Amplitude** = $\|a\|$ If a is negative, then reflect down	Horizontal stretch **Period** = $\frac{2\pi}{\|b\|}$ If b is negative, then reflect across	Horizontal shift Phase shift Changes the starting position	Vertical stretch Changes the midline

Parent Function	Reflect Down over x-axis	Reflect Across y-axis	Reflect across both axes
$y = \sin x$	$y = -\sin x$	$y = \sin(-x)$	$y = -\sin(-x)$
$y = \cos x$	$y = -\cos x$	$y = \cos(-x)$	$y = -\cos(-x)$

Ejemplo 1: Encuentra la amplitud y el período. Luego esboza el gráfico usando radianes.

$y = 3\sin 2\theta$

Solución: La amplitud viene dada por el coeficiente delante, por lo que la amplitud = 3. Normalmente el pecado tiene un período de 2π, pero el 2 delante de theta hace que este ciclo sea dos veces más rápido, por lo que el período es el original dividido por 2, período = π. La función padre es sinusoidal, por lo que pasa por (0, 0) y completará un período que termina en

Graficando el seno y el coseno

(π, 0). Cada ciclo tiene 4 partes: A mitad de camino también se cruzará el eje x en ($\frac{\pi}{2}$,0). Una cuarta parte del camino a través alcanza el máximo en ($\frac{\pi}{4}$,1) y tres cuartas partes a través de él alcanza el mínimo en ($\frac{3\pi}{4}$,-1).

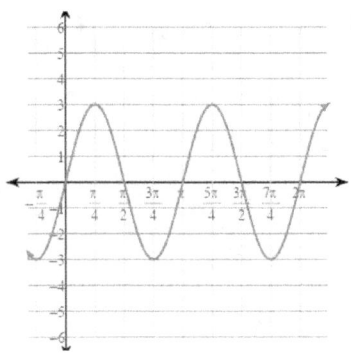

Ejemplo 2: Encuentra la amplitud y el período. Luego esboza el gráfico usando radianes.

$$y = 4\cos\frac{\theta}{3}$$

Solución: La amplitud viene dada por el coeficiente delante, por lo que la amplitud = 4. Normalmente cos tiene un período de 2π, pero como theta es superior a 3 (b = 1/3), esto hace que este ciclo sea tres veces más lento, por lo que el período es el original dividido por 1/3, período = 6π. La función padre es coseno, por lo que pasa por su máximo en (0, 1) y completará un período que termina en un máximo en (6π, 1). Cada ciclo tiene 4 partes: A mitad de camino también alcanzará el mínimo en (3π, 1). Un cuarto del camino a través de él cruza la línea media en ($\frac{3\pi}{4}$,0) y tres cuartos a través de él cruza la línea media en ($\frac{9\pi}{2}$,0).

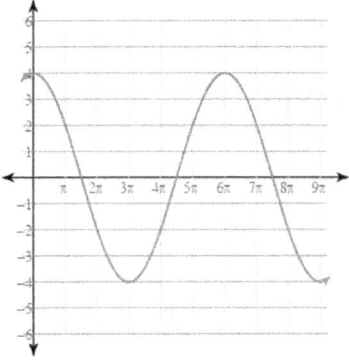

Ahora comenzaremos a agregar cambios horizontales (también llamados cambios de fase) y cambios verticales. A veces, la función se escribe en la forma $a\cos(bx - c) + k$: lo que hace que sea un poco más difícil determinar el cambio de fase, pero puede factorizar una b del binomio interior:

$$\textbf{Factor out } \boldsymbol{b}: \boldsymbol{a\cos(bx - c) + k = a\cos\left(b\left(x - \frac{c}{b}\right)\right) + k}$$

El desplazamiento de fase vendrá dado $\frac{c}{b}$ y el desplazamiento vertical vendrá dado por k.

$\sin(x) + 3$ $\sin(x) - 2$ $\sin(x - \frac{\pi}{2})$ $\sin(x + \frac{\pi}{3})$
Shift up 3   Shift down 2   Shift right by $\frac{\pi}{2}$ Shift left by $\frac{\pi}{3}$

Ejemplo 3: Encuentra la amplitud, el período en radianes, el cambio de fase en radianes, el desplazamiento vertical y las transformaciones necesarias para obtener el gráfico a partir de una función trig básica. Luego esboza el gráfico usando radianes.

$$3\cos\left(4\theta + \frac{\pi}{3}\right) + 1$$

Graficando el seno y el coseno

Solución: Al graficar desea encontrar primero el desplazamiento vertical. Esta función del coseno se ha movido hacia arriba 1. Empieza a dibujar los ejes y la línea media:

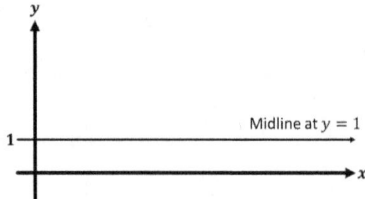

Ahora encuentra el cambio de fase. Dado que esta función se escribe en la forma:

$a \cos(bx - c) + k$

El cambio de fase viene dado por $\frac{c}{b}$. Aquí y entonces el cambio de fase es . Esto significa que tenemos que empezar a la izquierda en $-c = -\frac{\pi}{3} b = 4 \frac{c}{b} = -\frac{\pi}{12}\pi/12$. Esboza dónde va a comenzar el ciclo:

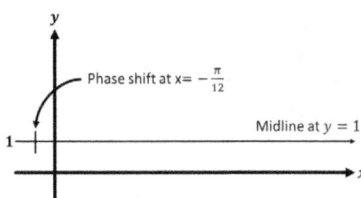

El período es $\frac{2\pi}{a} = \frac{2\pi}{4} = \frac{\pi}{2}$. Si sumamos la posición inicial del cambio de fase al período, podemos encontrar dónde termina el ciclo: $-\frac{\pi}{12} + \frac{\pi}{2} = \frac{5}{12}$.

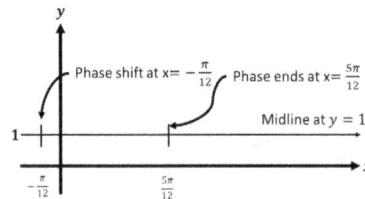

Por último, la amplitud es 3. Como estamos graficando el coseno, comenzará como máximo al comienzo de la fase y terminará al máximo al final de la fase.

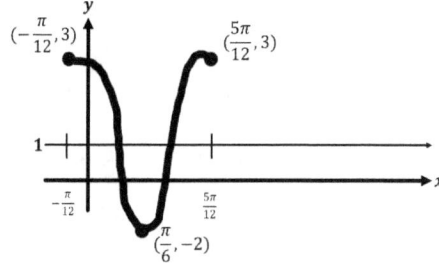

Una vez que tienes un ciclo hecho, el patrón se repite.

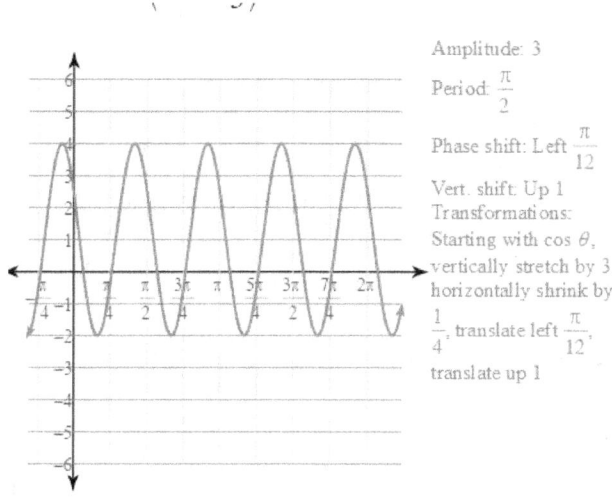

Amplitude: 3
Period: $\dfrac{\pi}{2}$
Phase shift: Left $\dfrac{\pi}{12}$
Vert. shift: Up 1
Transformations:
Starting with $\cos\theta$, vertically stretch by 3, horizontally shrink by $\dfrac{1}{4}$, translate left $\dfrac{\pi}{12}$, translate up 1

∎

Ejemplo 4: Encuentra la amplitud, el período en radianes, el cambio de fase en radianes, el desplazamiento vertical y las transformaciones necesarias para obtener el gráfico a partir de una función trig básica. Luego $y = -1 + 4\sin\left(4\theta - \dfrac{\pi}{4}\right)$ esboza el gráfico usando radianes.

Solución:

Graficando el seno y el coseno

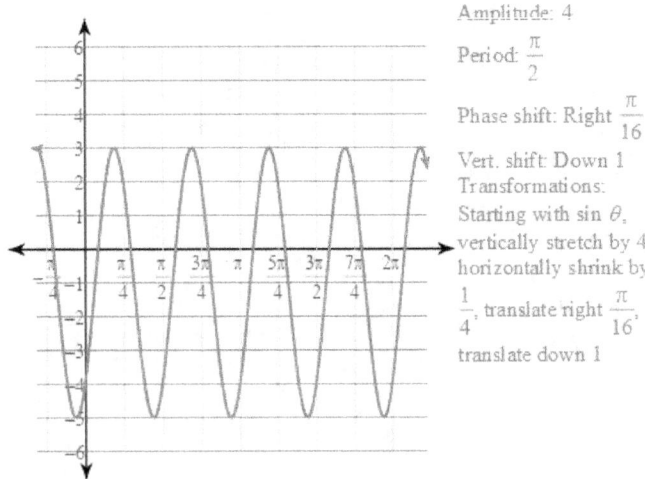

Amplitude: 4
Period: $\dfrac{\pi}{2}$
Phase shift: Right $\dfrac{\pi}{16}$
Vert. shift: Down 1
Transformations:
Starting with $\sin\theta$, vertically stretch by 4, horizontally shrink by $\dfrac{1}{4}$, translate right $\dfrac{\pi}{16}$, translate down 1

■

Ejemplo 5: Encuentra la amplitud, el período en radianes, el cambio de fase en radianes, el desplazamiento vertical y las transformaciones necesarias para obtener el gráfico a partir de una función trig básica. Luego esboza $y = -1 + 2\cos\left(4\theta + \dfrac{2\pi}{3}\right)$ el gráfico usando radianes.

Solución:

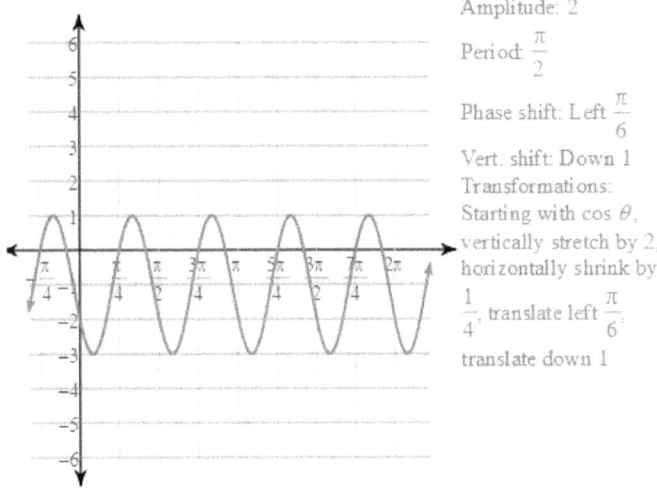

Amplitude: 2
Period: $\dfrac{\pi}{2}$
Phase shift: Left $\dfrac{\pi}{6}$
Vert. shift: Down 1
Transformations:
Starting with $\cos\theta$, vertically stretch by 2, horizontally shrink by $\dfrac{1}{4}$, translate left $\dfrac{\pi}{6}$, translate down 1

■

Practique la representación gráfica del seno y el coseno

1) Graph $y = \sin x$
   Domain:_____ Range:_____ y-intercept:_____ x-intercept:_____
   Midline:_____ Amplitude:_____ Period:_____

2) Graph $y = \cos x$
   Domain:_____ Range:_____ y-intercept:_____ x-intercept:_____
   Midline:_____ Amplitude:_____ Period:_____

Graficando el seno y el coseno

Un coeficiente negativo será un reflejo a través del eje x. Usando radianes, encuentra la amplitud. Luego gráfico.

3) $y = 3\sin\theta$
Amplitude:

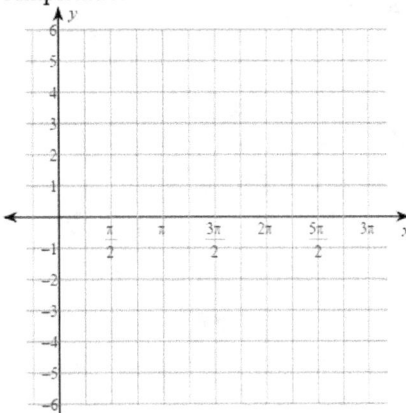

4) $y = 4\cos\theta$
Amplitude:

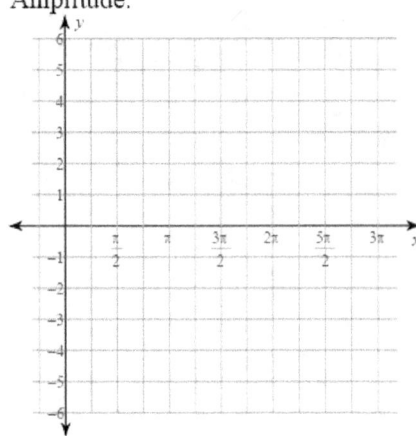

5) $y = \dfrac{3}{2} \cdot \cos\theta$
Amplitude:

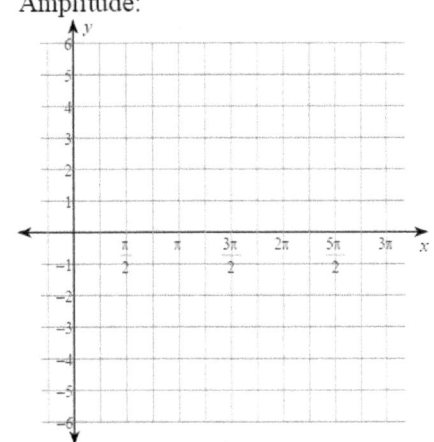

6) $y = \dfrac{1}{2} \cdot \sin\theta$
Amplitude:

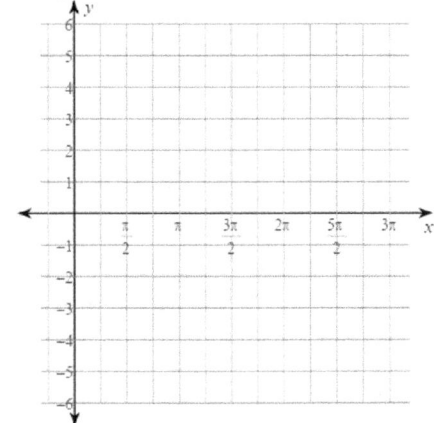

7) $y = -2\sin\theta$
Amplitude:

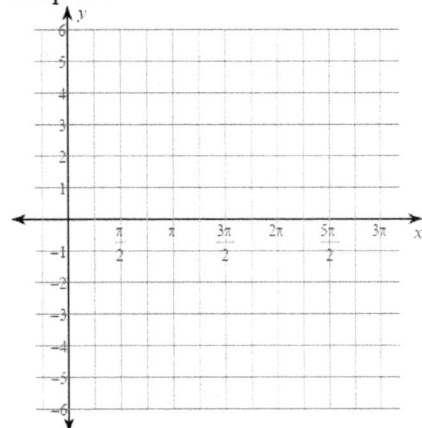

8) $y = -3\cos\theta$
Amplitude:

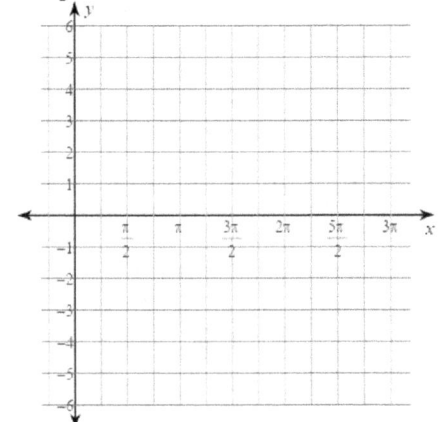

Usando radianes, encuentra la amplitud y el período. Luego gráfico.

9) $y = \cos 2\theta$
Amplitude: _____ Period: _____

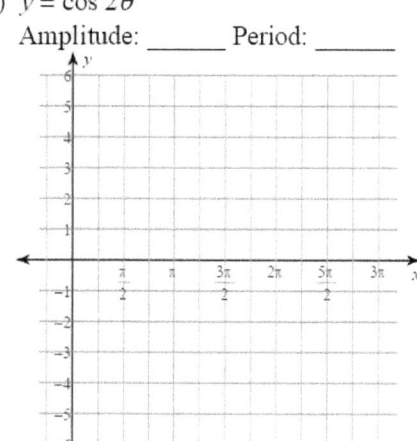

10) $y = \sin 4\theta$
Amplitude: _____ Period: _____

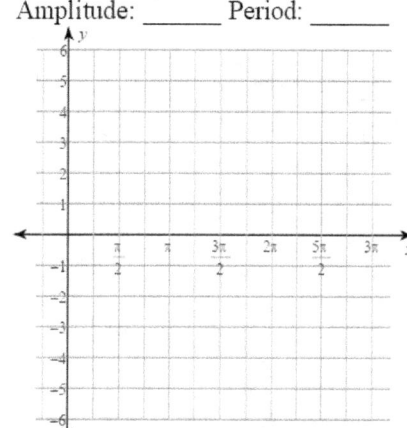

11) $y = \sin \dfrac{2\theta}{3}$
Amplitude: _____ Period: _____

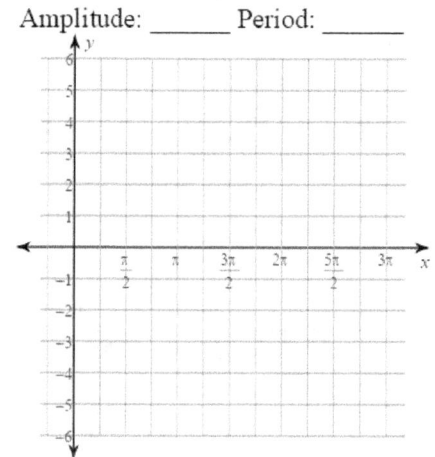

12) $y = \cos \dfrac{4\theta}{5}$
Amplitude: _____ Period: _____

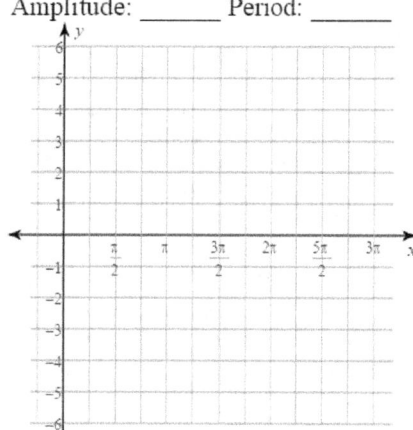

13) $y = -3\cos 4\theta$
Amplitude: _____ Period: _____

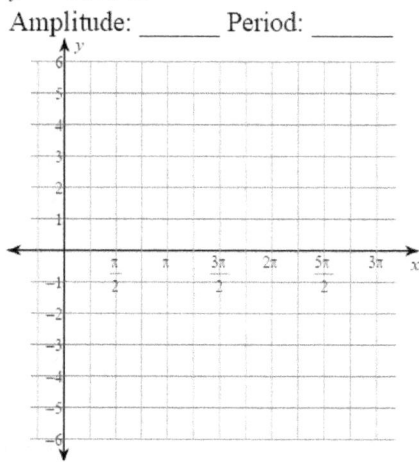

14) $y = 4\cos 2\theta$
Amplitude: _____ Period: _____

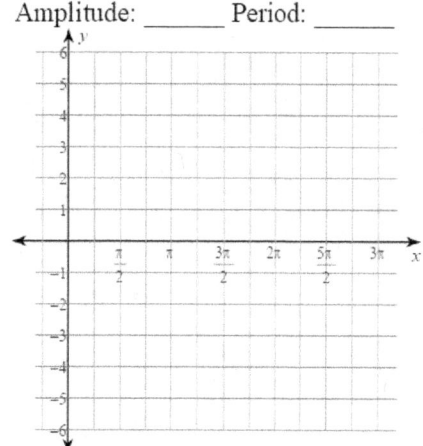

Graficando el seno y el coseno

Usando radianes, encuentre la amplitud, el período, el desplazamiento vertical y la línea media. Luego gráfico.

15) $y = \cos\theta + 2$
    Amplitude: _____ Period: _____
    Vertical shift: _____ Midline: _____

16) $y = \sin\theta - 3$
    Amplitude: _____ Period: _____
    Vertical shift: _____ Midline: _____

17) $y = -3\sin\theta - 2$
    Amplitude: _____ Period: _____
    Vertical shift: _____ Midline: _____

18) $y = 4\cos\theta + 1$
    Amplitude: _____ Period: _____
    Vertical shift: _____ Midline: _____

19) $y = 3\cos 2\theta - 1$
   Amplitude: _____ Period: _____
   Vertical shift: _____ Midline: _____

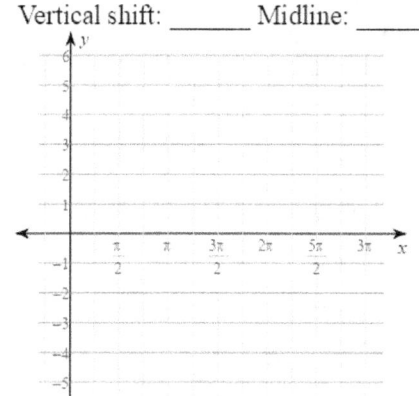

20) $y = -2\cos \dfrac{2\theta}{3} + 3$
   Amplitude: _____ Period: _____
   Vertical shift: _____ Midline: _____

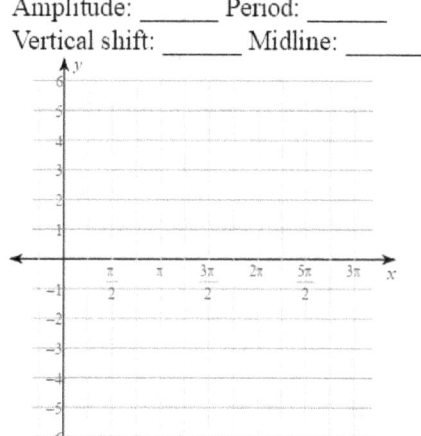

Usando radianes, encuentre la amplitud, el período, el cambio de fase, el desplazamiento vertical y la línea media. Luego gráfico.

21) $y = \sin\left(\theta - \dfrac{\pi}{2}\right)$
   Amplitude: _____ Period: _____
   Vertical shift: _____ Midline: _____
   Phase shift: _____

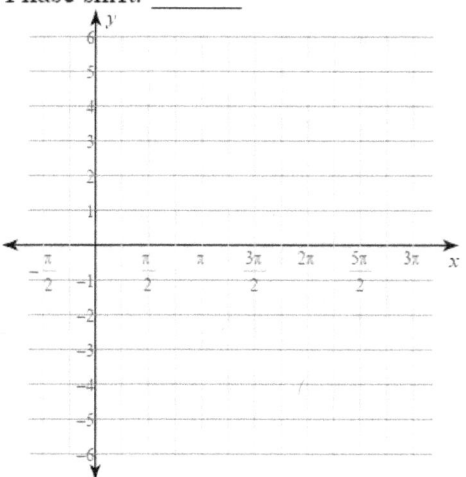

22) $y = \cos\left(\theta + \dfrac{\pi}{2}\right)$
   Amplitude: _____ Period: _____
   Vertical shift: _____ Midline: _____
   Phase shift: _____

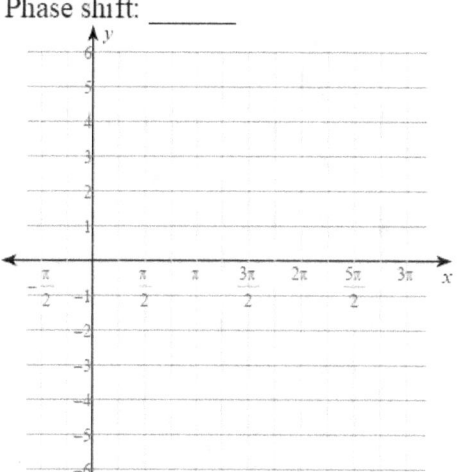

23) $y = 3\cos\left(2\theta + \dfrac{\pi}{2}\right) - 1$

Amplitude: _____ Period: _____
Vertical shift: _____ Midline: _____
Phase shift: _____

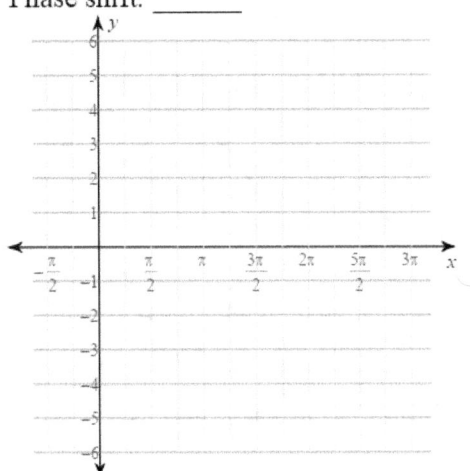

24) $y = -2\sin\left(2\theta - \dfrac{\pi}{2}\right) + 3$

Amplitude: _____ Period: _____
Vertical shift: _____ Midline: _____
Phase shift: _____

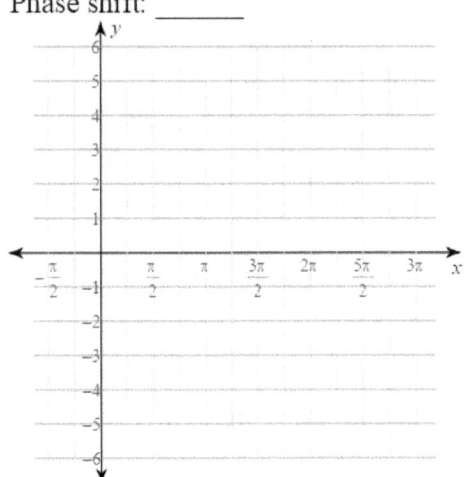

25) $y = -3\cos\left(3\theta + \dfrac{\pi}{2}\right) - 2$

Amplitude: _____ Period: _____
Vertical shift: _____ Midline: _____
Phase shift: _____

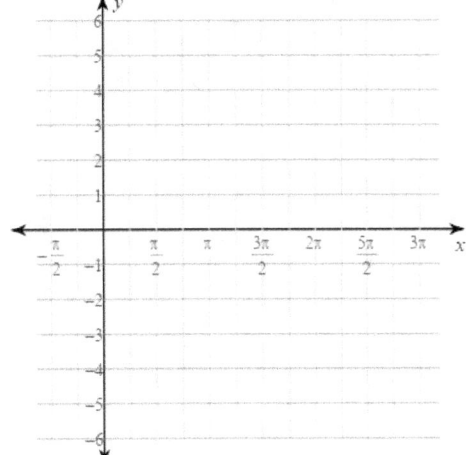

26) $y = -1 + \dfrac{1}{2} \cdot \sin\left(-4\theta - \dfrac{5\pi}{6}\right)$

Amplitude: _____ Period: _____
Vertical shift: _____ Midline: _____
Phase shift: _____

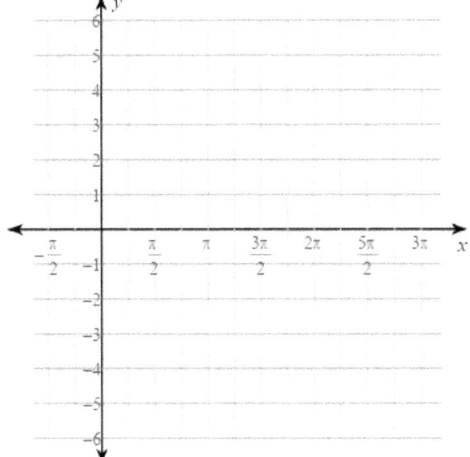

27) $y = 2 + 4\cos\left(3\theta + \dfrac{\pi}{6}\right)$

Amplitude: _____ Period: _____
Vertical shift: _____ Midline: _____
Phase shift: _____

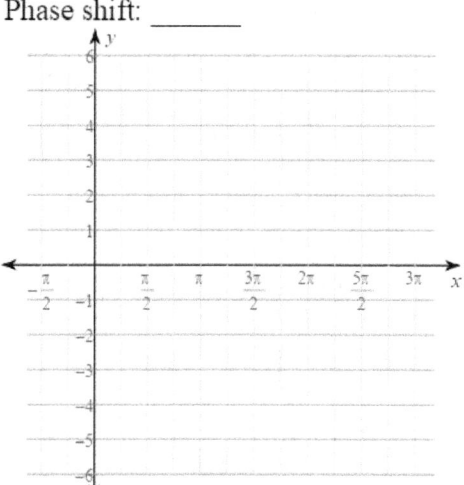

28) $y = -1 + \dfrac{1}{2} \cdot \sin\left(-2\theta - \dfrac{\pi}{3}\right)$

Amplitude: _____ Period: _____
Vertical shift: _____ Midline: _____
Phase shift: _____

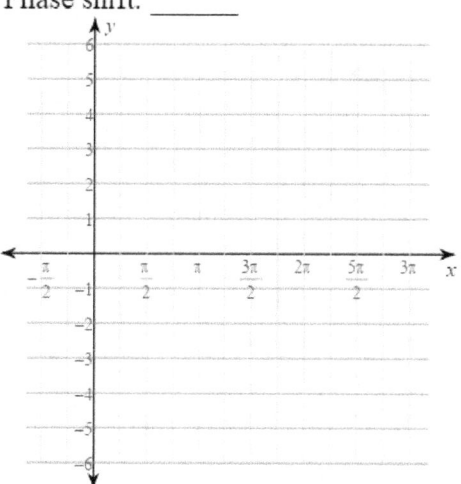

29) $y = 7\cos\left(6\theta + \dfrac{\pi}{2}\right) - 1$

Amplitude:

Period:

Phase shift:

Vert. shift:

30) $y = 6\cos\left(2\theta + \dfrac{5\pi}{6}\right) + 3$

Amplitude:

Period:

Phase shift:

Vert. shift:

31) $y = -2 + 6\sin\left(2\theta + \dfrac{\pi}{2}\right)$

Amplitude:

Period:

Phase shift:

Vert. shift:

32) $y = \dfrac{1}{2} \cdot \cos\left(6\theta - \dfrac{\pi}{6}\right) - 2$

Amplitude:

Period:

Phase shift:

Vert. shift:

Graficando el seno y el coseno

33) $y = -2 + 10\cos\left(8\theta + \dfrac{2\pi}{3}\right)$

Amplitude:

Period:

Phase shift:

Vert. shift:

34) $y = 10\cos\left(\dfrac{\theta}{8} - \dfrac{2\pi}{3}\right) - 5$

Amplitude:

Period:

Phase shift:

Vert. shift:

35) $y = \dfrac{1}{5} \cdot \sin\left(3\theta - \dfrac{2\pi}{3}\right) + 4$

Amplitude:

Period:

Phase shift:

Vert. shift:

36) $y = 9\sin\left(5\theta - \dfrac{\pi}{4}\right) + 2$

Amplitude:

Period:

Phase shift:

Vert. shift:

37) $y = \dfrac{1}{9} \cdot \sin\left(3\theta + \dfrac{2\pi}{3}\right) - 3$

Amplitude:

Period:

Phase shift:

Vert. shift:

38) $y = 5\sin\left(-5\theta - \dfrac{3\pi}{4}\right) - 3$

Amplitude:

Period:

Phase shift:

Vert. shift:

39) $y = 2 + 3\cos\left(3\theta + \dfrac{5\pi}{3}\right)$

Amplitude:

Period:

Phase shift:

Vert. shift:

40) $y = 4 + 6\sin\left(\dfrac{\theta}{5} - \dfrac{11\pi}{6}\right)$

Amplitude:

Period:

Phase shift:

Vert. shift:

Graficando tangente y cotangente

Graficaremos las siguientes dos funciones trigonométricas, tangente y cotangente, que tienen una forma similar y características similares. Así es como se ve el gráfico de bronceado en Desmos:

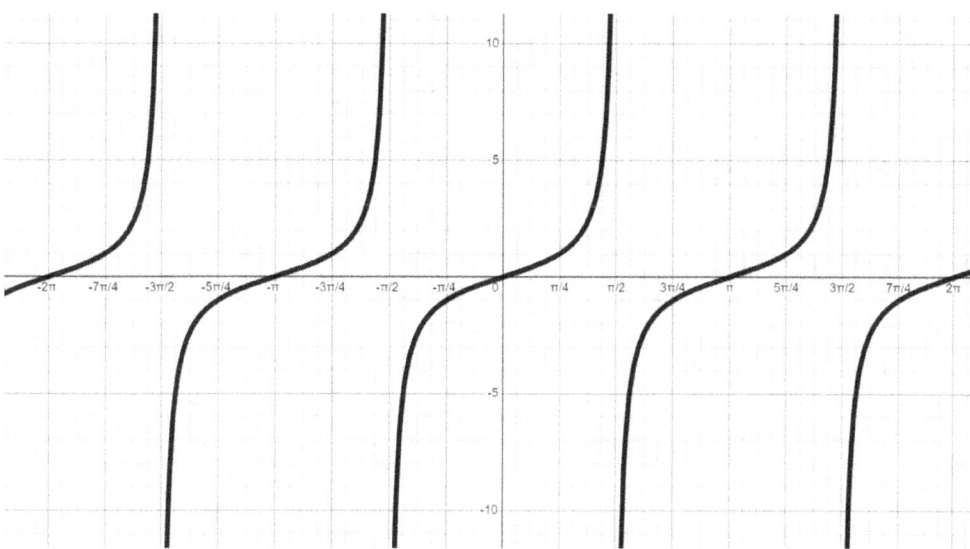

La tangente es igual al seno sobre el coseno o $\tan\theta = \frac{\sin\theta}{\cos\theta}$. Entonces, al graficar seno, coseno y tangente en el mismo plano de coordenadas, observe que la tangente es cero cuando el seno es cero y la tangente es indefinida (o tiene asíntotas) cuando el coseno es cero. Los siguientes gráficos muestran gráficos tangentes y cotangente junto con seno y coseno:

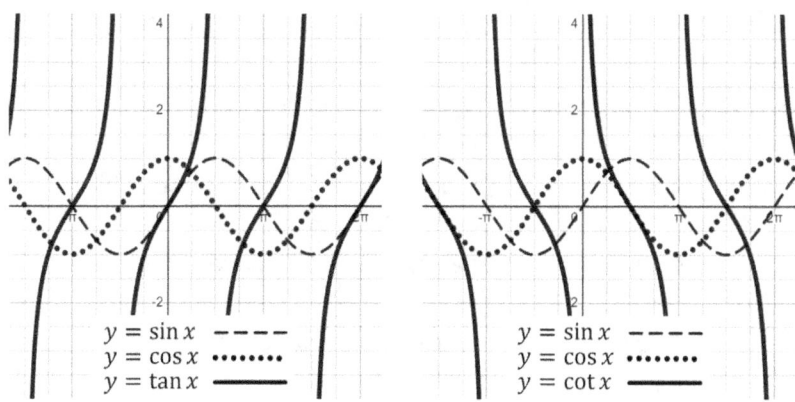

Graficando tangente y cotangente

Tangent		Cotangent	
$f(x) = \tan x$		$f(x) = \cot x$	
Domain: $x \in \mathbb{R}, x \neq \frac{\pi}{2} + n\pi,$ $n \in \mathbb{Z}$		Domain: $x \in \mathbb{R}, x \neq n\pi,$ $n \in \mathbb{Z}$	
Range: $(-\infty, \infty)$		Range: $(-\infty, \infty)$	
$x-$ intercepts: $n\pi, n \in \mathbb{Z}$		$x-$ intercepts: $\frac{\pi}{2} + n\pi, n \in \mathbb{Z}$	
$y-$ intercept: $(0,0)$		$y-$ intercept: none	
Asymptotes: $x = \frac{\pi}{2} + n\pi, n \in \mathbb{Z}$		Asymptotes: $x = n\pi, n \in \mathbb{Z}$	
Amplitude: undef	Period: π	Amplitude: undef	Period: π
Transformation form: $f(x) = a \tan b(x-h) + k$		Transformation form: $f(x) = a \cot b(x-h) + k$	
Amplitude: undef	Period: $\frac{\pi}{|b|}$	Amplitude: undef	Period: $\frac{\pi}{|b|}$
Horizontal shift (phase shift): h		Horizontal shift (phase shift): h	
Vertical shift: k		Vertical shift: k	

La tangente y la cotangente tienen formas similares. Si refleja la tangente y la traduce horizontalmente por $\frac{\pi}{2}$ Terminas con cotangente. El dominio para tangente y cotangente es todos reales excepto donde son indefinidos. La tangente es indefinida en $\frac{\pi}{2}$ y luego cada múltiplo de pi, mientras que la cotangente es indefinida en cada múltiplo de pi. Tanto la tangente como la cotangente tienen asíntotas verticales donde las funciones son indefinidas. Estas son líneas verticales que son rupturas en el dominio y a medida que te acercas a la línea te acercas al infinito positivo o negativo. Las asíntotas verticales se muestran típicamente como líneas discontinuas si se muestran y no forman parte de la función o gráfico. El rango para ambos es cualquier número real.

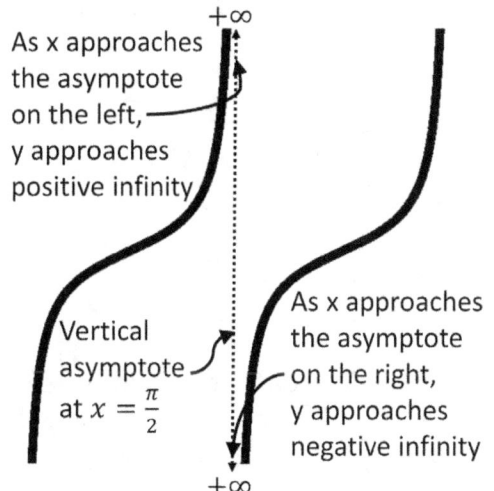

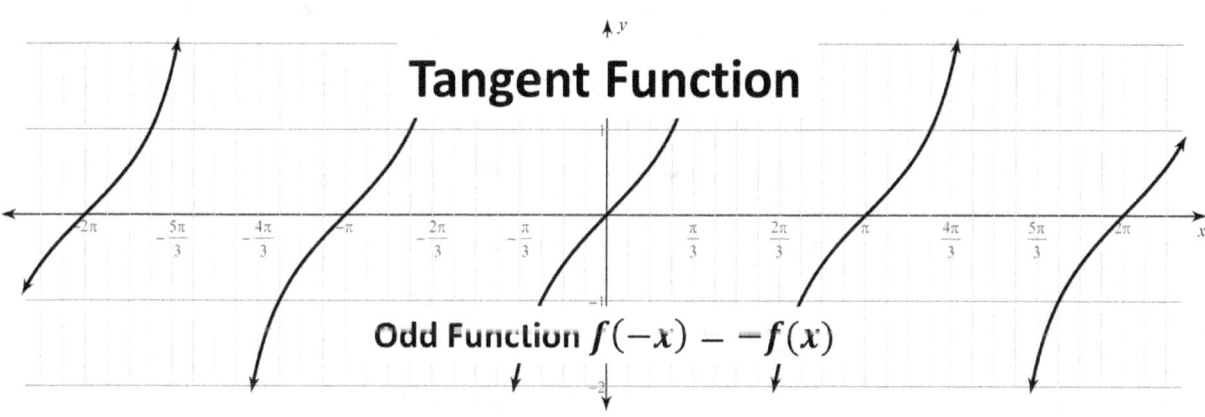

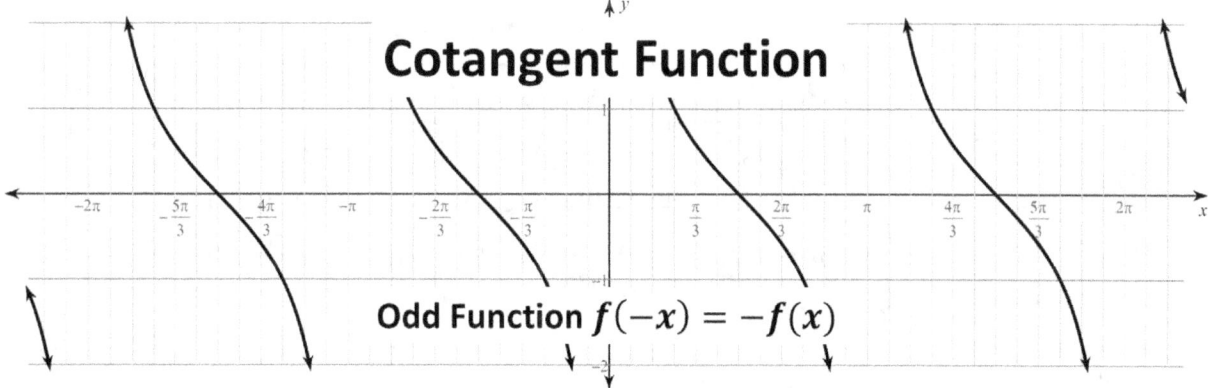

Graficando tangente y cotangente

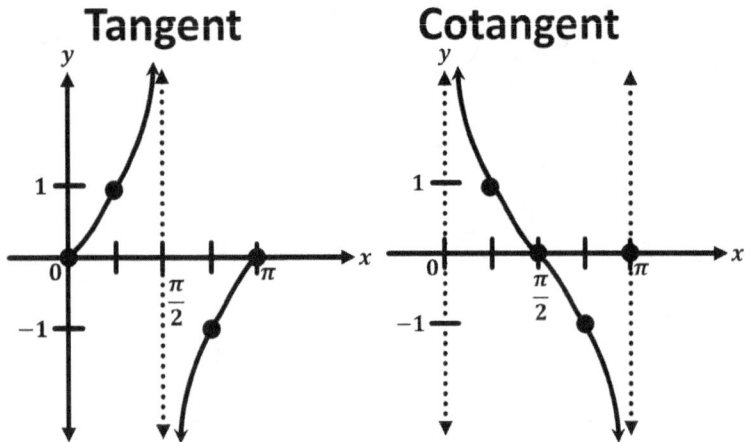

Al graficar a mano, es mejor pensar en cómo se ve un ciclo de cada función padre. Observe que la tangente aumenta con puntos clave en (0,0) y (π,0) con una asíntota en el medio. La cotangente está disminuyendo con asíntotas en x = 0 y x = π con una intersección x en el medio.

Una vez que sepa cómo son las funciones padre para tangente y cotangente, puede aplicar las reglas de transformación que desplazarán horizontal y verticalmente y estirarán horizontal y verticalmente las funciones. Aunque el coeficiente de a todavía se estirará verticalmente tangente y cotangente, la amplitud para ambos se considera indefinida.

$a \tan(b(x-h)) + k$		$a \cot(b(x-h)) + k$	
a	b	h	k
Vertical stretch **Amplitude is undefined** If a is negative, then reflect down	Horizontal stretch **Period = $\frac{\pi}{|b|}$** If b is negative, then reflect across	Horizontal shift Phase shift Changes the starting position	Vertical stretch Changes the midline

Parent Function	Reflect Down over x-axis	Reflect Across y-axis	Reflect across both axes
$y = \tan x$	$y = -\tan x$	$y = \tan(-x)$	$y = -\tan(-x)$
$y = \cot x$	$y = -\cot x$	$y = \cot(-x)$	$y = -\cot(-x)$

Ejemplo 1: Encuentra la amplitud y el período. Luego esboza el gráfico usando radianes.

$$y = \frac{1}{2} \cdot \tan \frac{\theta}{3}$$

Solución: La amplitud para la tangente es indefinida, pero tendrá un estiramiento vertical (encogimiento) de $\frac{1}{2}$. El período viene dado por el período normal de donde aquí, por lo que el período es $\frac{\pi}{|b|} b = \frac{1}{3} 3\pi$

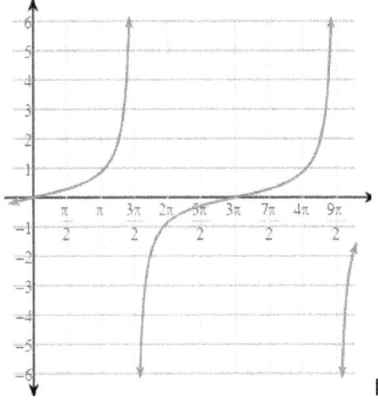

Ejemplo 2: Encuentra la amplitud, el período en radianes, el cambio de fase en radianes y el desplazamiento vertical. Luego esboza el gráfico usando radianes.

$$y = \frac{1}{2} \cdot \tan\left(-2\theta + \frac{\pi}{3}\right) - 1$$

Solución: Si bien la tangente no tiene una amplitud, tiene un tramo vertical de $\frac{1}{2}$. El desplazamiento vertical es hacia abajo uno y la línea media es y = −1. Ahora encuentra el cambio de fase. Dado que esta función se escribe en la forma: $a \tan(bx - c) + k$ el cambio de fase viene dado por . Aquí y entonces el cambio de fase es . Esto significa que la función comienza a la derecha en $\frac{c}{b}$ $c = -\frac{\pi}{3}$ $b = -2$ $\frac{c}{b} = \frac{\pi}{6}$ π/6. Esboza dónde va a comenzar el ciclo:

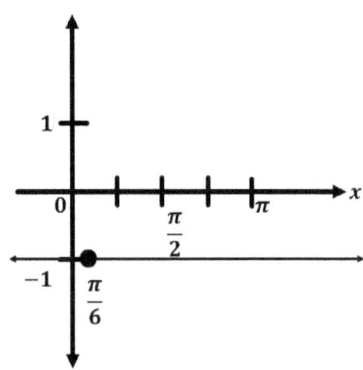

El período para la tangente es normalmente π, pero dividimos por b = |−2|, por lo que el período es . El ciclo termina en $\frac{\pi}{2}\frac{\pi}{6} + \frac{\pi}{2} = \frac{2\pi}{3}$. A mitad de camino entre el ciclo estará la asíntota (puede tomar el promedio de inicio y final . Dado que $\frac{\frac{2\pi}{3} + \frac{\pi}{6}}{2} = \frac{5\pi}{12}$ b es negativo, la función padre se reflejará a través del eje y, y ahora disminuirá:

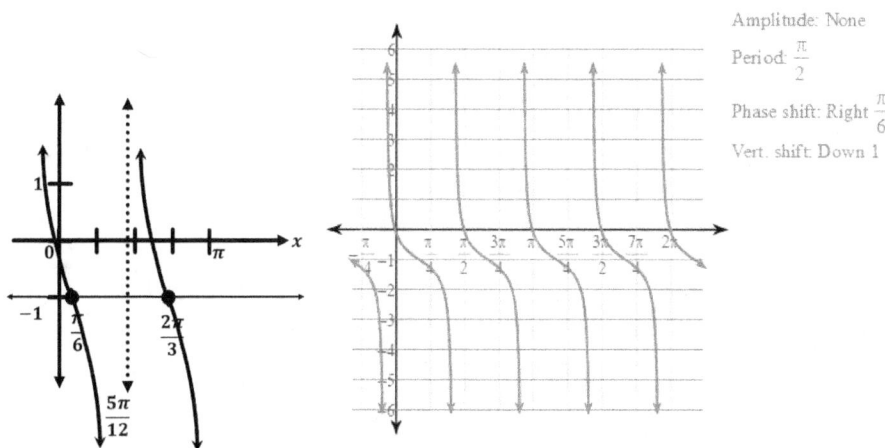

Ejemplo 3: Encuentra la amplitud, el período en radianes, el cambio de fase en radianes y el desplazamiento vertical. Luego esboza el gráfico usando radianes.

$$y = 2\cot\left(2\theta + \frac{\pi}{6}\right) - 2$$

Solución: La amplitud para la cotangente es indefinida, pero se estira verticalmente por 2. El período de la función padre es π, pero divídalo por 2 para obtener $\frac{\pi}{2}$. El cambio de fase viene dado por $\frac{c}{b}$. Aquí y entonces el cambio de fase es . El desplazamiento vertical ha bajado 2. $c = -\frac{\pi}{6} \quad b = 2 \quad \frac{c}{b} = -\frac{\pi}{12}$

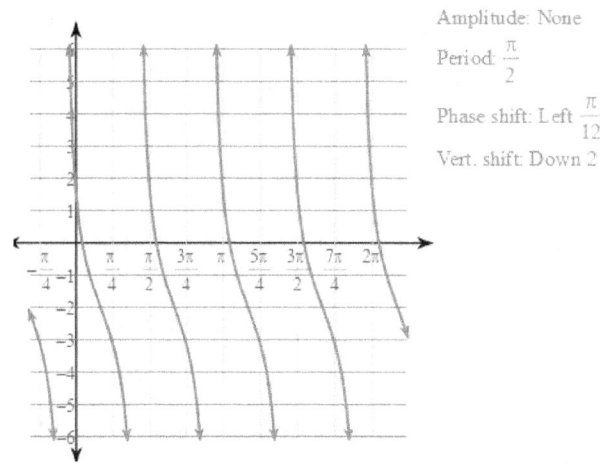

Graficando tangente y cotangente

Practique graficar tangente y cotangente

1) Graph $y = \tan x$
   Domain:_____ Range:_____ y-intercept:_____ x-intercept:_____
   Midline:_____ Amplitude:_____ Period:_____ Vertical Asymptotes:_____

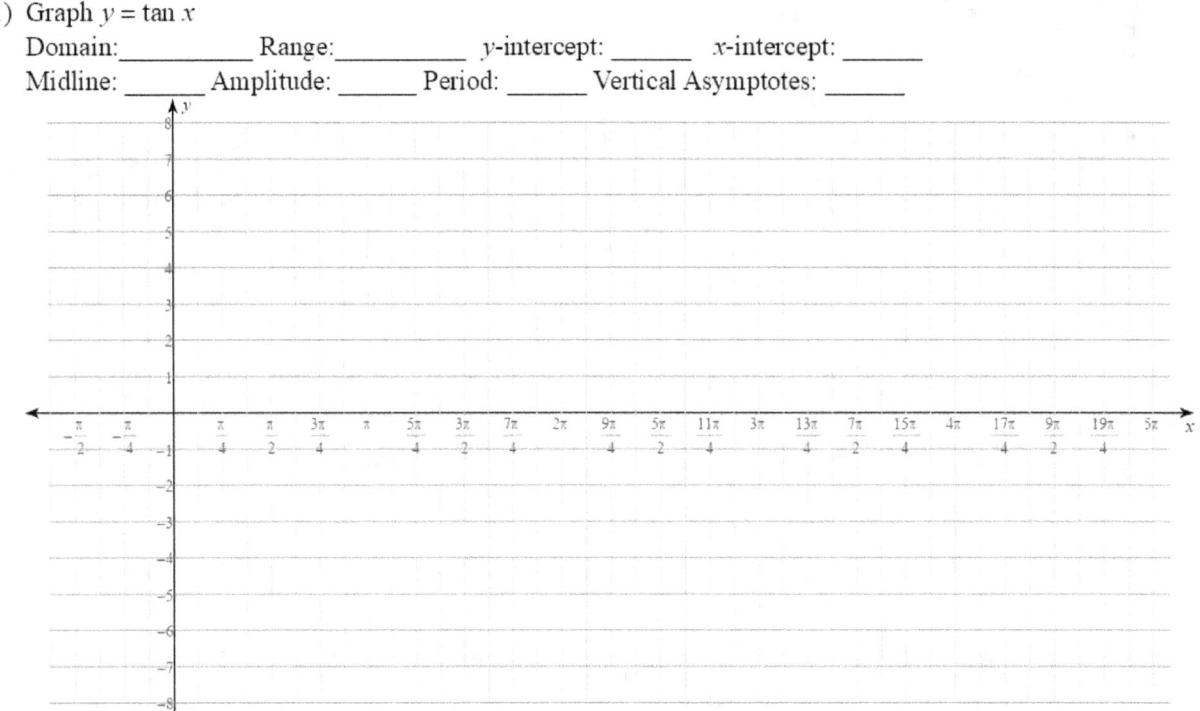

2) Graph $y = \cot x$
   Domain:_____ Range:_____ y-intercept:_____ x-intercept:_____
   Midline:_____ Amplitude:_____ Period:_____ Vertical Asymptotes:_____

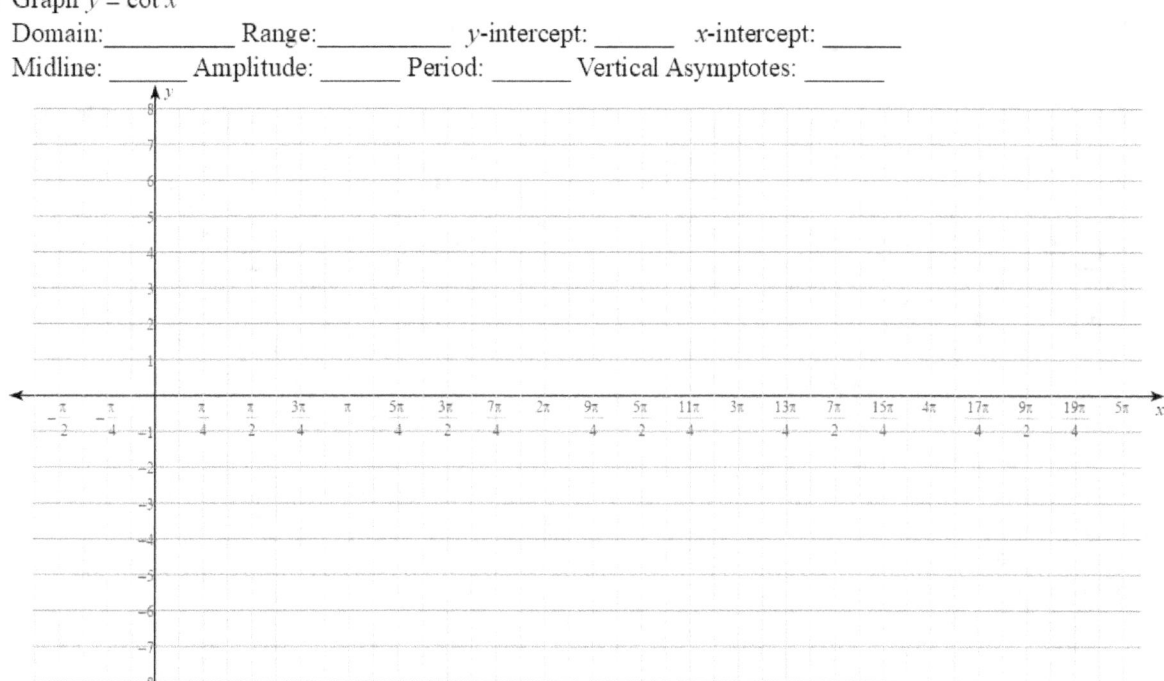

Usando radianes, encuentra el tramo vertical. Luego gráfico.

3) $y = 2\tan \theta$
   Vertical stretch:

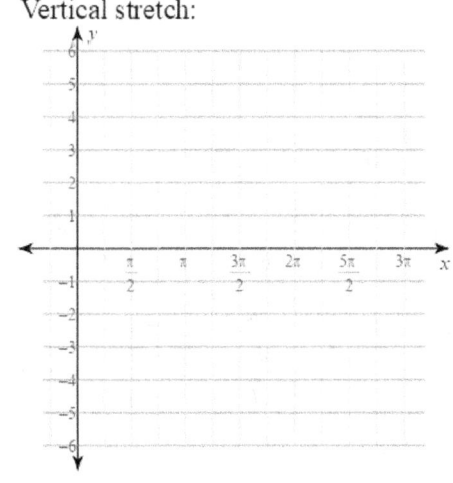

4) $y = 3\cot \theta$
   Vertical stretch:

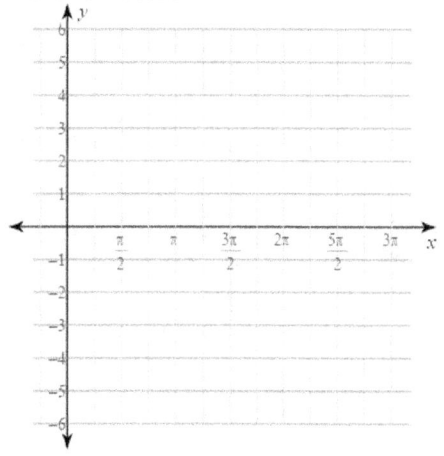

Graficando tangente y cotangente

5) $y = -4\cot\theta$
   Vertical stretch:
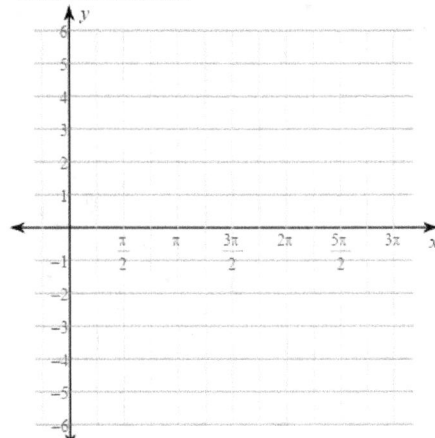

6) $y = -2\tan\theta$
   Vertical stretch:
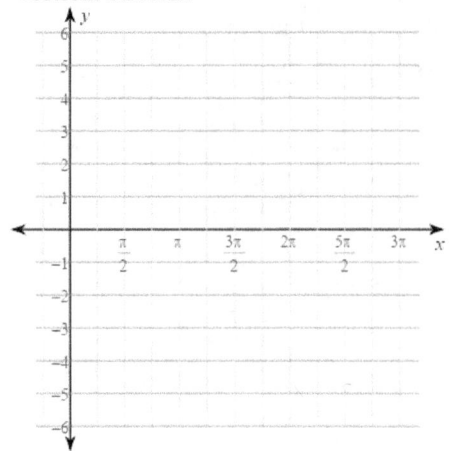

7) $y = -3\tan\theta$
   Vertical stretch:
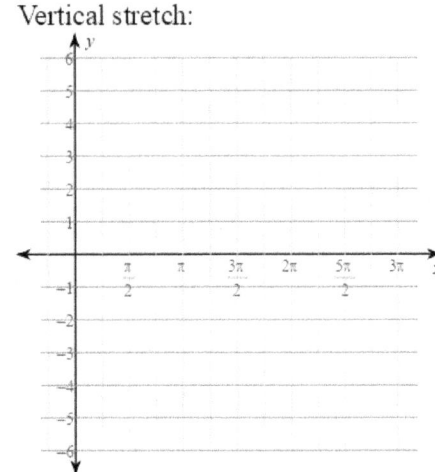

8) $y = 4\cot\theta$
   Vertical stretch:
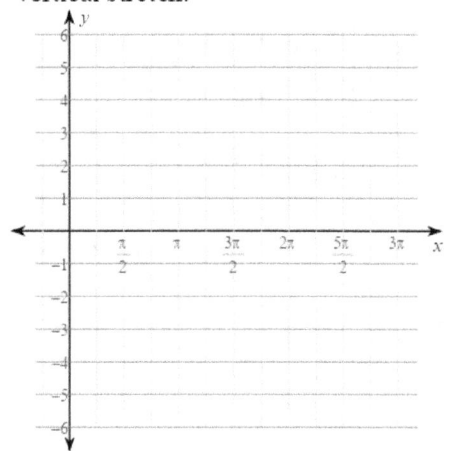

Usando radianes, encuentra el tramo vertical y el período. Luego gráfico.

9) $y = \tan 2\theta$
   Vertical Stretch: _____ Period: _____
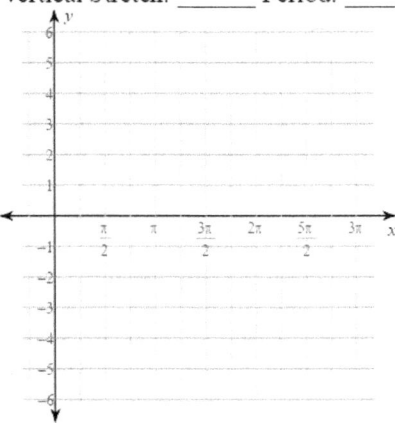

10) $y = \cot\dfrac{\theta}{2}$
    Vertical Stretch: _____ Period: _____
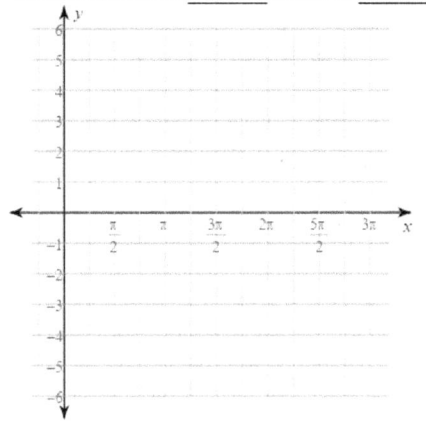

11) $y = \dfrac{1}{2} \cdot \cot \dfrac{2\theta}{3}$

Vertical Stretch: _____ Period: _____

12) $y = 2\tan 2\theta$

Vertical Stretch: _____ Period: _____

13) $y = -2\tan \dfrac{\theta}{2}$

Vertical Stretch: _____ Period: _____

14) $y = -\cot \dfrac{\theta}{3}$

Vertical Stretch: _____ Period: _____

Usando radianes, encuentre el estiramiento vertical, el período, el desplazamiento vertical y la línea media. Luego gráfico.

Graficando tangente y cotangente

15) $y = \cot\theta + 2$
    V. Stretch: _____ Period: _____
    Vertical shift: _____ Midline: _____

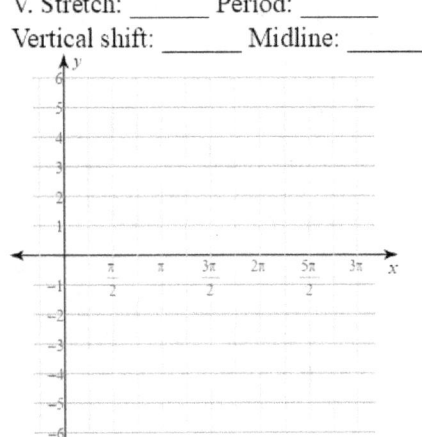

16) $y = \tan\theta - 3$
    V. Stretch: _____ Period: _____
    Vertical shift: _____ Midline: _____

17) $y = -2\tan\theta - 1$
    V. Stretch: _____ Period: _____
    Vertical shift: _____ Midline: _____

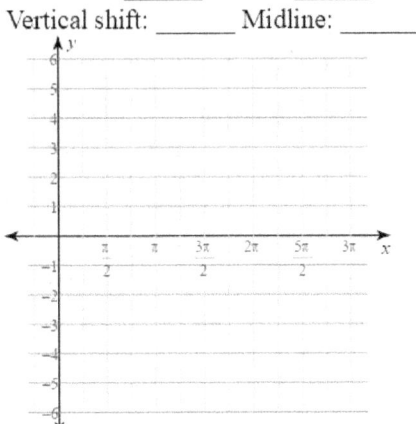

18) $y = -3\cot\theta + 2$
    V. Stretch: _____ Period: _____
    Vertical shift: _____ Midline: _____

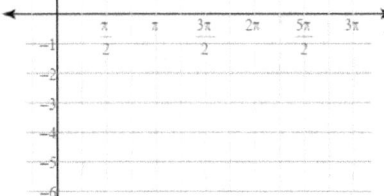

19) $y = 2\cot\dfrac{\theta}{2} + 1$
    V. Stretch: _____ Period: _____
    Vertical shift: _____ Midline: _____

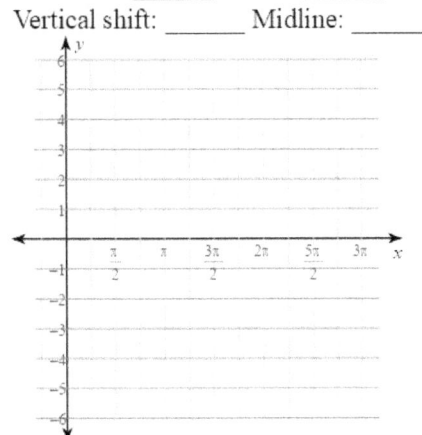

20) $y = -\tan 2\theta - 2$
    V. Stretch: _____ Period: _____
    Vertical shift: _____ Midline: _____

Usando radianes, encuentra todas las características. Luego gráfico.

21) $y = \tan\left(\theta + \dfrac{\pi}{2}\right)$

V. Stretch: _____ Period: _____
Vertical shift: _____ Midline: _____
Phase shift: _____

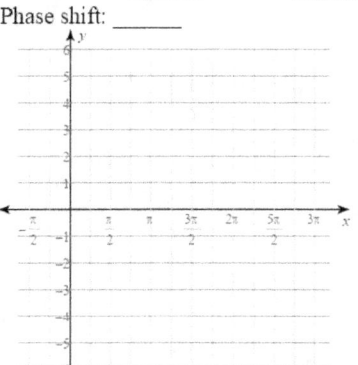

22) $y = \cot\left(\theta - \dfrac{\pi}{2}\right)$

V. Stretch: _____ Period: _____
Vertical shift: _____ Midline: _____
Phase shift: _____

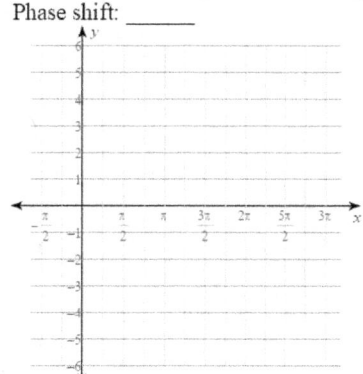

23) $y = 3\cot\left(2\theta + \dfrac{\pi}{2}\right) - 1$

V. Stretch: _____ Period: _____
Vertical shift: _____ Midline: _____
Phase shift: _____

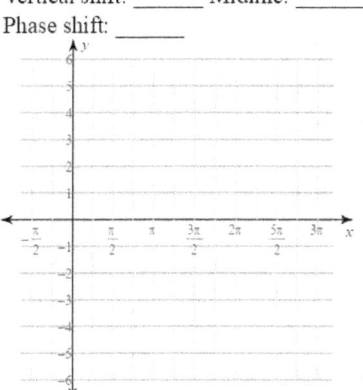

24) $y = -2\tan\left(2\theta - \dfrac{\pi}{2}\right) + 1$

V. Stretch: _____ Period: _____
Vertical shift: _____ Midline: _____
Phase shift: _____

25) $y = 4\tan\left(3\theta - \dfrac{3\pi}{4}\right) + 4$

V. Stretch: _____ Period: _____
Vertical shift: _____ Midline: _____
Phase shift: _____

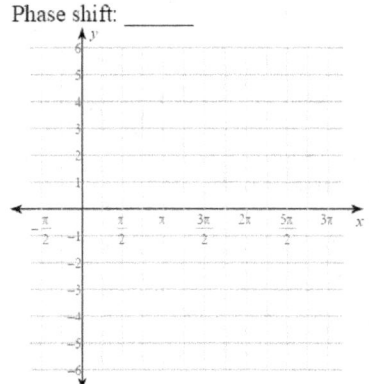

26) $y = 5 + 6\tan\left(-\dfrac{\theta}{2} + \dfrac{5\pi}{4}\right)$

V. Stretch: _____ Period: _____
Vertical shift: _____ Midline: _____
Phase shift: _____

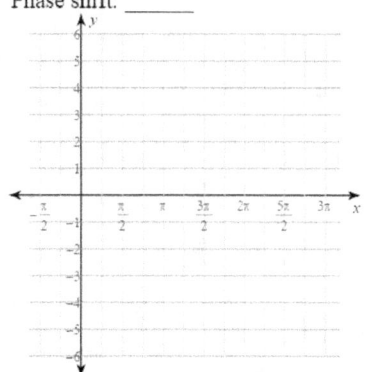

Graficando tangente y cotangente

Encuentra la amplitud, el período en radianes, el cambio de fase en radianes y el desplazamiento vertical.

27) $y = \frac{1}{2} \cdot \tan\left(2\theta + \frac{4\pi}{3}\right) + 4$

Vertical Stretch:

Period:

Phase shift:

Vert. shift:

28) $y = \cot\left(5\theta + \frac{\pi}{2}\right) + 3$

Vertical Stretch:

Period:

Phase shift:

Vert. shift:

29) $y = 1 + 5\tan\left(2\theta + \frac{\pi}{6}\right)$

Vertical Stretch:

Period:

Phase shift:

Vert. shift:

30) $y = -5 + \frac{1}{6} \cdot \cot\left(\theta + \frac{\pi}{3}\right)$

Vertical Stretch:

Period:

Phase shift:

Vert. shift:

31) $y = 5\cot\left(4\theta + \frac{\pi}{4}\right) + 2$

Vertical Stretch:

Period:

Phase shift:

Vert. shift:

32) $y = 7\tan\left(\frac{\theta}{2} - \frac{3\pi}{4}\right) - 2$

Vertical Stretch:

Period:

Phase shift:

Vert. shift:

33) $y = 4\tan\left(2\theta - \frac{\pi}{3}\right) - 5$

Vertical Stretch:

Period:

Phase shift:

Vert. shift:

34) $y = \frac{1}{8} \cdot \cot\left(4\theta + \frac{5\pi}{3}\right) + 5$

Vertical Stretch:

Period:

Phase shift:

Vert. shift:

35) $y = 8\tan\left(3\theta - \dfrac{\pi}{4}\right) - 3$

Vertical Stretch:

Period:

Phase shift:

Vert. shift:

36) $y = 7\cot\left(8\theta - \dfrac{4\pi}{3}\right) + 4$

Vertical Stretch:

Period:

Phase shift:

Vert. shift:

37) $y = 4\tan\left(\dfrac{\theta}{2} - \dfrac{\pi}{6}\right) - 2$

Vertical Stretch:

Period:

Phase shift:

Vert. shift:

38) $y = 10\cot\left(\dfrac{\theta}{6} + \dfrac{5\pi}{4}\right) + 1$

Vertical Stretch:

Period:

Phase shift:

Vert. shift:

39) $y = \dfrac{1}{4} \cdot \cot\left(-6\theta + \dfrac{5\pi}{6}\right) + 4$

Vertical Stretch:

Period:

Phase shift:

Vert. shift:

40) $y = -5 + \tan 7\theta$

Vertical Stretch:

Period:

Phase shift:

Vert. shift:

Graficando secante y cosecante

Cosecante es el recíproco del seno. Cuando seno es igual a 1 cosecante también es igual a 1. Pero cuando seno es igual a la mitad, la cosecante es igual a dos. A medida que el seno se hace más pequeño y se acerca a cero, el cosecante se hace más grande y más cerca del infinito (o infinito negativo cuando el seno es negativo). Secante es el recíproco del coseno. Aquí están los gráficos de secante y cosecante:

Graficando secante y cosecante

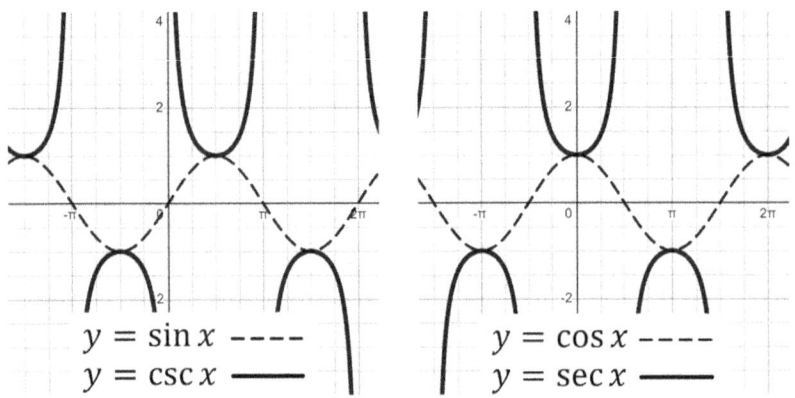

Secant	Cosecant
$f(x) = \sec x$	$f(x) = \csc x$
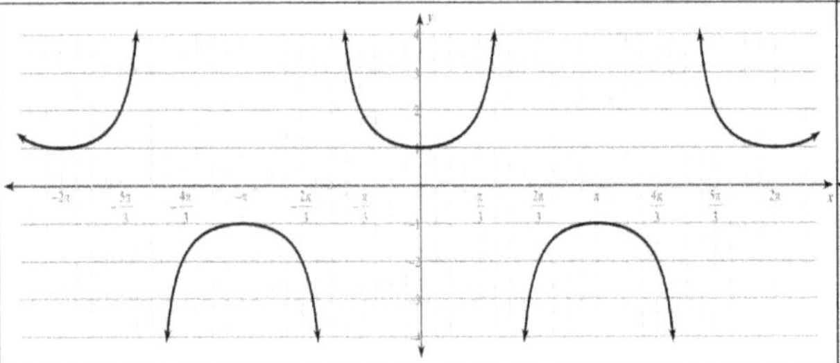	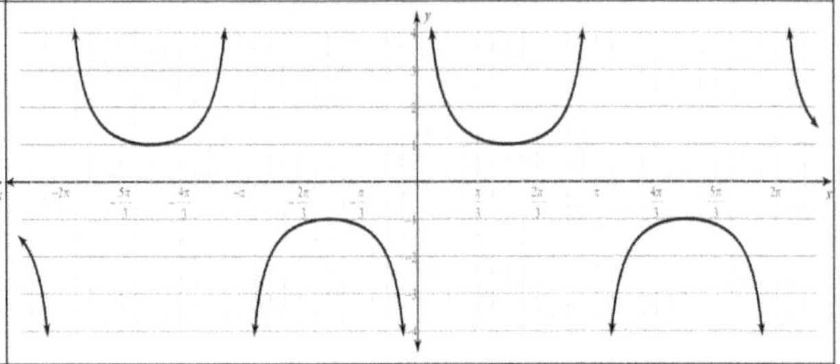
Domain: $x \in \mathbb{R}, x \neq \dfrac{\pi}{2} + n\pi,\ n \in \mathbb{Z}$	Domain: $x \in \mathbb{R}, x \neq n\pi,\ n \in \mathbb{Z}$
Range: $(-\infty, -1] \cup [1, \infty)$	Range: $(-\infty, -1] \cup [1, \infty)$
$x-$ intercepts: none	$x-$ intercepts: none
$y-$ intercept: $(0,1)$	$y-$ intercept: none
Asymptotes: $x = \dfrac{\pi}{2} + n\pi, n \in \mathbb{Z}$	Asymptotes: $x = n\pi, n \in \mathbb{Z}$

Amplitude: undef	Period: 2π	Amplitude: undef	Period: 2π
Transformation form: $f(x) = a \sec b(x - h) + k$		Transformation form: $f(x) = a \csc b(x - h) + k$	
Amplitude: undef	Period: $\dfrac{2\pi}{|b|}$	Amplitude: undef	Period: $\dfrac{2\pi}{|b|}$
Horizontal shift (phase shift): h		Horizontal shift (phase shift): h	
Vertical shift: k		Vertical shift: k	

Secante y cosecante tienen la misma forma traducida horizontalmente. Debería tener sentido ya que son los recíprocos del seno y el coseno. Tanto la secante como la cosecante tienen asíntotas verticales donde las funciones no están definidas, estas son también las restricciones en los dominios para cada una. Tenga en cuenta que ni secante ni cosecante tienen intercepciones x. No tienen ceros.

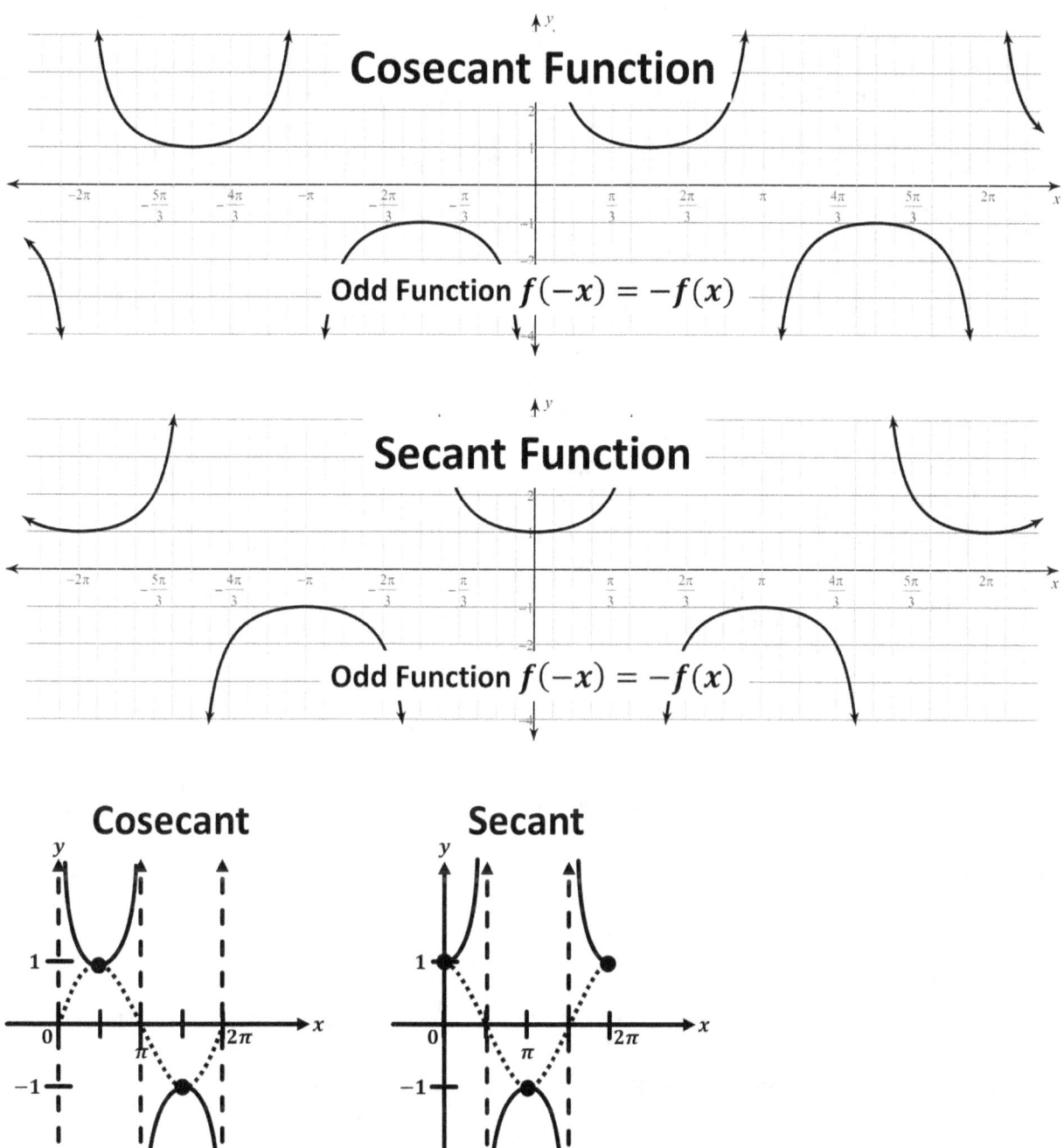

Al graficar a mano, es mejor pensar en cómo se ve un ciclo de cada función padre. Para cosecante y secante, ayuda graficar el seno primero para el cosecante y el coseno primero para

Graficando secante y cosecante

el secante. Luego dibuja asíntotas donde el seno / coseno tenga ceros. Por ejemplo, cuando el seno es cero, la cosecante tiene asíntotas en x = 0, x = π y x = 2π. Y cuando seno es 1, cosecante es 1. Cuando el seno es – 1, la cosecante también lo es.

Una vez que sepa cómo son las funciones padre para cosecante y secante, puede aplicar las reglas de transformación que desplazarán horizontal y verticalmente y estirarán horizontal y verticalmente las funciones. En cuanto a la tangente y la cotangente, la amplitud es indefinida para la cosecante y la secante.

$a \csc\big(b(x-h)\big)+k$		$a \sec\big(b(x-h)\big)+k$	
a	b	h	k
Vertical stretch **Amplitude is undefined** If a is negative, then reflect down	Horizontal stretch **Period** = $\frac{2\pi}{|b|}$ If b is negative, then reflect across	Horizontal shift Phase shift Changes the starting position	Vertical stretch Changes the midline

Ejemplo 1: Encuentra la amplitud, el período en radianes, el cambio de fase en radianes y el desplazamiento vertical. Luego esboza el gráfico usando radianes.

$y = 3\sec 2\theta - 2$

Solución: Primero observe que la función es secante, el recíproco del coseno y se desplaza hacia abajo 2. Como el coeficiente de theta es 2, el período es π. No hay amplitud, pero el tramo vertical es de 3. Ayuda a dibujar en coseno primero para ayudar con la representación gráfica.

Comience por configurar los ejes, la línea media y marque el comienzo y el final del ciclo o período:

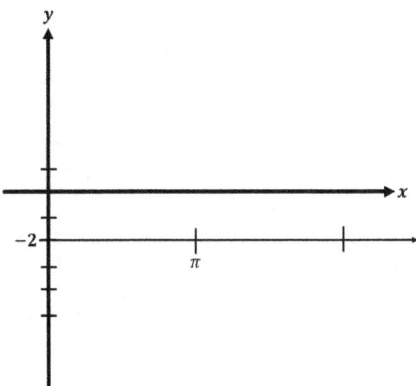

Ahora esboza en coseno con un período de π, amplitud de 3 y línea media en y = –2. Marque los puntos en los máximos y mínimos, estos serán puntos en el gráfico secante:

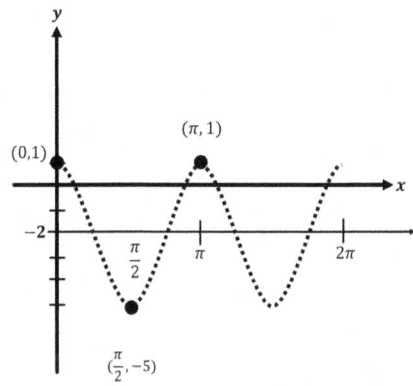

Donde la función coseno golpea la línea media serán las asíntotas del grafo secante:

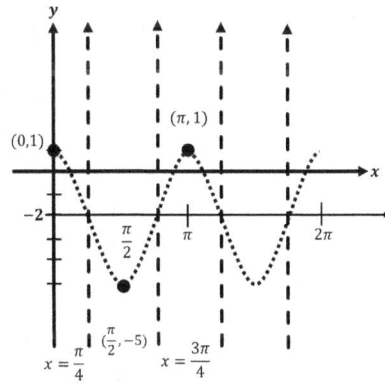

Ahora dibuja en secante que se parece a las U y U invertidas que tocan los puntos máximos y mínimos:

Graficando secante y cosecante

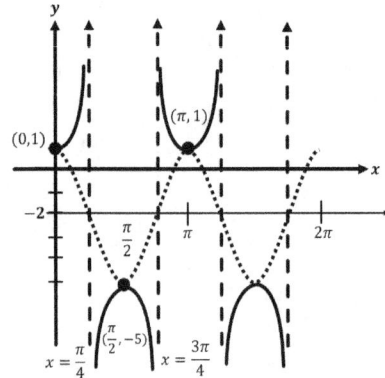

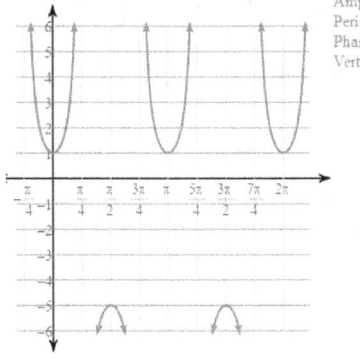

Amplitude: None
Period: π
Phase shift: None
Vert. shift: Down 2

Ejemplo 2: Encuentra la amplitud, el período en radianes, el desplazamiento de fase en radianes, el desplazamiento vertical, los valores mínimo y máximo, dos asíntotas verticales (si las hay) y las transformaciones necesarias para obtener el gráfico a partir de una función trig básica. Luego esboza el gráfico usando radianes.

$$y = 1 + 2\csc\left(\frac{\theta}{3} - \frac{\pi}{6}\right)$$

Solución:

Amplitude: None
Period: 6π
Phase shift: Right $\dfrac{\pi}{2}$
Vert. shift: Up 1
Min: None
Max: None
Vert asym: $x = \dfrac{\pi}{2}$
$x = \dfrac{7\pi}{2}$
Transformations:
Starting with csc θ, vertically stretch by 2, horizontally stretch by 3, translate right $\dfrac{\pi}{2}$, translate up 1

Practique graficando secante y cosecante

1) Sketch in $y = \sin x$ Graph $y = \csc x$
   Domain:_____ Range:_____ y-intercept:_____ x-intercept:_____
   Midline:_____ Amplitude:_____ Period:_____ Vertical Asymptotes:_____

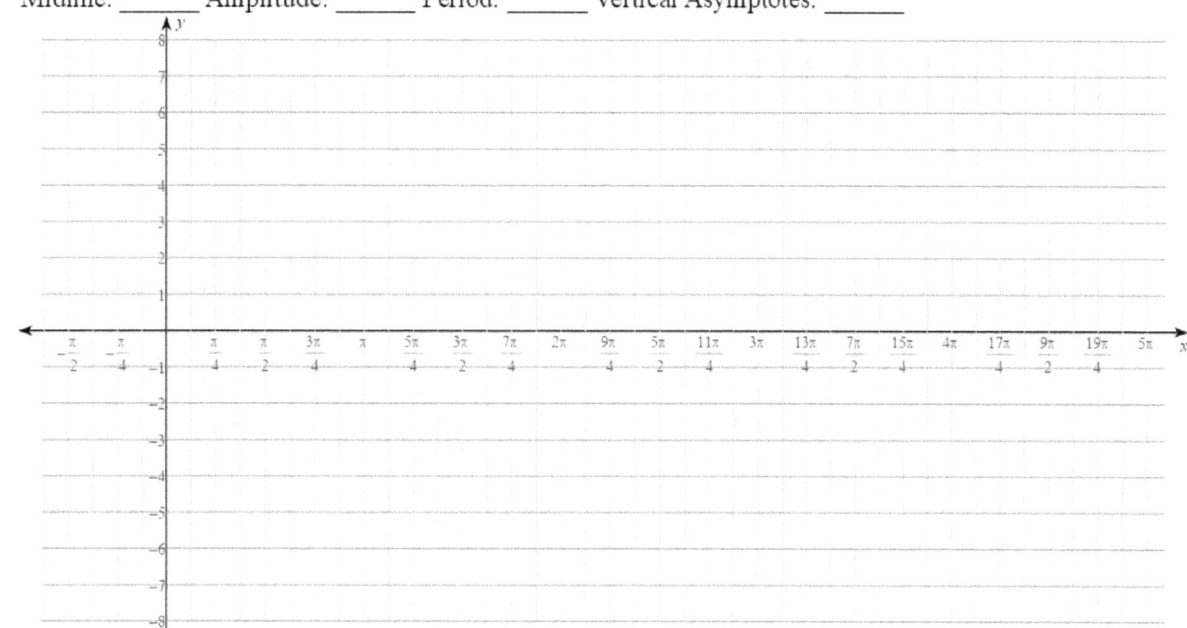

Graficando secante y cosecante

2) Sketch in $y = \cos x$ Graph $y = \sec x$
   Domain:_____ Range:_____ y-intercept:_____ x-intercept:_____
   Midline:_____ Amplitude:_____ Period:_____ Vertical Asymptotes:_____

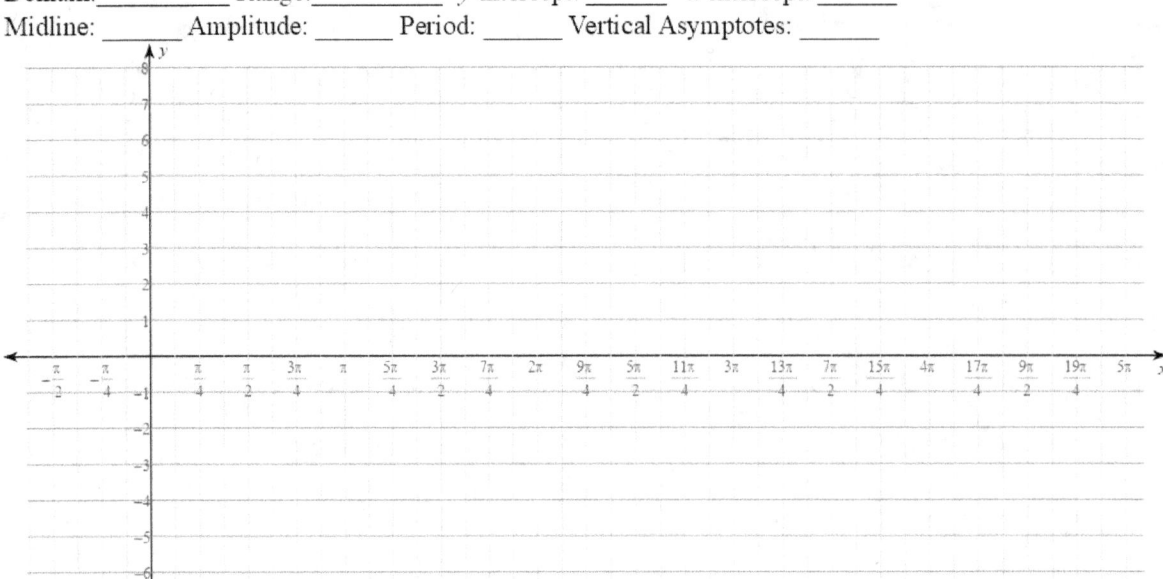

Usando radianes, encuentra el tramo vertical. Luego gráfico.

3) $y = 2\sec\theta$
   Vertical stretch:

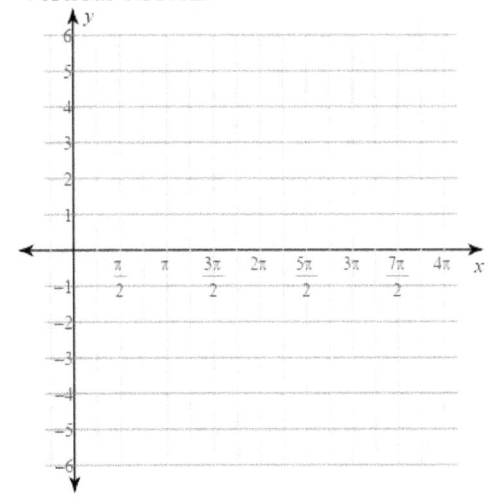

4) $y = -\dfrac{1}{2} \cdot \sec\theta$
   Vertical stretch:

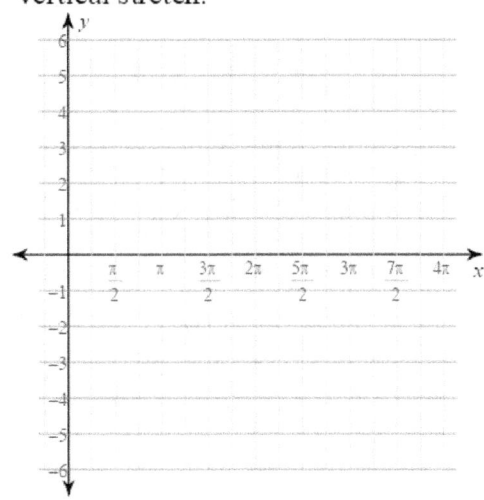

5) $y = -3\csc\theta$
   Vertical stretch: _____

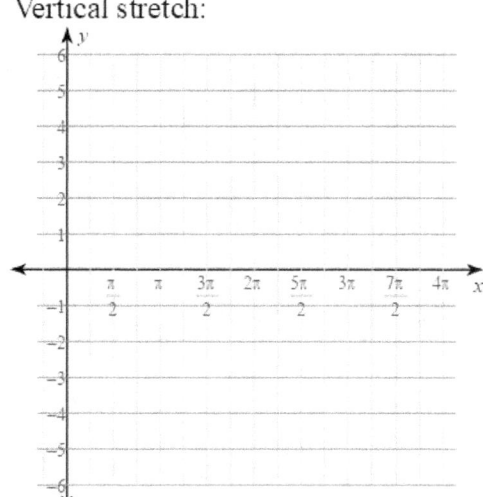

6) $y = \dfrac{1}{2} \cdot \csc\theta$
   Vertical stretch: _____

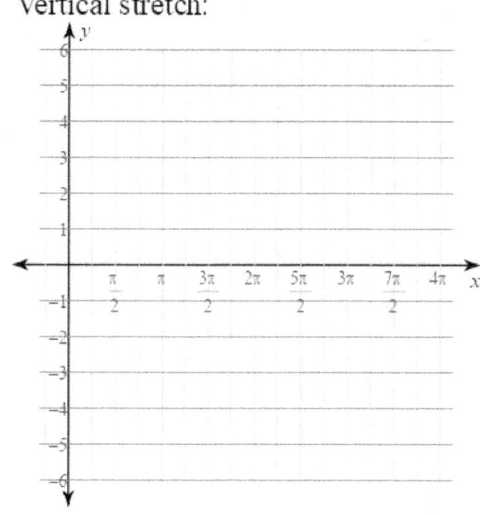

Usando radianes, encuentra el tramo vertical y el período. Luego gráfico.

7) $y = 2\sec 4\theta$
   Vertical Stretch: _____ Period: _____

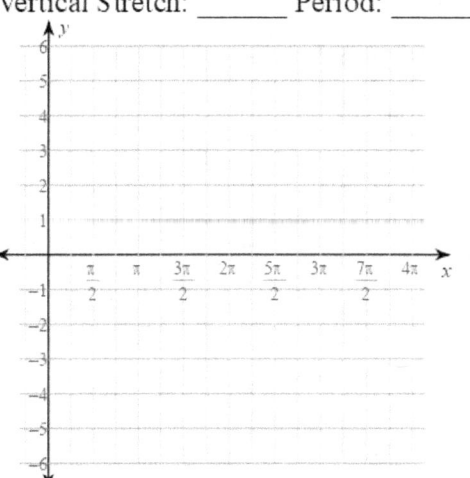

8) $y = -3\csc 2\theta$
   Vertical Stretch: _____ Period: _____

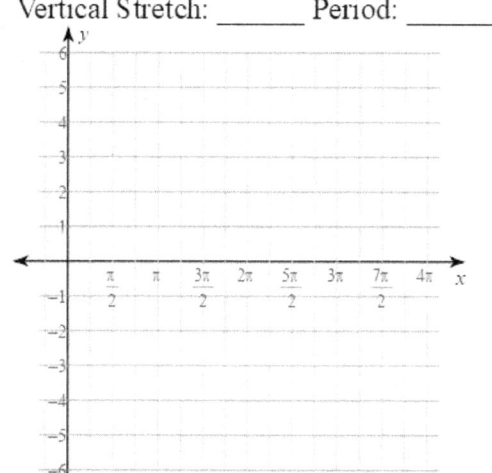

Graficando secante y cosecante

9) $y = -\sec\dfrac{\theta}{2}$

Vertical Stretch: _____ Period: _____

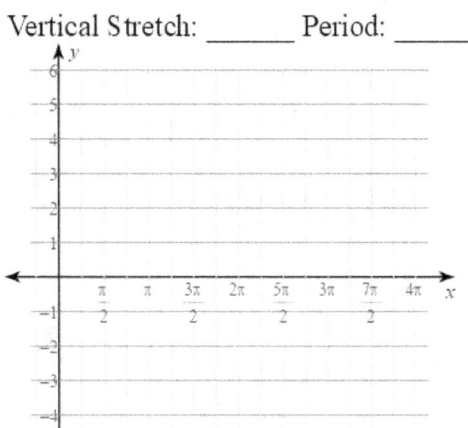

10) $y = \dfrac{1}{2}\cdot\csc 4\theta$

Vertical Stretch: _____ Period: _____

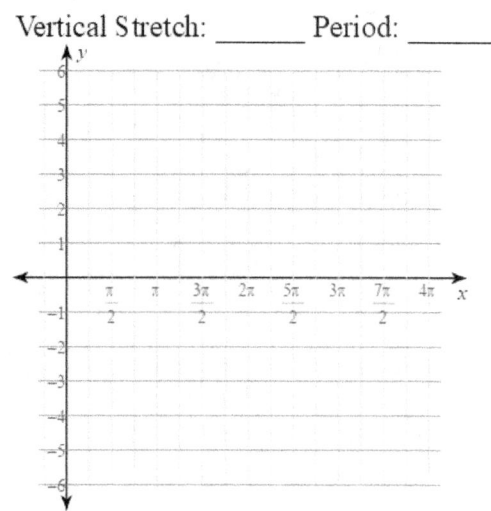

Usando radianes, encuentre el estiramiento vertical, el período, el desplazamiento vertical y la línea media. Luego gráfico.

11) $y = 2\sec\dfrac{\theta}{2} + 1$

V. Stretch: _____ Period: _____
Vertical shift: _____ Midline: _____

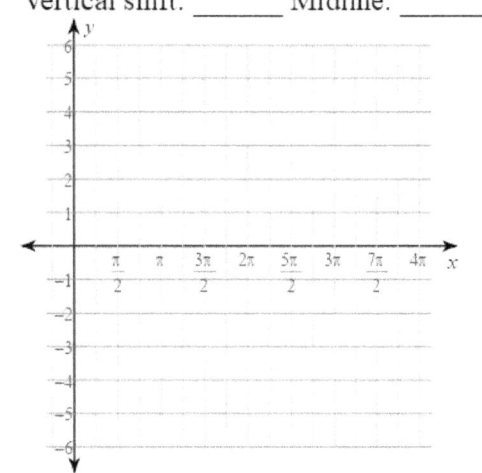

12) $y = 2 + 3\sec 2\theta$

V. Stretch: _____ Period: _____
Vertical shift: _____ Midline: _____

13) $y = \dfrac{1}{3} \cdot \csc 4\theta - 2$

V. Stretch: _____ Period: _____
Vertical shift: _____ Midline: _____

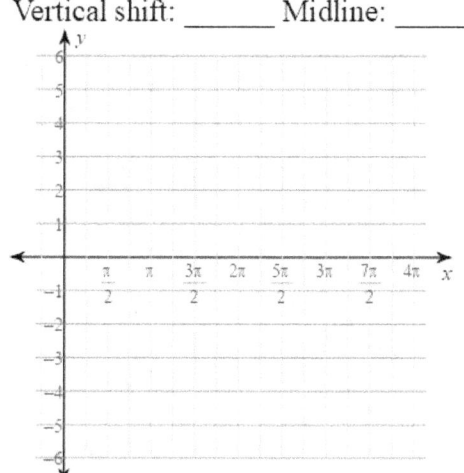

14) $y = -\csc 2\theta - 2$

V. Stretch: _____ Period: _____
Vertical shift: _____ Midline: _____

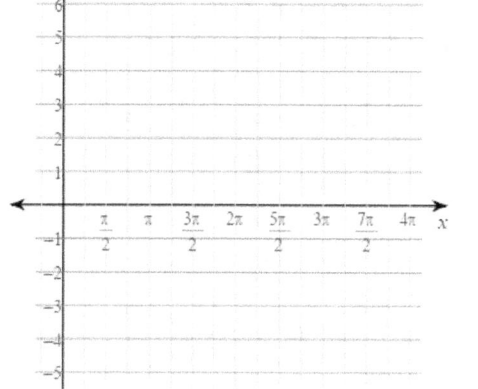

Usando radianes, encuentra todas las características. Luego gráfico.

15) $y = \sec\left(\theta + \dfrac{\pi}{2}\right)$

V. Stretch: _____ Period: _____
Vertical shift: _____ Midline: _____
Phase shift: _____

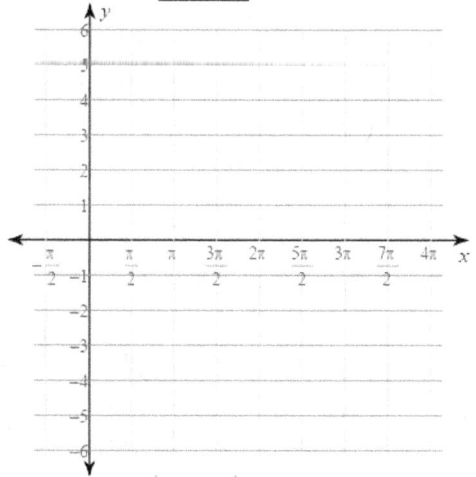

16) $y = \csc\left(\theta - \dfrac{\pi}{2}\right)$

V. Stretch: _____ Period: _____
Vertical shift: _____ Midline: _____
Phase shift: _____

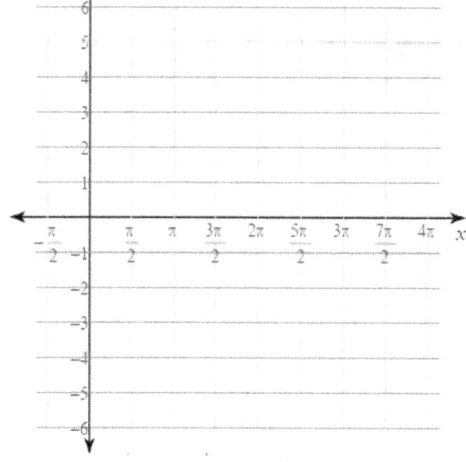

Graficando secante y cosecante

17) $y = \dfrac{1}{2} \cdot \csc\left(\theta + \dfrac{\pi}{2}\right) - 3$

V. Stretch: _____ Period: _____
Vertical shift: _____ Midline: _____
Phase shift: _____

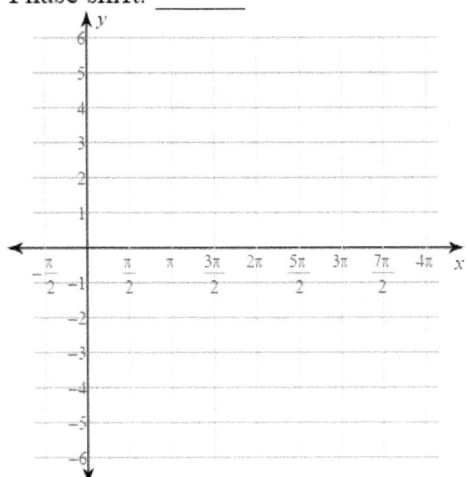

18) $y = 4\sec\left(\theta - \dfrac{\pi}{3}\right) + 3$

V. Stretch: _____ Period: _____
Vertical shift: _____ Midline: _____
Phase shift: _____

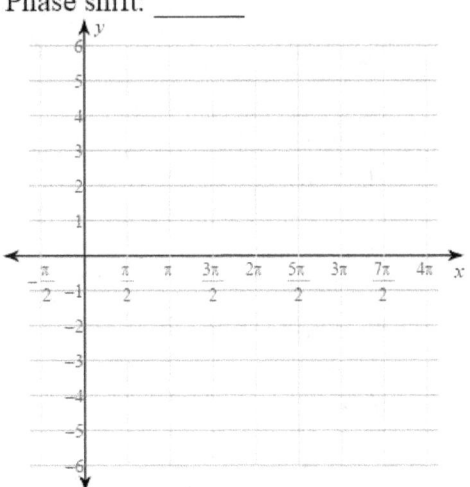

19) $y = 3\csc\left(2\theta + \dfrac{\pi}{2}\right) - 1$

V. Stretch: _____ Period: _____
Vertical shift: _____ Midline: _____
Phase shift: _____

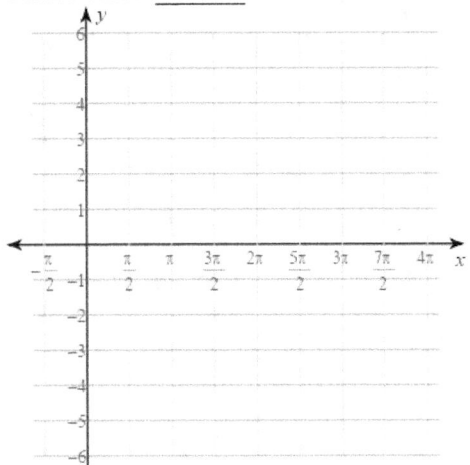

20) $y = -2\sec\left(2\theta - \dfrac{\pi}{2}\right) + 1$

V. Stretch: _____ Period: _____
Vertical shift: _____ Midline: _____
Phase shift: _____

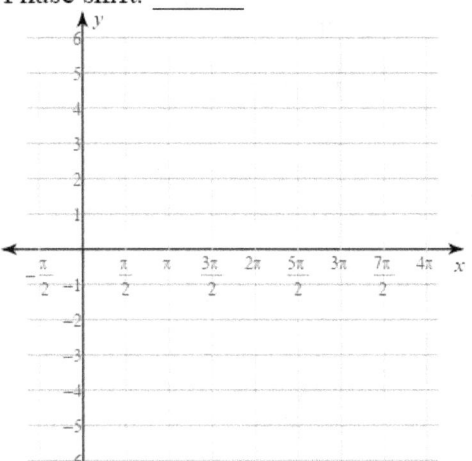

21) $y = 3\sec\left(2\theta + \dfrac{7\pi}{4}\right) + 1$

   V. Stretch: _____ Period: _____
   Vertical shift: _____ Midline: _____
   Phase shift: _____

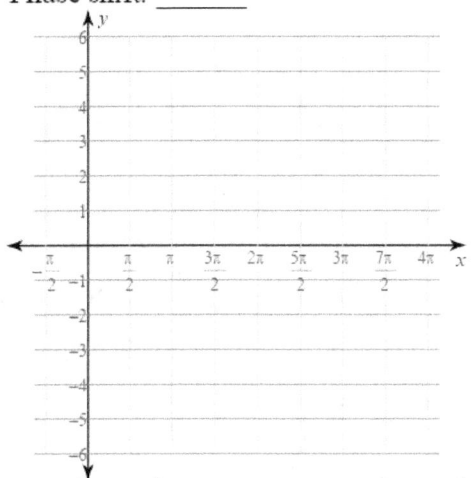

22) $y = \dfrac{1}{2} \cdot \csc\left(\dfrac{\theta}{2} + \dfrac{\pi}{4}\right) - 1$

   V. Stretch: _____ Period: _____
   Vertical shift: _____ Midline: _____
   Phase shift: _____

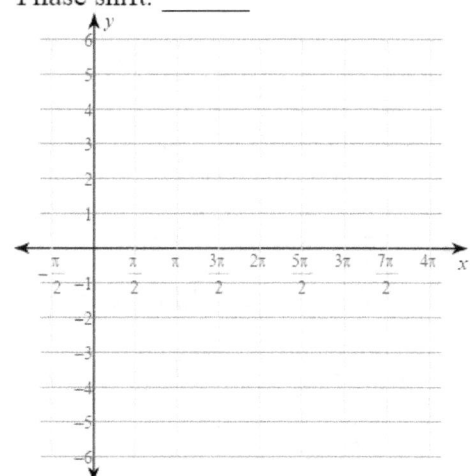

23) $y = 4\sec\left(\theta - \dfrac{\pi}{6}\right) + 2$

   Amplitude/Vertical Stretch:

   Period:

   Phase shift:

   Vert. shift:

24) $y = 7\csc\left(\dfrac{\theta}{2} + \dfrac{2\pi}{3}\right) + 3$

   Amplitude/Vertical Stretch:

   Period:

   Phase shift:

   Vert. shift:

25) $y = -4 + 9\cos\left(8\theta - \dfrac{\pi}{3}\right)$

   Amplitude/Vertical Stretch:

   Period:

   Phase shift:

   Vert. shift:

26) $y = 8\tan\left(4\theta - \dfrac{\pi}{6}\right) - 5$

   Amplitude/Vertical Stretch:

   Period:

   Phase shift:

   Vert. shift:

27) $y = 5 + 9\cot\left(6\theta + \dfrac{\pi}{2}\right)$

Amplitude/Vertical Stretch:

Period:

Phase shift:

Vert. shift:

28) $y = 4\sin\left(\dfrac{\theta}{2} - \dfrac{\pi}{6}\right) - 2$

Amplitude/Vertical Stretch:

Period:

Phase shift:

Vert. shift:

29) $y = \dfrac{1}{8} \cdot \sec\left(8\theta - \dfrac{\pi}{3}\right) + 2$

Amplitude/Vertical Stretch:

Period:

Phase shift:

Vert. shift:

30) $y = 2\cos\left(3\theta + \dfrac{\pi}{4}\right) - 4$

Amplitude/Vertical Stretch:

Period:

Phase shift:

Vert. shift:

31) $y = -1 + 4\sec\left(\theta + \dfrac{\pi}{2}\right)$

Amplitude/Vertical Stretch:

Period:

Phase shift:

Vert. shift:

32) $y = 7\sin\left(\dfrac{\theta}{8} + \dfrac{3\pi}{4}\right) + 5$

Amplitude/Vertical Stretch:

Period:

Phase shift:

Vert. shift:

33) $y = 6\csc\left(\dfrac{\theta}{8} - \dfrac{\pi}{4}\right) - 3$

Amplitude/Vertical Stretch:

Period:

Phase shift:

Vert. shift:

34) $y = 6\cot\left(5\theta - \dfrac{\pi}{4}\right) - 5$

Amplitude/Vertical Stretch:

Period:

Phase shift:

Vert. shift:

35) $y = -4 + 9\sin\left(3\theta + \dfrac{\pi}{6}\right)$

Amplitude/Vertical Stretch:

Period:

Phase shift:

Vert. shift:

36) $y = -3 + 10\tan\left(\dfrac{\theta}{8} + \dfrac{5\pi}{6}\right)$

Amplitude/Vertical Stretch:

Period:

Phase shift:

Vert. shift:

37) $y = -2 + 8\cos\left(2\theta + \dfrac{\pi}{6}\right)$

Amplitude/Vertical Stretch:

Period:

Phase shift:

Vert. shift:

38) $y = 7\sin\left(2\theta - \dfrac{\pi}{6}\right) + 1$

Amplitude/Vertical Stretch:

Period:

Phase shift:

Vert. shift:

39) $y = \dfrac{1}{6} \cdot \sec\left(\theta + \dfrac{\pi}{6}\right) + 4$

Amplitude/Vertical Stretch:

Period:

Phase shift:

Vert. shift:

40) $y = 3\csc\left(4\theta + \dfrac{\pi}{2}\right) + 2$

Amplitude/Vertical Stretch:

Period:

Phase shift:

Vert. shift:

Funciones trigonométricas inversas

En matemáticas, una función inversa es una función que "deshace" el efecto de otra función. Si tiene una función que asigna elementos de un conjunto, llamado dominio, a otro conjunto, llamado rango, entonces su función inversa, denotada como (léase como "f inversa de x"), asigna elementos del rango al dominio. $f(x) f^{-1}(x)$

Funciones trigonométricas inversas

La función inversa invierte la asignación de la función original, lo que significa que si aplica la función original y luego aplica su función inversa al resultado, terminará con el valor original. Simbólicamente, si $y = f(x)$, entonces $x = f^{-1}(y)$.

Para que una función tenga un inverso, debe satisfacer ciertas condiciones. La función debe ser uno a uno, lo que significa que cada valor de entrada corresponde a un valor de salida único. En otras palabras, no hay dos entradas diferentes que puedan producir la misma salida. Esto es lo mismo que pasar la prueba de línea horizontal para inversos. Además, la función debe estar activada, lo que significa que cada elemento del rango debe tener un elemento correspondiente en el dominio.

Es importante tener en cuenta que no todas las funciones tienen inversas. Si una función no es uno a uno o onto, no tiene un inverso. Además, algunas funciones pueden tener dominios o rangos restringidos que deben tenerse en cuenta al encontrar sus inversos. Por ejemplo, la función $f(x) = x^2$ no tiene un inverso a menos que restrinjamos el dominio a $x \geq 0$, entonces podemos escribir el inverso como $f^{-1}(x) = \sqrt{x}$.

Esto es cierto para las funciones trigonométricas ya que son periódicas, los dominios deben estar restringidos para definir el inverso de cada función trigonométrica. Aquí está el gráfico de cada uno:

Funciones trigonométricas inversas

$f(x) = \sin x, -\dfrac{\pi}{2} \leq x \leq \dfrac{\pi}{2}$	$f(x) = \arcsin x, \text{ or } f(x) = \sin^{-1} x$
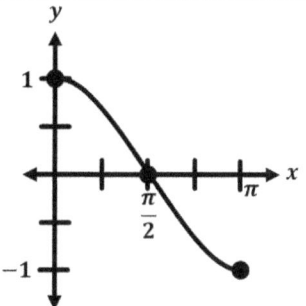	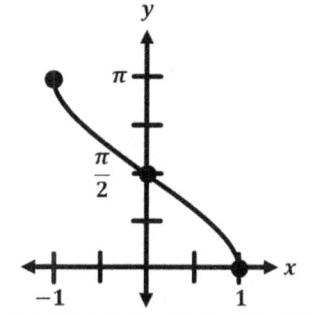
Domain: $-\dfrac{\pi}{2} \leq x \leq \dfrac{\pi}{2}$	Domain: $-1 \leq x \leq 1$
Range: $-1 \leq y \leq 1$	Range: $-\dfrac{\pi}{2} \leq y \leq \dfrac{\pi}{2}$

$f(x) = \cos x, 0 \leq x \leq \pi$	$f(x) = \arccos x, \text{ or } f(x) = \cos^{-1} x$
Domain: $0 \leq x \leq \pi$	Domain: $-1 \leq x \leq 1$
Range: $-1 \leq y \leq 1$	Range: $0 \leq y \leq \pi$

$f(x) = \tan x, -\dfrac{\pi}{2} \leq x \leq \dfrac{\pi}{2}$	$f(x) = \arctan x, \text{ or } f(x) = \tan^{-1} x$
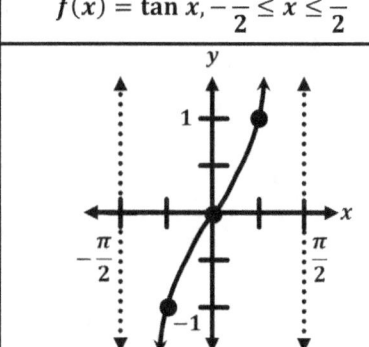	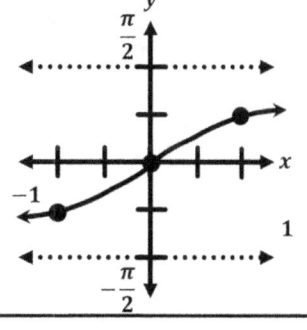
Domain: $-\dfrac{\pi}{2} \leq x \leq \dfrac{\pi}{2}$	Domain: $-\infty \leq x \leq \infty$
Range: $-\infty \leq y \leq \infty$	Range: $-\dfrac{\pi}{2} \leq y \leq \dfrac{\pi}{2}$

Funciones trigonométricas inversas

$f(x) = \csc x, -\dfrac{\pi}{2} \le x < 0 \text{ or } 0 < x \le \dfrac{\pi}{2}$	$f(x) = \operatorname{arccsc} x, \text{or } f(x) = \csc^{-1} x$
Domain: $-\dfrac{\pi}{2} \le x < 0 \text{ or } 0 < x \le \dfrac{\pi}{2}$	Domain: $-\infty < x \le -1 \text{ or } 1 \le x < \infty$
Range: $-\infty < y \le -1 \text{ or } 1 \le y < \infty$	Range: $-\dfrac{\pi}{2} \le y < 0 \text{ or } 0 < y \le \dfrac{\pi}{2}$

Funciones trigonométricas inversas

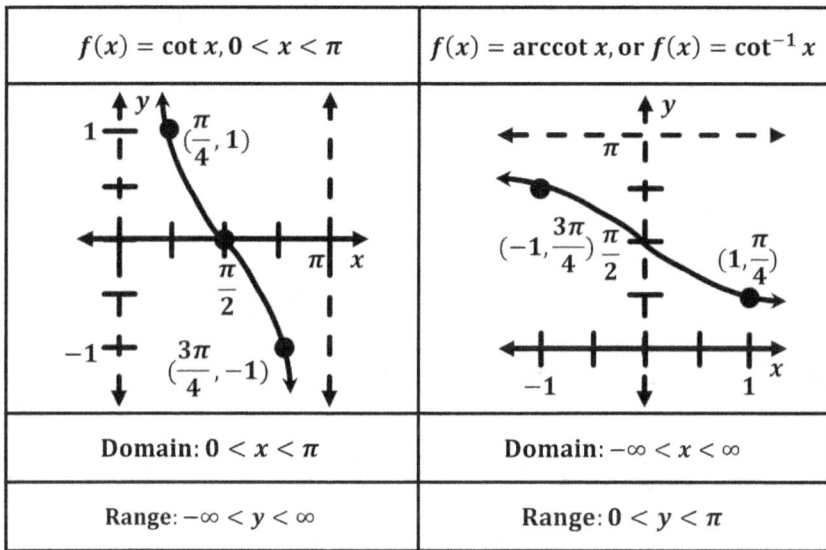

$f(x) = \sec x, -\frac{\pi}{2} \le x < 0 \text{ or } 0 < x \le \frac{\pi}{2}$	$f(x) = \text{arcsec } x, \text{ or } f(x) = \sec^{-1} x$
Domain: $0 \le x < \frac{\pi}{2} \text{ or } \frac{\pi}{2} < x \le \pi$	Domain: $-\infty < x \le -1 \text{ or } 1 \le x < \infty$
Range: $-\infty < y \le -1 \text{ or } 1 \le y < \infty$	Range: $0 \le y < \frac{\pi}{2} \text{ or } \frac{\pi}{2} < y \le \pi$
$f(x) = \cot x, 0 < x < \pi$	$f(x) = \text{arccot } x, \text{ or } f(x) = \cot^{-1} x$
Domain: $0 < x < \pi$	Domain: $-\infty < x < \infty$
Range: $-\infty < y < \infty$	Range: $0 < y < \pi$

Ejemplo 1: Encuentra el valor exacto de cada expresión.

$$\tan^{-1} \frac{\sqrt{3}}{3}$$

Solución: Utilice el círculo unidad para encontrar θ tal que $\tan \theta = \frac{\sqrt{3}}{3}$. Hay dos ángulos posibles que tienen una tangente de : . Pero sólo uno está en el rango de tangente inversa: .

$\frac{\sqrt{3}}{3} \frac{\pi}{6}$ or $\frac{7\pi}{6} \frac{\pi}{6}$ ■

Funciones trigonométricas inversas

Ejemplo 2: Encuentra el valor exacto de cada expresión.

$$\sin^{-1} -1$$

Solución: Utilice el círculo unidad para encontrar θ tal que $\sin \theta = -1$. En el círculo unidad parece que el ángulo que tiene un pecado de -1 es . Pero no está en el rango del seno inverso. El rango de seno inverso es $\frac{3\pi}{2} \frac{3\pi}{2} - \frac{\pi}{2} \leq x \leq \frac{\pi}{2}$. Necesitamos encontrar un ángulo coterminal $\frac{3\pi}{2} - 2\pi = -\frac{\pi}{2}$ que esté en el rango. Entonces, la respuesta es . $-\frac{\pi}{2}$ ∎

Ejemplo 3: Buscar el valor exacto de cada expresión.

$$\tan \sin^{-1} \frac{4}{5}$$

Solución: Cuando se le da una composición de funciones como la que tenemos aquí, trabaje desde adentro hacia afuera. Primero evalúe el seno inverso de cuatro quintos, luego encuentre la tangente de ese ángulo. Se nos da que el seno inverso de algún ángulo es $\frac{4}{5}$. Dibuja un triángulo rectángulo que represente el ángulo con un lado opuesto de 4 e hipotenusa de 5. Entonces necesitamos calcular la tangente del ángulo. La tangente es opuesta sobre adyacente. Usa el teorema de Pitágoras para resolver el lado adyacente. entonces. $a^2 + 4^2 = 5^2$ $a = \sqrt{25 - 16} = \sqrt{9} = 3$

Tangente de theta es igual a opuesto sobre adyacente que es $\frac{4}{3}$. ∎

Ejemplo 4: Encuentra el valor exacto de cada expresión.

$$\cos^{-1}\left(\sin\frac{\pi}{3}\right)$$

Solución: Dado que se nos da una composición de funciones, comenzamos desde adentro y trabajamos hacia afuera. Encontrar. Ahora encuentre el coseno inverso de esa proporción.

$$\sin\frac{\pi}{3} = \frac{\sqrt{3}}{2} \quad \cos^{-1}\frac{\sqrt{3}}{2} = \frac{\pi}{6}$$

La respuesta final es $\frac{\pi}{6}$. ∎

Ejemplo 5: Escribe cada expresión trigonométrica como una expresión algebraica.

$$\sec\tan^{-1} x$$

Solución: Se nos da que la tangente inversa de algún ángulo es x. Podemos escribir esto como una relación como Dibujar un triángulo rectángulo que represente el ángulo con un lado opuesto $\tan\theta = \frac{x}{1}$ de x y un lado adyacente de 1. Luego use el teorema de Pitágoras para resolver la hipotenusa: entonces $1^2 + x^2 = h^2 \sqrt{1+x^2} = h$

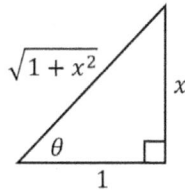

Ahora encontramos secante de theta, que es el recíproco del coseno, con una proporción de hipotenusa sobre adyacente o . Por lo tanto, la respuesta final es . $\frac{\sqrt{1+x^2}}{1} = \sqrt{1+x^2}\sqrt{1+x^2}$ ∎

Ejemplo 6: Esboza el gráfico de cada función.

Funciones trigonométricas inversas

$y = \tan^{-1}(x+2)$

Solución: Utilice las reglas de transformación, ya que hay más dos dentro de la función, hay un desplazamiento horizontal o de fase a las 2 unidades izquierdas. Los puntos clave en la tangente inversa son $(-1, -\frac{\pi}{4})$, , y . Todos estos puntos moverán a la izquierda dos unidades a , , y . Traza estos tres puntos y conéctate con la curva tangente inversa. $(0,0) (1, \frac{\pi}{4}) (-3, -\frac{\pi}{4}) (-2, 0) (-1, \frac{\pi}{4})$

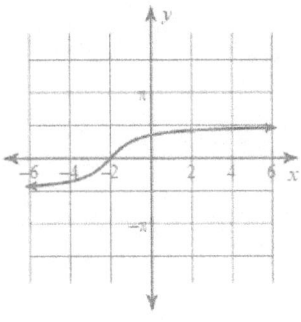

Ejemplo 7: Esboza el gráfico de cada función.

$y = \cos^{-1} x - 1$

Solución: Utilice las reglas de transformación, ya que hay menos uno fuera de la función, hay un desplazamiento vertical hacia abajo 1 unidad. Los puntos clave en la tangente inversa son $(-1, \pi)$, , y . Todos estos puntos bajarán una unidad a , , y . Aproximadamente estos puntos están en , , y . Traza estos tres puntos y conéctate con la curva inversa del coseno. $(0, \frac{\pi}{2}) (1, 0) (-1, \pi - 1) (0, \frac{\pi}{2} - 1) (1, -1) (-1, 2.14) (0, 0.57) (1, -1)$

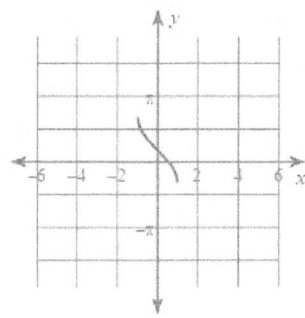

Practicar funciones trigonométricas inversas

Encuentra el valor exacto de cada expresión.

1) $\cos^{-1} 0$

2) $\tan^{-1} \dfrac{\sqrt{3}}{3}$

3) $\sin^{-1} -1$

4) $\cos^{-1} -\dfrac{1}{2}$

5) $\cos^{-1} -\dfrac{\sqrt{2}}{2}$

6) $\tan^{-1} 0$

7) $\sin^{-1} -\dfrac{\sqrt{2}}{2}$

8) $\sin^{-1} \dfrac{1}{2}$

9) $\sec^{-1} \sqrt{2}$

10) $\cot^{-1} \dfrac{\sqrt{3}}{3}$

11) $\csc^{-1} \left(-\sqrt{2}\right)$

12) $\sec^{-1} \dfrac{2\sqrt{3}}{3}$

13) $\sec \tan^{-1} \dfrac{\sqrt{3}}{3}$

14) $\sin \cos^{-1} \dfrac{\sqrt{6}}{3}$

Funciones trigonométricas inversas

15) $\cos \sin^{-1} \dfrac{3\sqrt{10}}{10}$

16) $\tan^{-1}\left(\sin \dfrac{\pi}{2}\right)$

17) $\sin \tan^{-1} \dfrac{2}{3}$

18) $\sin^{-1}\left(\cos \dfrac{5\pi}{6}\right)$

19) $\tan^{-1}\left(\csc -\dfrac{\pi}{2}\right)$

20) $\sin \cos^{-1} \dfrac{\sqrt{35}}{7}$

21) $\sec^{-1}\left(\sin -\dfrac{\pi}{2}\right)$

22) $\sin^{-1}\left(\cot \dfrac{\pi}{4}\right)$

23) $\sec^{-1}(\cos 0)$

24) $\sec \csc^{-1} \dfrac{5}{4}$

Escribe cada expresión trigonométrica como una expresión algebraica.

25) $\sec \cos^{-1} x$

26) $\cos \tan^{-1} x$

27) $\csc \cos^{-1} x$

28) $\sin \cos^{-1} x$

29) $\tan \cos^{-1} x$

30) $\cot \cos^{-1} x$

31) $\sec \tan^{-1} x$

32) $\sin \tan^{-1} x$

Esboza el gráfico de cada función.

Funciones trigonométricas inversas

33) $y = \cos^{-1} x + 3$

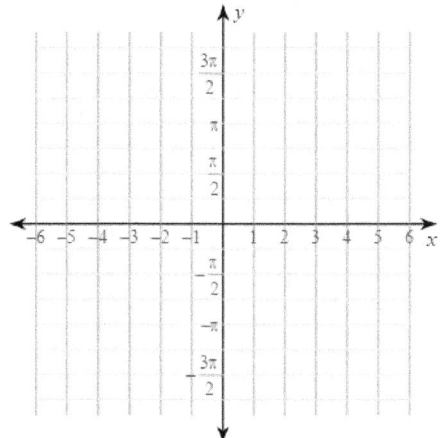

34) $y = \sin^{-1} x - 3$

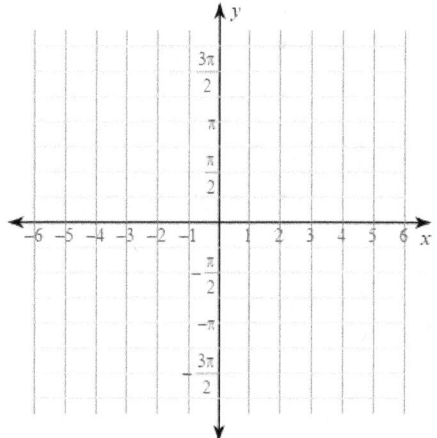

35) $y = \tan^{-1}(x - 4)$

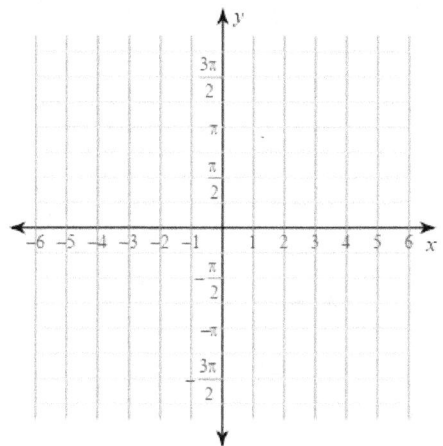

36) $y = \sin^{-1}(x - 4)$

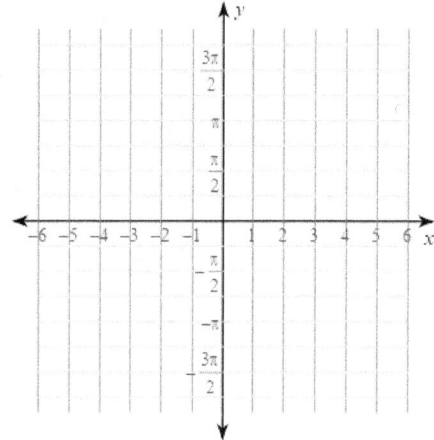

37) $y = \tan^{-1} x - 3$

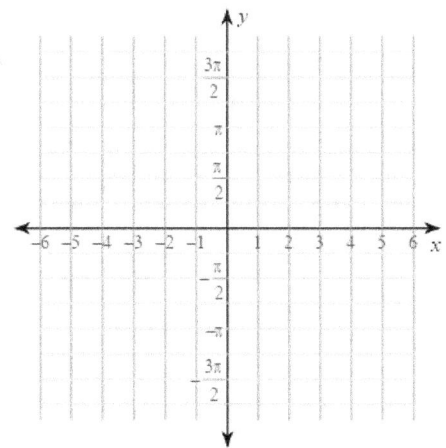

38) $y = \cos^{-1} \dfrac{x}{2}$

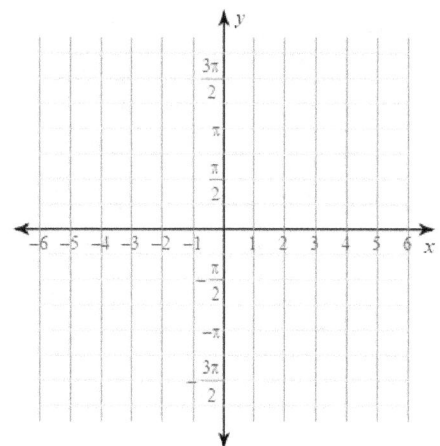

Funciones trigonométricas inversas

39) $y = \cos^{-1}(x - 3)$

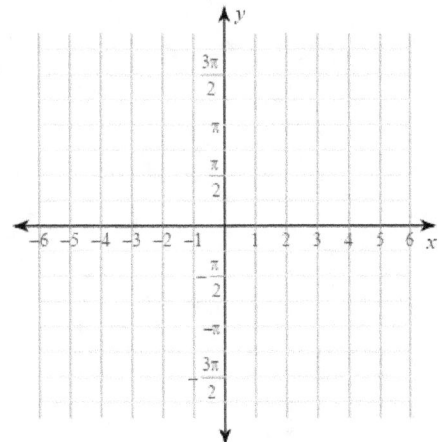

40) $y = \sin^{-1}\dfrac{x}{3}$

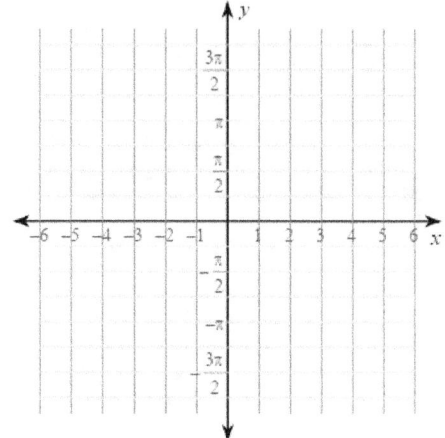

41) $y = \csc^{-1}(x - 2)$

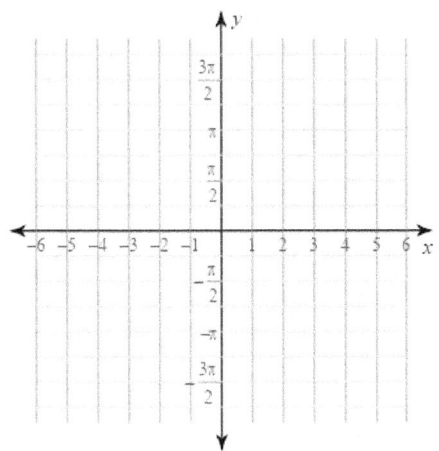

42) $y = \cot^{-1}(x + 4)$

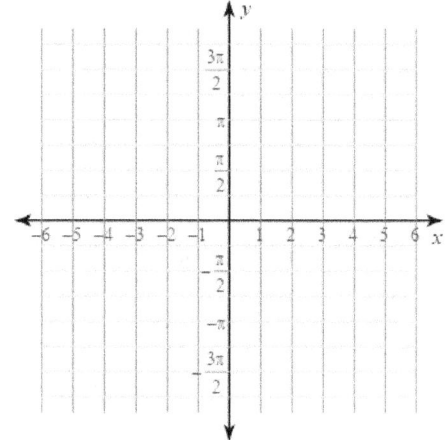

43) $y = \sec^{-1} x + 3$

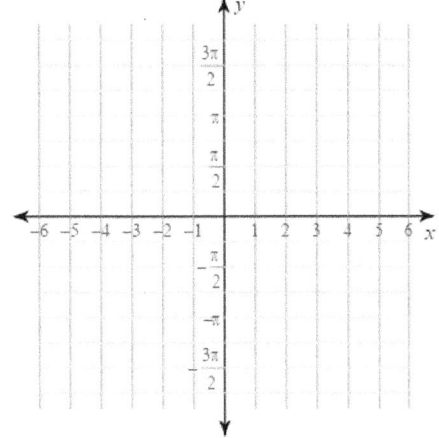

44) $y = \csc^{-1} x - 3$

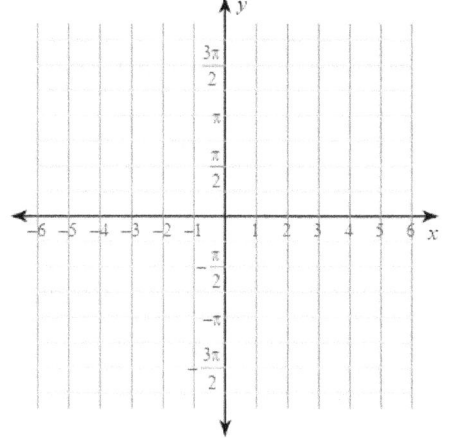

Identidades trigonométricas

En trigonometría, una identidad trigonométrica es una ecuación que relaciona varias funciones trigonométricas. Estas identidades son verdaderas para todos los valores posibles de las variables implicadas, siempre que las funciones estén definidas.

Las identidades trigonométricas se derivan de las propiedades geométricas de los triángulos y las relaciones entre los lados y los ángulos. Son herramientas fundamentales para simplificar expresiones trigonométricas, resolver ecuaciones trigonométricas y manipular funciones trigonométricas.

Hay varios tipos básicos de identidades que incluyen: identidades cocientes, identidades recíprocas, identidades de cofunción, identidades pares e impares e identidades pitagóricas:

Identidades trigonométricas

Quotient Identities	$\tan\theta = \dfrac{\sin\theta}{\cos\theta}\quad \cot\theta = \dfrac{\cos\theta}{\sin\theta}$
Reciprocal Identities	$\sin\theta = \dfrac{1}{\csc\theta},\ \csc\theta \neq 0 \quad \csc\theta = \dfrac{1}{\sin\theta},\ \sin\theta \neq 0$ $\cos\theta = \dfrac{1}{\sec\theta},\ \sec\theta \neq 0 \quad \sec\theta = \dfrac{1}{\cos\theta},\ \cos\theta \neq 0$ $\tan\theta = \dfrac{1}{\cot\theta},\ \cot\theta \neq 0 \quad \cot\theta = \dfrac{1}{\tan\theta},\ \tan\theta \neq 0$
Cofunction Identities	$\sin\theta = \cos\left(\dfrac{\pi}{2}-\theta\right)\quad \cos\theta = \sin\left(\dfrac{\pi}{2}-\theta\right)$ $\tan\theta = \cot\left(\dfrac{\pi}{2}-\theta\right)\quad \cot\theta = \tan\left(\dfrac{\pi}{2}-\theta\right)$ $\sec\theta = \csc\left(\dfrac{\pi}{2}-\theta\right)\quad \csc\theta = \sec\left(\dfrac{\pi}{2}-\theta\right)$
Even-Odd Identities	$\sin(-\theta) = -\sin(\theta)\quad \cos(-\theta) = \cos(\theta)$ $\csc(-\theta) = -\csc(\theta)\quad \sec(-\theta) = \sec(\theta)$ $\tan(-\theta) = -\tan(\theta)\quad \cot(-\theta) = -\cot(\theta)$
Pythagorean Identities	$\sin^2\theta + \cos^2\theta = 1$ $\tan^2\theta + 1 = \sec^2\theta$ $\cot^2\theta + 1 = \csc^2\theta$

La mayoría de las identidades ya las hemos definido u observado. Las identidades cocientes y las identidades recíprocas provienen de las definiciones.

Ejemplo 1: Si $\csc\theta = \dfrac{5}{6}$, encontrar $\sin\theta$

Solución: Este problema utiliza el hecho de que cosecante y seno son recíprocos entre sí.

$\sin\theta = \dfrac{1}{\csc\theta} = \dfrac{1}{\left(\frac{5}{6}\right)} = \dfrac{6}{5}$ ∎

Ejemplo 2: Si $\tan\theta = \dfrac{\sqrt{15}}{6}$ y encontrar $\cos\theta = \dfrac{5\sqrt{3}}{2}\sin\theta$

Solución: Este problema utiliza el hecho de que la tangente es seno sobre coseno. $\tan\theta = \dfrac{\sin\theta}{\cos\theta}$.

Entonces. $\sin\theta = \tan\theta\cos\theta = \dfrac{\sqrt{15}}{6}\dfrac{5\sqrt{3}}{2} = \dfrac{5\sqrt{5}}{4}$ ∎

Identidades trigonométricas

Ejemplo 3: Usar identidades para encontrar el valor de la expresión.

Find $\cos \theta$ and $\tan \theta$
if $\csc \theta = -\dfrac{3}{2}$ and $\tan \theta < 0$.

Solución: Primero use la información dada para determinar en qué cuadrante estamos trabajando donde cosecante (también seno) es negativo y tangente es negativo. Esto sucede en el cuadrante IV.

$\csc \theta = -\dfrac{3}{2}$ implica que el recíproco, . Usa la identidad pitagórica entonces . Esto da: .

Resolución del coseno: $\sin \theta = -\dfrac{2}{3}$ $\sin^2 \theta + \cos^2 \theta = 1$ $(-\dfrac{2}{3})^2 + \cos^2 \theta = 1$ $\dfrac{4}{9} + \cos^2 \theta = 1$

$\cos^2 \theta = \dfrac{5}{9}$ y. Como estamos en el cuarto cuadrante, el coseno es positivo, y tenemos .

$\cos \theta = \pm \dfrac{\sqrt{5}}{3}$ $\cos \theta = \dfrac{\sqrt{5}}{3}$

Ahora encuentre la tangente usando donde (no necesita racionalizar ya que estaremos cuadrando esto en el siguiente paso). Sustituyendo obtenemos: y simplificándolo se convierte: .

Ahora resuelve la tangente: , tomando la raíz cuadrada positiva/negativa de ambos lados: pero en el cuarto cuadrante tangente será negativa, racionaliza para obtener: . Entonces, tenemos y .

$\tan^2 \theta + 1 = \sec^2 \theta$ $\sec \theta = \dfrac{1}{\cos \theta} = \dfrac{1}{\frac{\sqrt{5}}{3}} = \dfrac{3}{\sqrt{5}}$ $\tan^2 \theta + 1 = \left(\dfrac{3}{\sqrt{5}}\right)^2$ $\tan^2 \theta + 1 = \dfrac{9}{5}$ $\tan^2 \theta =$

$\dfrac{4}{5}$ $\tan \theta = \pm \dfrac{2}{\sqrt{5}}$ $\tan \theta = -\dfrac{2\sqrt{5}}{5}$ $\cos \theta = \dfrac{\sqrt{5}}{3}$ $\tan \theta = -\dfrac{2\sqrt{5}}{5}$ ∎

.

Ejemplo 4: Utilice identidades pares e impares para encontrar el valor de la expresión.

Si $\sin(-\theta) = -0.84$, encontrar $\cos\left(\dfrac{\pi}{2} - \theta\right)$

Identidades trigonométricas

Solución: $\sin(-\theta) = -0.84$ entonces como seno es impar: . Por la identidad de cofunción . Por lo tanto. $-\sin(\theta) = -0.84 - \cos\left(\frac{\pi}{2} - \theta\right) = -0.84 \cos\left(\frac{\pi}{2} - \theta\right) = 0.84$ ∎

Practicar identidades trigonométricas

Utilice identidades para encontrar el valor de cada expresión.

1) If $\sec\theta = \dfrac{3}{4}$, find $\cos\theta$

2) If $\csc\theta = \dfrac{5}{4}$, find $\sin\theta$

3) If $\sin\theta = \dfrac{\sqrt{3}}{6}$, find $\csc\theta$

4) If $\cot\theta = \dfrac{\sqrt{5}}{10}$, find $\tan\theta$

5) If $\cos\theta = \dfrac{\sqrt{30}}{5}$, find $\sec\theta$

6) If $\tan\theta = \dfrac{\sqrt{24}}{4}$, find $\cot\theta$

7) If $\sin\theta = \dfrac{\sqrt{15}}{10}$, find $\csc\theta$

8) If $\cot\theta = -\dfrac{4\sqrt{6}}{3}$, find $\tan\theta$

9) If $\tan\theta = \dfrac{\sqrt{2}}{4}$ and $\cos\theta = -\dfrac{2\sqrt{2}}{3}$, find $\sin\theta$

10) If $\tan\theta = \dfrac{\sqrt{3}}{6}$ and $\cos\theta = -\dfrac{2\sqrt{6}}{3}$, find $\sin\theta$

11) If $\cot\theta = -\dfrac{1}{2}$ and $\sin\theta = \dfrac{2\sqrt{5}}{5}$, find $\cos\theta$

12) If $\sec\theta = -\dfrac{9}{7}$ and $\tan\theta = -\dfrac{4\sqrt{2}}{7}$, find $\csc\theta$

13) Find $\sec\theta$ and $\sin\theta$ if $\cot\theta = -\dfrac{5}{7}$ and $\sec\theta < 0$.

14) Find $\sec\theta$ and $\cos\theta$ if $\csc\theta = 3$ and $\cos\theta > 0$.

15) Find $\sin\theta$ and $\cos\theta$ if $\sec\theta = 3$ and $\csc\theta < 0$.

16) Find $\cot\theta$ and $\csc\theta$ if $\cos\theta = -\dfrac{5}{8}$ and $\tan\theta > 0$.

17) Find $\sin\theta$ and $\cos\theta$
    if $\cot\theta = \dfrac{1}{4}$ and $\sin\theta < 0$.

18) Find $\cot\theta$ and $\sin\theta$
    if $\tan\theta = 2$ and $\csc\theta > 0$.

19) Find $\tan\theta$ and $\csc\theta$
    if $\cos\theta = \dfrac{1}{3}$ and $\cot\theta < 0$.

20) Find $\csc\theta$ and $\tan\theta$
    if $\cos\theta = \dfrac{1}{3}$ and $\sin\theta < 0$.

21) Find $\csc\theta$ and $\cos\theta$
    if $\tan\theta = \dfrac{5}{2}$ and $\sin\theta > 0$.

22) Find $\tan\theta$ and $\sin\theta$
    if $\cot\theta = 5$ and $\cos\theta > 0$.

23) Find $\cos\theta$ and $\tan\theta$
    if $\sin\theta = \dfrac{2}{5}$ and $\sec\theta > 0$.

24) Find $\sin\theta$ and $\sec\theta$
    if $\cot\theta = \dfrac{5}{4}$ and $\sin\theta < 0$.

25) If $\cos\theta = -0.74$, find $\sin\left(\dfrac{\pi}{2} - \theta\right)$.

26) If $\sec\left(\dfrac{\pi}{2} - \theta\right) = 1$, find $\csc(-\theta)$.

27) If $\sec\left(\dfrac{\pi}{2} - \theta\right) = 2$, find $\csc\theta$.

28) If $\cos\theta = 0.14$, find $\sin\left(\theta - \dfrac{\pi}{2}\right)$.

29) If $\sin\theta = -0.99$, find $\cos\left(\dfrac{\pi}{2} - \theta\right)$.

30) If $\cos\left(\theta - \dfrac{\pi}{2}\right) = 0.57$, find $\sin\theta$.

31) If $\tan\left(\theta - \dfrac{\pi}{2}\right) = 2.14$, find $\cot\theta$.

32) If $\tan(-\theta) = 2.14$, find $\cot\left(\theta - \dfrac{\pi}{2}\right)$.

33) If $\csc\theta = 8.21$, find $\sec\left(\dfrac{\pi}{2} - \theta\right)$.

34) If $\tan\left(\theta - \dfrac{\pi}{2}\right) = 1.15$, find $\cot(-\theta)$.

35) If $\cos\left(\dfrac{\pi}{2} - \theta\right) = 0.54$, find $\sin(-\theta)$.

36) If $\sin\left(\theta - \dfrac{\pi}{2}\right) = 0.21$, find $\cos(-\theta)$.

Simplificación de expresiones trigonométricas

Al simplificar las expresiones trigonométricas, tratamos de reescribirlas como una expresión numérica o en términos de una sola función trigonométrica. Queremos reescribir la expresión de una manera equivalente usando la menor cantidad de símbolos posible. No hay una sola manera "correcta" de simplificar expresiones; Puede haber más de una manera de llegar a la solución final. Hay algunas estrategias generales que pueden ayudar a simplificar.

1. En primer lugar, a menudo es más fácil si todas las funciones trig se escriben en términos de seno y coseno utilizando las identidades cocientes o recíprocas.
2. Busque identidades del teorema de Pitágoras.
3. Combina fracciones usando un denominador común.
4. Separar fracciones.
5. Busque patrones de factoraje.

Ejemplo 1: Simplificar $\csc\theta \tan^2\theta \cos^2\theta \sec\theta \cot\theta$

Solución: Reescribe cada función en términos de seno y coseno:

$$\frac{1}{\sin\theta} \cdot \frac{\sin^2\theta}{\cos^2\theta} \cdot \frac{\cos^2\theta}{1} \cdot \frac{1}{\cos\theta} \cdot \frac{\cos\theta}{\sin\theta}$$

Cancelar factores comunes:

$$\frac{1}{\sin\theta} \cdot \frac{\sin^2\theta}{\cos^2\theta} \cdot \frac{\cos^2\theta}{1} \cdot \frac{1}{\cos\theta} \cdot \frac{\cos\theta}{\sin\theta}$$

Como todo se cancela, la respuesta final es 1. ∎

Ejemplo 2: Simplificar $\frac{(1-\sin x)(1+\sin x)}{\cot^2 x}$

Solución: Dado que se trata de una fracción, puede hacer que sea más difícil reescribir todo en términos de seno / coseno. Observe que la parte superior parece un patrón de diferencia de cuadrados que se puede multiplicar fácilmente: $\frac{1-\sin^2\theta}{\cot^2 x}$

Cuando tienes cuadrados de funciones trig, es posible que puedas usar una identidad pitagórica. Observe que en el numerador tiene . Hay una identidad que dice: , eso significa que $1 - \sin^2\theta$ $\sin^2\theta + \cos^2\theta = 1$ $1 - \sin^2\theta = \cos^2\theta$

$$\frac{1-\sin^2\theta}{\cot^2 x} = \frac{\cos^2\theta}{\cot^2 x}$$

Ahora dividir por cotangente es lo mismo que multiplicar por tangente y tangente se puede reescribir como seno sobre coseno:

$$\frac{\cos^2\theta}{\cot^2 x} = \frac{\cos^2\theta}{1} \cdot \frac{\sin^2\theta}{\cos^2\theta} = \sin^2\theta. \blacksquare$$

Ejemplo 3: Simplificar $\frac{1}{\csc\theta - \cot\theta} + \frac{1}{\csc\theta + \cot\theta}$

Solución: Aquí tenemos dos fracciones, y queremos juntarlas, pero necesitamos un denominador común. Dado que no hay factores compartidos en el denominador, la pantalla LCD es simplemente $(\csc\theta - \cot\theta)(\csc\theta + \cot\theta)$.

$$\frac{1}{\csc\theta - \cot\theta} + \frac{1}{\csc\theta + \cot\theta}$$

Simplificación de expresiones trigonométricas

$$= \frac{csc\,\theta + cot\,\theta}{(csc\,\theta - cot\,\theta)(csc\,\theta + cot\,\theta)} + \frac{csc\,\theta - cot\,\theta}{(csc\,\theta - cot\,\theta)(csc\,\theta + cot\,\theta)}$$

$$= \frac{2\,csc\,\theta}{(csc\,\theta - cot\,\theta)(csc\,\theta + cot\,\theta)} = \frac{2\,csc\,\theta}{csc^2\,\theta - cot^2\,\theta}$$

Hay una identidad pitagórica para el denominador: así que $cot^2\,\theta + 1 = csc^2\,\theta$

$$csc^2\,\theta - cot^2\,\theta = 1$$

$$\frac{2\,csc\,\theta}{csc^2\,\theta - cot^2\,\theta} = 2\,csc\,\theta\;\blacksquare$$

Practicar la simplificación de expresiones trigonométricas

1) $\dfrac{cot^2 x \cos^2 x}{cot^2 x - \cos^2 x}$

2) $\dfrac{\cos^2 x - 1}{\sin^2 x - 1}$

3) $\dfrac{3 - 3\cos^2 \theta}{\sin \theta}$

4) $\dfrac{1}{\sec x - \tan x} - \dfrac{1}{\sec x + \tan x}$

5) $\sin \theta + \cos \theta \tan \theta$

6) $\dfrac{\cos^2 x}{1 - \cos^2 x}$

7) $\dfrac{\sec^2 \theta}{\sec^2 \theta - 1}$

8) $\dfrac{\sin^2 x - \tan^2 x}{\tan^2 x \sin^2 x}$

9) $\dfrac{\sec x \tan x}{\tan^2 x + 1}$

10) $\cot x \cdot (\tan x + \cot x)$

11) $\dfrac{(\sin x + \tan x)^2 + \cos^2 x - \sec^2 x}{\tan x}$

12) $\dfrac{2\sin x \cos x + (\sin x - \cos x)^2}{\sec x}$

13) $\tan^2 x (\csc^2 x - 1)$

14) $\dfrac{1 - \cos^2 x}{\sin^2 x}$

15) $\cot^2 x - \csc^2 x$

16) $\dfrac{(\csc\theta + 1)(\csc\theta - 1)}{\csc^2\theta}$

17) $\dfrac{\sin x \cdot (\tan x + \cot x)}{\cos x}$

18) $\dfrac{\tan^2 x}{1 - \sec^2 x}$

19) $\dfrac{\cos^2 x - 1}{\cos^2 x \tan^2 x}$

20) $\dfrac{\csc^2 x}{1 - \csc^2 x}$

21) $\dfrac{\csc\theta - \sin\theta}{\csc\theta}$

22) $\tan x + \dfrac{\cos x}{1 + \sin x}$

23) $\sin^2\theta \cot\theta \csc\theta$

24) $\dfrac{\tan x + \cot x}{\cot x}$

25) $\dfrac{\sin^2 x \cos^2 x}{1 - \sin^2 x}$

26) $\dfrac{\sin^2 x}{1 - \sin^2 x}$

27) $\dfrac{1 - \cos^2 x}{1 + \cos^2 x}$

28) $\tan^2\theta - \tan^2\theta \sin^2\theta$

29) $\dfrac{\sin x \cos^2 x + \sin^3 x}{\sin^2 x}$

30) $\dfrac{\csc x}{\sin x} - \dfrac{\cot x}{\tan x}$

31) $\sec\theta - \sin\theta \tan\theta$

32) $\dfrac{\tan^2 x + 1}{\cot^2 x + 1}$

33) $\csc x - \dfrac{\cot^2 x}{\csc x}$

34) $\dfrac{\sin^2 x - 1}{\sin^2 x \cot^2 x}$

35) $\dfrac{\sec x}{\sin x} - \dfrac{\sin x}{\cos x}$

36) $\dfrac{\sin\theta}{1 - \cos\theta} + \dfrac{1 - \cos\theta}{\sin\theta}$

Prueba de identidades trigonométricas

37) $\dfrac{(\tan\theta + \sec\theta)(\tan\theta - \sec\theta)}{\sec\theta}$

38) $\dfrac{\tan\theta}{\sec\theta - \cos\theta}$

39) $\sec\theta \tan\theta \cos\theta$

40) $\dfrac{\cos\theta}{1+\sin\theta} + \dfrac{\cos\theta}{1-\sin\theta}$

41) $\dfrac{\sec^2 x - 1}{\tan x}$

42) $\dfrac{\tan x + 1}{\sec x}$

43) $\dfrac{\cot x + 1}{\csc x}$

44) $\cos x \csc x (\sec^2 x - 1)$

45) $\dfrac{\sin^3\theta \csc^2\theta - \sin^2\theta}{\cos^3\theta}$

46) $\sec x \cot x - \cot x \cos x$

47) $\cos x \cdot (\sec x - \cos x)$

48) $1 - \dfrac{\sin^2\theta}{\tan^2\theta}$

49) $\dfrac{\tan x}{\tan x + \cot x}$

50) $\sin x \tan x - \csc x \tan x$

Prueba de identidades trigonométricas

Probar o verificar identidades trigonométricas significa mostrar que un lado de una ecuación es igual al otro lado de la ecuación. Para probar una identidad, trabajamos con un lado de una ecuación hasta que se vea exactamente como el otro lado de la ecuación. Utilizamos identidades trigonométricas conocidas y propiedades de aritmética y álgebra para justificar cada paso.

Ejemplo 1:

$$\frac{\sec^2 x}{\sin^2 x} = \frac{\csc^2 x}{\cos^2 x}$$

Solución: Queremos mostrar que el lado izquierdo es igual al lado derecho.

Uso $\sec^2 x = \frac{1}{\cos^2 x}$:

$$\frac{\sec^2 x}{\sin^2 x} = \frac{1}{\sin^2 x \cos^2 x}$$

Uso $\frac{1}{\sin^2 x} = \csc^2 x$:

$$\frac{1}{\sin^2 x \cos^2 x} = \frac{\csc^2 x}{\cos^2 x}$$

$$\frac{\sec^2 x}{\sin^2 x} = \frac{1}{\sin^2 x \cos^2 x} = \frac{\csc^2 x}{\cos^2 x} \blacksquare$$

Ejemplo 2:

$$\cot^2 x + \csc^2 x = \frac{\cos^2 x + 1}{\sin^2 x}$$

Solución: Queremos mostrar que el lado izquierdo es igual al lado derecho.

Descomponer el lado izquierdo en senos y cosenos:

$$\frac{\cos^2 x}{\sin^2 x} + \frac{1}{\sin^2 x} = \frac{\cos^2 x + 1}{\sin^2 x} \blacksquare$$

Ejemplo 3:

$$\frac{\cos^2 x}{\cot^2 x \csc x} = \sin^3 x$$

Prueba de identidades trigonométricas

Solución: Queremos mostrar que el lado izquierdo es igual al lado derecho.

Descomponer el lado izquierdo en senos y cosenos:

$$\frac{\cos^2 x}{\left(\frac{\cos^2 x}{\sin^2 x}\right) \cdot \frac{1}{\sin x}} = \frac{1}{\left(\frac{1}{\sin^2 x}\right) \cdot \frac{1}{\sin x}} = \frac{1}{\frac{1}{\sin^3 x}} = \sin^3 x$$

Ejemplo 4:

$1 - \cot^2 x \sec^2 x = -\cot^2 x$

Solución: Queremos mostrar que el lado izquierdo es igual al lado derecho. Como queremos terminar con la cotangente a la derecha, puede ser útil usar una identidad para sustituir la secante al cuadrado.

Se puede usar una identidad pitagórica: $\tan^2 \theta + 1 = \sec^2 \theta$

$1 - \cot^2 x \sec^2 x = 1 - \cot^2 x (\tan^2 \theta + 1) = 1 - \cot^2 x \tan^2 \theta - \cot^2 x$

Ahora la cotangente es el recíproco de la tangente así que $\cot^2 x = \frac{1}{\tan^2 x}$

$1 - \cot^2 x \tan^2 \theta - \cot^2 x = 1 - \frac{1}{\tan^2 x}\tan^2 \theta - \cot^2 x = 1 - 1 - \cot^2 x = -\cot^2 x \blacksquare$

Práctica de probar identidades trigonométricas

Probar o verificar cada identidad.

1) $\dfrac{\sin x}{\sec x} = \dfrac{\cos x}{\csc x}$

2) $\dfrac{1}{\cot x \tan^2 x} = \tan x \cot^2 x$

3) $-\tan x \cos x = -\sin x$

4) $\dfrac{1}{\sec^2 x \csc^2 x} = \sin^2 x \cos^2 x$

5) $\dfrac{\cot^2 x}{\cos x} = \dfrac{\sec x}{\tan^2 x}$

6) $-\cos^2 x \csc^2 x = -\cot^2 x$

7) $\dfrac{\cos x}{\csc^2 x} = \dfrac{\sin^2 x}{\sec x}$

8) $\dfrac{\csc x \sin x}{\cos x} = \dfrac{\tan x}{\sin x}$

9) $\cos^2 x \csc^2 x = \dfrac{1}{\tan^2 x}$

10) $\dfrac{\tan^2 x}{\sec^2 x} = \sin^2 x$

Verificar las identidades pitagóricas usando $\sin^2 x + \cos^2 x = 1$

11) $\tan^2 x + 1 = \sec^2 x$

12) $1 + \cot^2 x = \csc^2 x$

Verifique cada identidad.

13) $\dfrac{1 - \sec^2 x}{\tan x} = -\tan^2 x \cot x$

14) $\dfrac{\sin x}{\sec^2 x - \tan^2 x} = \dfrac{1}{\csc x}$

Prueba de identidades trigonométricas

15) $\dfrac{\sin^2 x + \cos^2 x}{\sec x} = \cos x$

16) $\dfrac{\cot x}{\cos^2 x + \sin^2 x} = \dfrac{\cos x}{\sin x}$

17) $\dfrac{1}{1 + \cot^2 x} = \dfrac{\sin x}{\csc x}$

18) $\tan^2 x - \cot^2 x = \sec^2 x - \csc^2 x$

19) $\dfrac{\tan^2 x - \sec x}{\sec^2 x} = \sin^2 x - \cos x$

20) $\csc^2 x + \cot^2 x = \dfrac{1 + \cos^2 x}{\sin^2 x}$

21) $\dfrac{\tan^2 x + \sec x}{\sec^2 x} = \cos x + \sin^2 x$

22) $\cot^2 x + \csc x = \dfrac{\cos^2 x + \sin x}{\sin^2 x}$

23) $\dfrac{\csc^2 x - 1}{\csc^2 x} = -\sin^2 x + 1$

24) $\dfrac{\cot x \csc x}{\sec x} = \dfrac{\cos^2 x}{\sin^2 x}$

25) $\dfrac{\cot^2 x - 1}{\csc^2 x} = \cos^2 x - \sin^2 x$

26) $\dfrac{1}{\csc x \cdot (\csc x + 1)} = \dfrac{\sin^2 x}{1 + \sin x}$

27) $\dfrac{\csc^2 x - 1}{\csc x} = \cot x \cos x$

28) $\dfrac{\sin^2 x}{1 - \sec^2 x} = -\cos^2 x$

29) $\cot x \sec x = \dfrac{\csc x}{\sec^2 x - \tan^2 x}$

30) $\csc^2 x \tan^2 x = \tan^2 x + 1$

31) $\tan x + \cot x = \dfrac{\csc x}{\cos x}$

32) $\sin x \sec x + \cot x = \dfrac{\csc x}{\cos x}$

33) $\sec^2 x + \csc^2 x = \dfrac{\sec^2 x}{\sin^2 x}$

34) $\csc^2 x \cos^2 x + 1 = \dfrac{1}{\sin^2 x}$

35) $\dfrac{\tan^2 x}{\sin^2 x} = 1 + \tan^2 x$

36) $\csc^2 x \tan^2 x \cot^2 x = \cot^2 x + 1$

Identidades de suma y diferencia

Hemos repasado las identidades básicas, ahora comenzaremos a pasar por más identidades que son útiles para simplificar y transformar expresiones trigonométricas. Estos serán especialmente útiles en cálculo. El primero de ellos es tomar seno, coseno o tangente de una suma o diferencia de dos ángulos. Sabemos cómo encontrar el valor exacto de trig de algunos ángulos del círculo unitario, pero conocer estas fórmulas nos ayudará a encontrar valores exactos para expresiones más trigonométricas de nuevos ángulos.

Identidades de suma y diferencia

$$\boxed{\cos(\alpha \pm \beta) = \cos\alpha\cos\beta \mp \sin\alpha\sin\beta}$$

$$\boxed{\sin(\alpha \pm \beta) = \sin\alpha\cos\beta \pm \cos\alpha\sin\beta}$$

$$\boxed{\tan(\alpha \pm \beta) = \frac{\tan\alpha \pm \tan\beta}{1 \mp \tan\alpha\tan\beta}}$$

Muchas de estas fórmulas tienen un más-menos $\pm$ o signo menos más. Esto es combinar dos fórmulas en una, lo que facilita la escritura y la memorización. Cuando una fórmula tiene un $\mp$ $\pm$ o, utiliza todos los signos superiores o todos los signos inferiores. $\mp$

Por ejemplo, $\cos(\alpha \pm \beta) = \cos\alpha\cos\beta \mp \sin\alpha\sin\beta$ se puede reescribir como:

$\cos(\alpha + \beta) = \cos\alpha\cos\beta - \sin\alpha\sin\beta$ o. $\cos(\alpha - \beta) = \cos\alpha\cos\beta + \sin\alpha\sin\beta$

Recordemos los ángulos que conocemos del círculo unitario: 30°, 60°, 45°, 90° o en radianes $\frac{\pi}{6}, \frac{\pi}{4}, \frac{\pi}{3}, \frac{\pi}{2}$

Verás que te ayudará escribir estos con un denominador común: $\frac{2\pi}{12}, \frac{3\pi}{12}, \frac{4\pi}{12}, \frac{6\pi}{12}$.

Ejemplo 1: Buscar el valor exacto de $\cos 15°$

Solución: Tenga en cuenta que 15 grados se pueden escribir como $45 - 30$

$$\cos 15° = \cos 45° - \cos 30° = \cos 45 \cos 30 + \sin 45 \sin 30 = \frac{\sqrt{2}}{2} \cdot \frac{\sqrt{3}}{2} + \frac{\sqrt{2}}{2} \cdot \frac{1}{2} = \frac{\sqrt{6} + \sqrt{2}}{4} \blacksquare$$

Ejemplo 2: Buscar el valor exacto de $\tan 105°$

Solución: Tenga en cuenta que 105 grados se pueden escribir como $45 + 60$

$$\tan 105° = \tan 45° + \tan 60° = \frac{\tan 45 + \tan 60}{1 - \tan 45 \tan 60} = \frac{1 + \sqrt{3}}{1 - 1 \cdot \sqrt{3}}$$

Racionaliza el denominador multiplicando por el conjugado al numerador y al denominador:

$$\frac{1+\sqrt{3}}{1-1\cdot\sqrt{3}}\frac{1+\sqrt{3}}{1+\sqrt{3}} = \frac{1+2\sqrt{3}+3}{1-3} = \frac{4+2\sqrt{3}}{-2} = -2-\sqrt{3} \blacksquare$$

Ejemplo 3: Buscar el valor exacto de $\sin-\frac{\pi}{12}$

Solución: observe que se puede escribir como $-\frac{\pi}{12}\frac{3\pi}{12}-\frac{4\pi}{12}$

$$\sin-\frac{\pi}{12} = \sin\frac{3\pi}{12} - \sin\frac{4\pi}{12} = \sin\frac{3\pi}{12}\cos\frac{4\pi}{12} - \cos\frac{3\pi}{12}\sin\frac{4\pi}{12} = \sin\frac{\pi}{4}\cos\frac{\pi}{3} - \cos\frac{\pi}{4}\sin\frac{\pi}{3}$$

$$\sin\frac{\pi}{4}\cos\frac{\pi}{3} - \cos\frac{\pi}{4}\sin\frac{\pi}{3} = \frac{\sqrt{2}}{2}\frac{1}{2} - \frac{\sqrt{2}}{2}\frac{\sqrt{3}}{2} = \frac{\sqrt{2}-\sqrt{6}}{4} \blacksquare$$

Ejemplo 4: Buscar el valor exacto de $\cos\frac{\pi}{9}\cos\frac{5\pi}{36} - \sin\frac{\pi}{9}\sin\frac{5\pi}{36}$

Solución: Este problema sigue el formato de coseno de la suma de dos ángulos:

$$\cos(\alpha+\beta) = \cos\alpha\cos\beta - \sin\alpha\sin\beta$$

$$\cos\frac{\pi}{9}\cos\frac{5\pi}{36} - \sin\frac{\pi}{9}\sin\frac{5\pi}{36} = \cos\left(\frac{\pi}{9}+\frac{5\pi}{36}\right) = \cos\left(\frac{4\pi}{36}+\frac{5\pi}{36}\right) = \cos\left(\frac{9\pi}{36}\right) = \cos\left(\frac{\pi}{4}\right) = \frac{\sqrt{2}}{2} \blacksquare$$

Ejemplo 5: Buscar el valor exacto de $\frac{\tan 5x + \tan 6x}{1 - \tan 5x \tan 6x}$

Solución: este problema utiliza la tangente de la suma de dos ángulos:

$$\frac{\tan 5x + \tan 6x}{1 - \tan 5x \tan 6x} = \tan(5x+6x) = \tan 11x \blacksquare$$

Ejemplo 6: Comprobar la identidad $\cos\left(\frac{3\pi}{2}+\theta\right) = \cos\frac{3\pi}{2}\cos\theta - \sin\frac{3\pi}{2}$

Solución: Este problema utiliza el coseno de la suma de dos ángulos:

Identidades de suma y diferencia

$\cos\left(\frac{3\pi}{2} + \theta\right) = \cos\frac{3\pi}{2}\cos\theta - \sin\frac{3\pi}{2}\sin\theta = 0 \cdot \cos\theta - (-1)\sin\theta = \sin\theta$ ∎

Practique identidades de suma y diferencia

1) $\sin 285°$

2) $\cos 195°$

3) $\tan -75°$

4) $\tan 105°$

5) $\sin 165°$

6) $\sin 105°$

7) $\cos 255°$

8) $\sin -105°$

9) $\sin \frac{5\pi}{12}$

10) $\sin -\frac{\pi}{12}$

11) $\cos \frac{7\pi}{12}$

12) $\cos \frac{11\pi}{12}$

13) $\sin \frac{11\pi}{12}$

14) $\tan \frac{13\pi}{12}$

15) $\tan \frac{11\pi}{12}$

16) $\cos \frac{19\pi}{12}$

17) $\cos 145° \cos 55° + \sin 145° \sin 55°$

18) $\sin 419° \cos 179° - \cos 419° \sin 179°$

19) $\sin\frac{2\pi}{9}\cos -\frac{\pi}{36} - \cos\frac{2\pi}{9}\sin -\frac{\pi}{36}$

20) $\frac{\tan 11° + \tan 19°}{1 - \tan 11° \tan 19°}$

21) $\frac{\tan 17° + \tan 13°}{1 - \tan 17° \tan 13°}$

22) $\cos\frac{\pi}{9}\cos\frac{5\pi}{9} - \sin\frac{\pi}{9}\sin\frac{5\pi}{9}$

23) $\cos\dfrac{\pi}{9}\cos\dfrac{5\pi}{36} - \sin\dfrac{\pi}{9}\sin\dfrac{5\pi}{36}$

24) $\dfrac{\tan\dfrac{\pi}{18} + \tan\dfrac{\pi}{9}}{1 - \tan\dfrac{\pi}{18}\tan\dfrac{\pi}{9}}$

25) $\dfrac{\tan 2\theta + \tan -6\theta}{1 - \tan 2\theta\tan -6\theta}$

26) $\cos 4v\cos -v + \sin 4v\sin -v$

27) $\sin 5\theta\cos 3\theta + \cos 5\theta\sin 3\theta$

28) $\dfrac{\tan 2x - \tan -4x}{1 + \tan 2x\tan -4x}$

29) $\sin 6x\cos -4x - \cos 6x\sin -4x$

30) $\dfrac{\tan -\theta - \tan -5\theta}{1 + \tan -\theta\tan -5\theta}$

31) $\cos -6v\cos 2v - \sin -6v\sin 2v$

32) $\sin 4\theta\cos -2\theta + \cos 4\theta\sin -2\theta$

Verifique cada identidad.

33) $\sin(\pi - \theta) = \sin\theta$

34) $\cos(\theta + \pi) = -\cos\theta$

35) $\cos\left(\dfrac{3\pi}{2} - \theta\right) = -\sin\theta$

36) $\tan\left(\theta + \dfrac{3\pi}{4}\right) = \dfrac{\tan\theta - 1}{1 + \tan\theta}$

37) $\sin(\theta - \pi) = -\sin\theta$

38) $\cos\left(\theta - \dfrac{\pi}{2}\right) = \sin\theta$

39) $\sin\left(\dfrac{\pi}{2} + \theta\right) = \cos\theta$

40) $\tan\left(\theta + \dfrac{\pi}{4}\right) = \dfrac{\tan\theta + 1}{1 - \tan\theta}$

Identidades de doble ángulo y medio ángulo

DLas identidades de ángulo ouble son fórmulas que relacionan funciones trigonométricas de dos veces un ángulo con funciones trigonométricas del ángulo original. Estas identidades de doble ángulo se pueden derivar utilizando las identidades de adición de ángulos y las identidades trigonométricas como las identidades pitagóricas y las identidades recíprocas. Al sustituir el ángulo original con θ en estas identidades, se pueden expresar funciones trigonométricas de 2θ en términos de funciones trigonométricas de θ.

$\sin 2\theta = 2\sin\theta\cos\theta$	$\cos 2\theta = \cos^2\theta - \sin^2\theta$ $\cos 2\theta = 1 - 2\sin^2\theta$ $\cos 2\theta = 2\cos^2\theta - 1$	$\tan 2\theta = \dfrac{2\tan\theta}{1-\tan^2\theta}$

Ejemplo 1: $\sin\theta = \dfrac{4}{5}$ donde . Encontrar. $90° \leq \theta < 180°$ $\sin 2\theta$

Solución: Para usar la fórmula de doble ángulo para el seno, necesitamos encontrar el coseno de theta. Usa el teorema de Pitágoras usando 4 para una de las piernas y 5 para la hipotenusa: $4^2 + x^2 = 5^2$. Entonces y . Estamos encontrando y theta está en el segundo cuadrante, por lo que el coseno será negativo: $.x^2 = 9 x = \pm 3 \cos\theta \cos\theta = -\dfrac{3}{5}$

$$\sin 2\theta = 2\sin\theta\cos\theta = 2\left(\dfrac{4}{5}\right)\left(-\dfrac{3}{5}\right) = -\dfrac{24}{25} \blacksquare$$

Ejemplo 2: $\cos\theta = -\dfrac{3\sqrt{17}}{17}$ donde . Encontrar. $\pi \leq \theta < \dfrac{3\pi}{2}$ $\cos 2\theta$

Solución: Hay tres fórmulas de doble ángulo para el coseno. Como ya se nos ha dado coseno de theta, utilizaremos: $\cos 2\theta = 2\cos^2\theta - 1$. La sustitución da:

Identidades de doble ángulo y medio ángulo

$$\cos 2\theta = 2\cos^2 \theta - 1 = 2\left(-\frac{3\sqrt{17}}{17}\right)^2 - 1 = 2\left(\frac{9}{17}\right) - 1 = \frac{18}{17} - \frac{17}{17} = \frac{1}{17} \blacksquare$$

Ejemplo 3: $\cos \theta = -\frac{2\sqrt{13}}{13}$ donde . Encontrar. $\frac{\pi}{2} \leq \theta < \pi$ $\tan 2\theta$

Solución: Para usar la fórmula de doble ángulo para la tangente, necesitamos encontrar la tangente de theta. Use el teorema de Pitágoras usando para una de las piernas y 13 para la hipotenusa: $-2\sqrt{13}$

$(-2\sqrt{13})^2 + x^2 = 13^2$. Entonces y . En el segundo cuadrante la tangente es negativa. $x^2 = 169 - 52 x = \pm\sqrt{117} = \pm 3\sqrt{13}$ $\tan \theta = -\frac{3\sqrt{13}}{2\sqrt{13}} = -\frac{3}{2}$

$$\tan 2\theta = \frac{2\tan \theta}{1 - \tan^2 \theta} = \frac{2\left(-\frac{3}{2}\right)}{1 - \left(-\frac{3}{2}\right)^2} = \frac{-3}{1 - \frac{9}{4}} = \frac{-3}{\left(-\frac{5}{4}\right)} = \frac{12}{5} \blacksquare$$

Ejemplo 4: Verificar la identidad: $2\cos^2 x + \sec^2 x = \tan^2 x + 2 + \cos 2x$

Solución:

$2\cos^2 x + \sec^2 x$ Use $\tan^2 x + 1 = \sec^2 x$

$2\cos^2 x + \tan^2 x + 1$ Use $\cos 2x = 2\cos^2 x - 1$

$\tan^2 x + 2 + \cos 2x$ $\blacksquare$

También hay identidades de medio ángulo que se pueden usar para simplificar expresiones trigonométricas:

Identidades de doble ángulo y medio ángulo

$\sin\dfrac{\theta}{2} = \pm\sqrt{\dfrac{1-\cos\theta}{2}}$	$\cos\dfrac{\theta}{2} = \pm\sqrt{\dfrac{1+\cos\theta}{2}}$	$\tan\dfrac{\theta}{2} = \pm\sqrt{\dfrac{1-\cos\theta}{1+\cos\theta}}$ $\tan\dfrac{\theta}{2} = \dfrac{1-\cos\theta}{\sin\theta}$ $\tan\dfrac{\theta}{2} = \dfrac{\sin\theta}{1+\cos\theta}$

Muchas de estas fórmulas tienen un signo más/menos. Para determinar el signo, determine en qué cuadrante se encuentra el semiángulo.

Ejemplo 5: Usar las identidades de medio ángulo para encontrar el valor exacto de $\tan 67.5°$

Solución: Tenga en cuenta que 67.5 ° está en el primer cuadrante y es la mitad de 135 °. Podemos usar una de las fórmulas de medio ángulo para la tangente. Desde el círculo unitario $\cos 135° = -\dfrac{\sqrt{2}}{2}$.

Hay tres fórmulas de medio ángulo para la tangente, pero comencemos con:

$$\tan\dfrac{\theta}{2} = \pm\sqrt{\dfrac{1-\cos\theta}{1+\cos\theta}} = \pm\sqrt{\dfrac{1-\left(-\dfrac{\sqrt{2}}{2}\right)}{1+\left(-\dfrac{\sqrt{2}}{2}\right)}} = \sqrt{\dfrac{1+\dfrac{\sqrt{2}}{2}}{1-\dfrac{\sqrt{2}}{2}}}$$

La tangente será positiva en el 1er cuadrante, por lo que sabemos que el signo más/menos se convertirá en positivo. Esto se complica con el radical anidado (raíz cuadrada en una raíz cuadrada), pero puedes multiplicar por el conjugado de esta manera para simplificarlo.

$$\pm\sqrt{\dfrac{1+\dfrac{\sqrt{2}}{2}}{1-\dfrac{\sqrt{2}}{2}}}\sqrt{\dfrac{1+\dfrac{\sqrt{2}}{2}}{1+\dfrac{\sqrt{2}}{2}}} = \sqrt{\dfrac{1+\sqrt{2}+\dfrac{2}{4}}{1-\dfrac{2}{4}}} = \sqrt{\dfrac{\dfrac{3}{2}+\sqrt{2}}{\dfrac{1}{2}}} = \sqrt{3+2\sqrt{2}}$$

Para simplificar una raíz cuadrada anidada, suponga que simplificará a la suma de dos raíces cuadradas y escriba:

$$\sqrt{3+2\sqrt{2}} = \sqrt{a} + \sqrt{b}$$

Cuadra ambos lados:

$$\left(\sqrt{3+2\sqrt{2}}\right)^2 = \left(\sqrt{a}+\sqrt{b}\right)^2$$

$$3 + 2\sqrt{2} = a + 2\sqrt{ab} + b$$

Esto significa que los términos similares deben coincidir y, por lo tanto:

$$3 = a + b \text{ y } \sqrt{2} = ab$$

Entonces, necesitamos encontrar números y que se multipliquen para dar 2 pero sumen 3. ab

Volvamos a lo que escribimos originalmente: $a = 1 \text{ and } b = 2$

$$\sqrt{3+2\sqrt{2}} = \sqrt{1} + \sqrt{2} = 1 + \sqrt{2}$$

Tenga en cuenta que podríamos haber evitado el lío radical anidado usando otra fórmula como esta:

$$\tan\frac{\theta}{2} = \frac{1-\cos\theta}{\sin\theta} = \frac{1-\left(-\frac{\sqrt{2}}{2}\right)}{\frac{\sqrt{2}}{2}} = \frac{1+\frac{\sqrt{2}}{2}}{\frac{\sqrt{2}}{2}} \cdot \frac{\frac{\sqrt{2}}{2}}{\frac{\sqrt{2}}{2}} = \frac{\frac{\sqrt{2}}{2}+\frac{2}{4}}{\frac{2}{4}} \cdot \frac{4}{4} = \frac{2\sqrt{2}+2}{2} = 1+\sqrt{2} \blacksquare$$

Ejemplo 6: Usar las identidades de medio ángulo para encontrar el valor exacto de $\sin\frac{19\pi}{12}$

Solución: Tenga en cuenta que está en el cuarto cuadrante y el seno será negativo allí. es la mitad de la cual es coterminal con $\frac{19\pi}{12} \frac{19\pi}{12} \frac{19\pi}{6} \frac{7\pi}{6}$

Uso $\sin\frac{\theta}{2} = \pm\sqrt{\frac{1-\cos\theta}{2}}$

Identidades de doble ángulo y medio ángulo

$$\sin\frac{19\pi}{12} = -\sqrt{\frac{1-\cos\frac{7\pi}{6}}{2}} = -\sqrt{\frac{1-\left(-\frac{\sqrt{3}}{2}\right)}{2}} = -\sqrt{\frac{1+\frac{\sqrt{3}}{2}}{2}} = -\sqrt{\frac{\frac{2}{2}+\frac{\sqrt{3}}{2}}{2}} = -\sqrt{\frac{2+\sqrt{3}}{4}}$$

$$= -\frac{\sqrt{2+\sqrt{3}}}{\sqrt{4}} = -\frac{\sqrt{2+\sqrt{3}}}{2}$$

Este numerador tiene un radical anidado y debe pensar si se puede simplificar.

Para simplificar una raíz cuadrada anidada, suponga que simplificará a la suma de dos raíces cuadradas y escriba:

$$\sqrt{2+\sqrt{3}} = \sqrt{a} + \sqrt{b}$$

Cuadra ambos lados:

$$\left(\sqrt{2+\sqrt{3}}\right)^2 = \left(\sqrt{a}+\sqrt{b}\right)^2$$

$$2+\sqrt{3} = a + 2\sqrt{ab} + b$$

Esto significa que los términos similares deben coincidir, pero en este caso, no hay forma posible de que . Por lo tanto, este radical no puede simplificarse más. Nuestra respuesta final es: $\sqrt{3} = 2\sqrt{ab}$

$$\sin\frac{19\pi}{12} = -\frac{\sqrt{2+\sqrt{3}}}{2} \blacksquare$$

Ejemplo 7: Usar las identidades de medio ángulo para encontrar el valor exacto de

$$\cos\theta = -\frac{3}{5} \text{ where } \pi \leq \theta < \frac{3\pi}{2}$$

Find $\cos\frac{\theta}{2}$

Solución: Primero tenemos que determinar dónde estará el semiángulo. Si entonces dividiendo la desigualdad por 2 se obtiene: lo que significa que el ángulo medio está en el segundo cuadrante donde el coseno será negativo. $\pi < \theta < \frac{3\pi}{2}$ $\frac{\pi}{2} < \frac{\theta}{2} < \frac{3\pi}{4}$

$$\cos\frac{\theta}{2} = -\sqrt{\frac{1+\cos\theta}{2}} = -\sqrt{\frac{1+\left(-\frac{3}{5}\right)}{2}} = -\sqrt{\frac{1-\frac{3}{5}}{2}} = -\sqrt{\frac{\left(\frac{2}{5}\right)}{2}} = -\sqrt{\frac{1}{5}} = -\frac{1}{\sqrt{5}} = -\frac{\sqrt{5}}{5} \blacksquare$$

Practica identidades de doble ángulo y medio ángulo

Encuentra el valor exacto de cada uno.

1) $\sin\theta = -\frac{4}{5}$ where $270 \le \theta < 360$
   Find $\sin 2\theta$

2) $\sin\theta = -\frac{4}{5}$ where $180 \le \theta < 270$
   Find $\sin 2\theta$

3) $\tan\theta = -\frac{\sqrt{35}}{35}$ where $90 \le \theta < 180$
   Find $\cos 2\theta$

4) $\tan\theta = \frac{4}{3}$ where $360 \le \theta < 450$
   Find $\cos 2\theta$

5) $\tan\theta = -\frac{2\sqrt{5}}{5}$ where $630 \le \theta < 720$
   Find $\tan 2\theta$

6) $\tan\theta = \frac{4}{3}$ where $360 \le \theta < 450$
   Find $\tan 2\theta$

7) $\tan\theta = -\frac{4}{3}$ where $\frac{3\pi}{2} \le \theta < 2\pi$
   Find $\sin 2\theta$

8) $\cos\theta = \frac{1}{2}$ where $0 \le \theta < \frac{\pi}{2}$
   Find $\sin 2\theta$

9) $\cos\theta = \frac{4\sqrt{41}}{41}$ where $2\pi \le \theta < \frac{5\pi}{2}$
   Find $\cos 2\theta$

10) $\sin\theta = -\frac{4}{5}$ where $\pi \le \theta < \frac{3\pi}{2}$
    Find $\cos 2\theta$

11) $\tan\theta = -\frac{4}{3}$ where $\frac{3\pi}{2} \le \theta < 2\pi$
    Find $\tan 2\theta$

12) $\tan\theta = -3\sqrt{2}$ where $\frac{\pi}{2} \le \theta < \pi$
    Find $\tan 2\theta$

Identidades de doble ángulo y medio ángulo

13) $\cos\theta = \dfrac{5}{6}$ where $\dfrac{3\pi}{2} \le \theta < 2\pi$
   Find $\cos 2\theta$

14) $\cos\theta = \dfrac{3}{5}$ where $\dfrac{3\pi}{2} \le \theta < 2\pi$
   Find $\cos 2\theta$

15) $\cos\theta = -\dfrac{3}{5}$ where $180 \le \theta < 270$
   Find $\cos 2\theta$

16) $\sin\theta = \dfrac{4}{5}$ where $0 \le \theta < 90$
   Find $\sin 2\theta$

17) $\sin 165°$

18) $\sin 292.5°$

19) $\cos 255°$

20) $\cos 15°$

21) $\tan 247.5°$

22) $\tan 105°$

23) $\sin \dfrac{5\pi}{12}$

24) $\sin \dfrac{7\pi}{12}$

25) $\cos \dfrac{7\pi}{12}$

26) $\cos \dfrac{19\pi}{12}$

27) $\tan \dfrac{5\pi}{12}$

28) $\tan \dfrac{13\pi}{12}$

29) $\sin\theta = -\dfrac{12}{13}$ where $540 \le \theta < 630$
   Find $\sin \dfrac{\theta}{2}$

30) $\sin\theta = -\dfrac{4}{5}$ where $270 \le \theta < 360$
   Find $\sin \dfrac{\theta}{2}$

31) $\tan\theta = \dfrac{12}{5}$ where $0 \le \theta < 90$
   Find $\cos \dfrac{\theta}{2}$

32) $\tan\theta = -\dfrac{4}{3}$ where $450 \le \theta < 540$
   Find $\cos \dfrac{\theta}{2}$

33) $\tan\theta = \dfrac{4}{3}$ where $0 \le \theta < 90$
   Find $\tan \dfrac{\theta}{2}$

34) $\sin\theta = \dfrac{4}{5}$ where $90 \le \theta < 180$
   Find $\tan \dfrac{\theta}{2}$

35) $\sin \theta = \dfrac{4}{5}$ where $\dfrac{\pi}{2} \le \theta < \pi$

Find $\sin \dfrac{\theta}{2}$

36) $\sin \theta = -\dfrac{15}{17}$ where $3\pi \le \theta < \dfrac{7\pi}{2}$

Find $\sin \dfrac{\theta}{2}$

37) $\sin \theta = \dfrac{4}{5}$ where $\dfrac{\pi}{2} \le \theta < \pi$

Find $\cos \dfrac{\theta}{2}$

38) $\cos \theta = \dfrac{3}{4}$ where $\dfrac{3\pi}{2} \le \theta < 2\pi$

Find $\cos \dfrac{\theta}{2}$

39) $\sin \theta = \dfrac{4}{5}$ where $0 \le \theta < \dfrac{\pi}{2}$

Find $\tan \dfrac{\theta}{2}$

40) $\sin \theta = \dfrac{\sqrt{3}}{2}$ where $\dfrac{\pi}{2} \le \theta < \pi$

Find $\tan \dfrac{\theta}{2}$

Identidades de suma de productos

Las identidades de producto a suma son fórmulas que permiten expresar el producto de dos funciones trigonométricas como una suma o diferencia de funciones trigonométricas. Estas identidades son útiles para simplificar las expresiones trigonométricas y evaluar productos de funciones trigonométricas. Estas identidades de producto a suma se pueden derivar aplicando identidades trigonométricas como las fórmulas de suma y diferencia para seno y coseno, así como las identidades de doble ángulo.

Las identidades de producto a suma permiten reescribir productos de funciones trigonométricas como sumas o diferencias, lo que a menudo conduce a expresiones más simples con las que es más fácil trabajar. Son particularmente útiles cuando se trata de expresiones trigonométricas que involucran múltiples términos o cuando se trata de simplificar y manipular ecuaciones trigonométricas.

Identidades de suma de productos

$\sin A \cdot \sin B = \frac{1}{2}[\cos(A-B) - \cos(A+B)]$	$\sin A \cdot \cos B = \frac{1}{2}[\sin(A+B) - \sin(A-B)]$
$\cos A \cdot \cos B = \frac{1}{2}[\cos(A-B) + \cos(A+B)]$	$\cos A \cdot \sin B = \frac{1}{2}[\sin(A+B) - \sin(A-B)]$

Ejemplo 1: Escribe el producto como una suma o diferencia con argumentos positivos:

$\sin 6\theta \cos 4\theta$

Solución: Busque la fórmula que se configura en la misma forma y realice la sustitución:

$$\sin A \cdot \cos B = \frac{1}{2}[\sin(A+B) - \sin(A-B)]$$

$$\sin 6\theta \cdot \cos 4\theta = \frac{1}{2}[\sin(6\theta + 4\theta) - \sin(6\theta - 4\theta)]$$

$$= \frac{1}{2}[\sin(10\theta) - \sin(2\theta)] = \frac{\sin 10\theta - \sin 2\theta}{2} \blacksquare$$

Ejemplo 2: Escribe el producto como una suma o diferencia con argumentos positivos:

$-5\cos 4\theta \cos 5\theta$

Solución: Busque la fórmula que se configura en la misma forma y realice la sustitución:

$$\cos A \cdot \cos B = \frac{1}{2}[\cos(A-B) + \cos(A+B)]$$

$$-5\cos 4\theta \cdot \cos 5\theta = \frac{-5}{2}[\cos(4\theta - 5\theta) + \cos(4\theta + 5\theta)]$$

$$\frac{-5\cos(-\theta) - 5\cos(9\theta)}{2} = \frac{-5\cos\theta - 5\cos 9\theta}{2} \blacksquare$$

Ejemplo 3: Encuentra el valor exacto de la expresión: $\cos 165° \sin 15°$

Solución: Busque la fórmula que se configura en la misma forma y realice la sustitución:

$$\cos 165° \cdot \sin 15° = \frac{1}{2}[\sin(165° + 15°) - \sin(165° - 15°)]$$

$$\frac{1}{2}[\sin(180°) - \sin(150°)] = \frac{1}{2}\left[0 - \frac{1}{2}\right] = -\frac{1}{4} \blacksquare$$

Ejemplo 4: Encuentra el valor exacto de la expresión: $-4\sin\frac{7\pi}{12}\sin\frac{\pi}{4}$

Solución: Busque la fórmula que se configura en la misma forma y realice la sustitución:

$$\sin A \cdot \sin B = \frac{1}{2}[\cos(A - B) - \cos(A + B)]$$

$$-4\sin\frac{7\pi}{12} \cdot \sin\frac{\pi}{4} = \frac{-4}{2}\left[\cos\left(\frac{7\pi}{12} - \frac{\pi}{4}\right) - \cos\left(\frac{7\pi}{12} + \frac{\pi}{4}\right)\right] = -2\left[\cos\frac{\pi}{3} - \cos\frac{5\pi}{6}\right]$$

$$-2\left(\frac{1}{2}\right) + 2\left(-\frac{\sqrt{3}}{2}\right) = -1 - \sqrt{3} \blacksquare$$

También podemos retroceder desde un **suma a un producto** utilizando las siguientes fórmulas:

$\sin A + \sin B = 2 \cdot \sin\left(\frac{A+B}{2}\right) \cdot \cos\left(\frac{A-B}{2}\right)$	$\cos A + \cos B = 2 \cdot \cos\left(\frac{A+B}{2}\right) \cdot \cos\left(\frac{A-B}{2}\right)$
$\sin A - \sin B = 2 \cdot \cos\left(\frac{A+B}{2}\right) \cdot \sin\left(\frac{A-B}{2}\right)$	$\cos A - \cos B = -2 \cdot \sin\left(\frac{A+B}{2}\right) \cdot \sin\left(\frac{A-B}{2}\right)$

Ejemplo 5: Encuentra el valor exacto de la expresión: $\cos 12\theta + \cos 8\theta$

Solución: Busque la fórmula que se configura en la misma forma y realice la sustitución:

$$\cos A + \cos B = 2 \cdot \cos\left(\frac{A+B}{2}\right) \cdot \cos\left(\frac{A-B}{2}\right)$$

$$\cos 12\theta + \cos 8\theta = 2 \cdot \cos\left(\frac{12\theta + 8\theta}{2}\right) \cdot \cos\left(\frac{12\theta - 8\theta}{2}\right)$$

Identidades de suma de productos

$$= 2\cos\left(\frac{20\theta}{2}\right)\cos\left(\frac{4\theta}{2}\right) = 2\cos 10\theta \cos 2\theta \;\blacksquare$$

Ejemplo 6: Encuentra el valor exacto de la expresión: $-2\cos 195° + 2\cos 105°$

Solución: Primero observe el coeficiente de -2. Primero tenemos que tener en cuenta eso:

$$-2(\cos 195° - \cos 105°)$$

Ahora encuentre la fórmula que se configura en la misma forma y haga la sustitución:

$$\cos A - \cos B = -2 \cdot \sin\left(\frac{A+B}{2}\right) \cdot \sin\left(\frac{A-B}{2}\right)$$

$$-2(\cos 195° - \cos 105°) = 4\sin\left(\frac{195° + 105°}{2}\right)\sin\left(\frac{195° - 105°}{2}\right)$$

$$= 4\sin\left(\frac{195° - 105°}{2}\right) = 4\sin\left(\frac{300°}{2}\right)\sin\left(\frac{90°}{2}\right)$$

$$= 4\sin 150° \sin 45° = 4\left(\frac{1}{2}\right)\left(\frac{\sqrt{2}}{2}\right) = \sqrt{2} \;\blacksquare$$

PLas identidades reductoras de Ower son fórmulas que permiten expresar potencias superiores de funciones trigonométricas en términos de potencias inferiores:

$\sin^2\theta = \dfrac{1-\cos 2\theta}{2}$	$\cos^2\theta = \dfrac{1+\cos 2\theta}{2}$	$\tan^2\theta = \dfrac{1-\cos 2\theta}{1+\cos 2\theta}$

Ejemplo 7: Escribe el producto como una suma o diferencia con argumentos positivos: $\cos^4\theta$

Solución: observe que busque la fórmula que se configura en la misma forma y realice la sustitución: $\cos^4\theta = (\cos^2\theta)^2$

$$\cos^2\theta = \frac{1+\cos 2\theta}{2}$$

$$\cos^4\theta = (\cos^2\theta)^2 = \cos^4\theta = \left(\frac{1+\cos 2\theta}{2}\right)^2 = \frac{1+2\cos 2\theta + \cos^2\theta}{4}$$

$$= \frac{1+2\cos 2\theta + \frac{1+\cos 2\theta}{2}}{4} = \frac{2+4\cos 2\theta + 1 + \cos 4\theta}{8} = \frac{3+4\cos 2\theta + \cos 4\theta}{8}$$

$$= \frac{3}{8} + \frac{1}{2}\cos 2\theta + \frac{1}{8}\cos 4\theta \ \blacksquare$$

Practique identidades de suma de productos

Escribe cada producto como una suma o diferencia.

1) $\cos 2B \sin 10B$

2) $\sin 9\theta \sin 2\theta$

3) $\sin 7B \cos 4B$

4) $\sin 6x \cos 3x$

5) $\cos x \cos 3x$

6) $\cos 4A \cos 3A$

7) $3\sin 8x \cos 2x$

8) $\sin 4B \sin 3B$

Escribe cada suma o diferencia como un producto.

9) $5\sin 15\theta + 5\sin 5\theta$

10) $2\cos 11\theta + 2\cos 5\theta$

11) $-3(\cos 11x + \cos 5x)$

12) $3\cos 18\theta - 3\cos 6\theta$

13) $\cos 9x + \cos 5x$

14) $\cos 6A - \cos 2A$

15) $\sin 14B + \sin 8B$

16) $-5(\sin 7B + \sin B)$

Encuentra el valor exacto de cada expresión.

Identidades de suma de productos

17) $\sin 105° - \sin 345°$

18) $\cos 75° + \cos 15°$

19) $-4\sin 75°\cos 15°$

20) $\cos 75°\sin 15°$

21) $\sin 165° - \sin 75°$

22) $5\sin 165°\cos 45°$

23) $4(\cos 165° - \cos 105°)$

24) $-3\sin^2 75°$

25) $\cos 15° - \cos 255°$

26) $\cos 255°\cos 75°$

27) $4(\cos 165° + \cos 105°)$

28) $-5\sin 165°\cos 15°$

29) $\cos 165°\sin 15°$

30) $-5\sin^2 15°$

31) $4(\sin 255° + \sin 15°)$

32) $\sin 285° + \sin 15°$

33) $-4\left(\cos \dfrac{23\pi}{12} - \cos \dfrac{5\pi}{12}\right)$

34) $-3\sin \dfrac{7\pi}{12} + 3\sin \dfrac{\pi}{12}$

35) $\sin \dfrac{29\pi}{12} - \sin \dfrac{13\pi}{12}$

36) $\sin \dfrac{31\pi}{12} + \sin \dfrac{\pi}{12}$

37) $\cos \dfrac{5\pi}{4} \cos \dfrac{7\pi}{12}$

38) $4\cos \dfrac{\pi}{12} \sin \dfrac{5\pi}{12}$

39) $\sin \dfrac{\pi}{12} \sin \dfrac{\pi}{4}$

40) $\sin \dfrac{3\pi}{4} \cos \dfrac{\pi}{12}$

41) $3\sin \dfrac{\pi}{4} \cos \dfrac{\pi}{12}$

42) $4\cos \dfrac{3\pi}{4} \sin \dfrac{\pi}{12}$

43) $\cos \dfrac{7\pi}{12} + \cos \dfrac{13\pi}{12}$

44) $\sin \dfrac{5\pi}{12} - \sin \dfrac{\pi}{12}$

45) $-5\left(\cos\dfrac{7\pi}{12}+\cos\dfrac{\pi}{12}\right)$

46) $3\sin\dfrac{11\pi}{12}\sin\dfrac{\pi}{12}$

47) $2\sin\dfrac{11\pi}{12}\sin\dfrac{\pi}{12}$

48) $-5\cos\dfrac{19\pi}{12}+5\cos\dfrac{\pi}{12}$

Simplifica cada expresión en términos sin productos de funciones trig o potencias mayores que 1.

49) $\tan^3 x$

50) $\cos^4 x$

51) $\sin^4 x$

52) $\cos^2 x \sin^3 x$

53) $\tan^2 x \sin^2 x + \sin^2 x$

54) $\sin^2 x \tan^2 x + \tan^2 x$

55) $\tan^4 x$

56) $\sin^2 x \cos^3 x$

57) $\cos^3 x$

58) $\sin^3 x$

59) $\cos^2 x \csc x - \csc x$

60) $\sin^2 x \cos^2 x$

Demostrando más identidades trigonométricas

Junto con las identidades básicas discutidas en la sección anterior sobre la prueba de identidades trigonométricas, ahora incorporaremos las identidades más avanzadas: identidades de suma y diferencia, identidades de ángulo doble y medio, identidades reductoras de potencia e identidades de suma de productos.

Practicar la prueba de identidades más trigonométricas

Verifique cada identidad.

1) $\sin\left(\theta - \dfrac{3\pi}{2}\right) = \cos\theta$

2) $\tan\left(\theta - \dfrac{\pi}{4}\right) = \dfrac{\tan\theta - 1}{1 + \tan\theta}$

3) $\cot x \cdot (1 - \cos 2x) = \dfrac{2\sin^2 x}{\tan x}$

4) $\cos^2 x(1 - \cos 2x) = \sin^2 x(1 + \cos 2x)$

5) $2\sin x \cos x \tan x = 1 - \cos 2x$

6) $1 - \tan^2 x = \dfrac{\cos 2x}{\cos^2 x}$

7) $\dfrac{1 + \cos 2x}{\sin 2x} = \dfrac{1}{\tan x}$

8) $\dfrac{1 - \tan^2 x}{\cos 2x} = \sec^2 x$

9) $\dfrac{\sin(x+y) - \sin(x-y)}{\cos(x+y) + \cos(x-y)} = \tan y$

10) $\dfrac{\sin(x+y) + \sin(x-y)}{\cos(x+y) - \cos(x-y)} = -\cot y$

11) $\sec^2 x + \csc^2 x = \dfrac{\csc^2 x}{\cos^2 x}$

12) $\dfrac{1}{\sec^2 x + \csc^2 x} = \cos^2 x \sin^2 x$

13) $\tan(\pi - \theta) = -\tan \theta$

14) $\tan(\theta + 45°) = \dfrac{\tan \theta + 1}{1 - \tan \theta}$

15) $\dfrac{\sin x}{\sin 2x} = \dfrac{1}{2\cos x}$

16) $\csc^2 x - 2\cos^2 x = \cot^2 x - \cos 2x$

17) $\dfrac{\cot x}{1 + \cos 2x} = \dfrac{1}{2\sin x \cos x}$

18) $\sin^2 x \cot^2 x = \sin^2 x + \cos 2x$

19) $\tan \dfrac{x}{2} + \cos x \tan \dfrac{x}{2} = \sin x$

20) $\sin 2x \cos x - \cos 2x \sin x = \sin x$

21) $\dfrac{\sin 2x}{\cot^2 x} = 2\sin^2 x \tan x$

22) $\tan x \cdot (1 + \cos 2x) = \sin 2x$

23) $\cos(\theta - \pi) = -\cos \theta$

24) $\sin(\theta + 90°) = \cos \theta$

25) $\dfrac{\tan^2 x(1 - \cos 2x)}{2} = \dfrac{\sin^2 x}{\cot^2 x}$

26) $\dfrac{1}{\csc^2 x} = \dfrac{1 - \cos 2x}{2}$

27) $2\sec^2 x \sin x \cos x \tan x = \dfrac{1 - \cos 2x}{\cos^2 x}$

28) $\tan 2x \cos 2x = 2\sin x \cos x$

29) $\dfrac{1 + \cos 2x}{\sin 2x} = \cot x$

30) $\tan 2x \cos 2x + 1 - \cos 2x = 2\sin x \cdot (\sin x + \cos x)$

31) $\dfrac{\csc x \cdot (1 + \cos 2x)}{\cot x} = \dfrac{2\cos x}{\csc x \sin x}$

32) $\tan^2 x - 2\sin^2 x = -\tan^2 x \cos 2x$

Resolución de ecuaciones trigonométricas

Una ecuación trigonométrica puede tener una solución, ninguna solución, múltiples soluciones o soluciones infinitas dependiendo del intervalo definido. Para resolver una solución trigonométrica, aísle la(s) función(es) trigonométrica(s) y use funciones trigonométricas inversas para deshacer la función trigonométrica. También es posible que necesite usar métodos algebraicos como factorización e identidades trigonométricas para resolver algunas ecuaciones trigonométricas.

Aquí hay varios ejemplos que van desde ecuaciones simples hasta ecuaciones más complicadas:

Ejemplo 1: Dar las soluciones a la ecuación $\sin x = \dfrac{1}{2}$ en el intervalo $[0, 2\pi)$

Solución: La función seno está aislada, así que tome el seno inverso de ambos lados:

$$\sin^{-1}(\sin x)) = \sin^{-1}\frac{1}{2}$$

$$x = \frac{\pi}{6}$$

Este es el ángulo de referencia, pero en el círculo unitario, hay otra solución donde $\sin \theta = \frac{1}{2}$

$$x = \frac{\pi}{6} \text{ or } \frac{5\pi}{6}$$

Podemos ver ambas soluciones gráficamente:

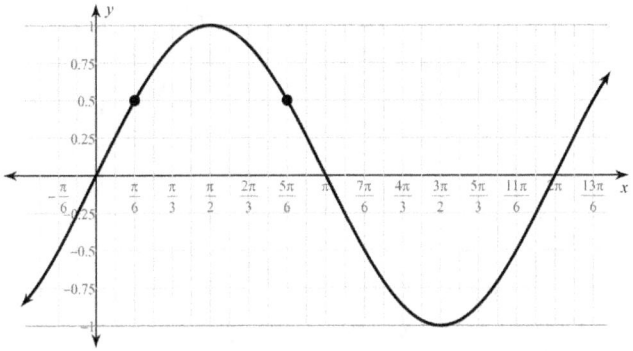

Ejemplo 2: Dar las soluciones a la ecuación $\sin x = \frac{1}{2}$ en el intervalo $(-\infty, \infty)$

Solución: El seno es periódico con un período de 2π. Entonces, una vez que determinamos soluciones en el intervalo de cero a dos pi, agregamos múltiplos de 2π a las soluciones para obtener las soluciones generales sobre todos los números reales.

$$x = \frac{\pi}{6} + 2n\pi \text{ or } \frac{5\pi}{6} + 2n\pi \ \blacksquare$$

Resolución de ecuaciones trigonométricas

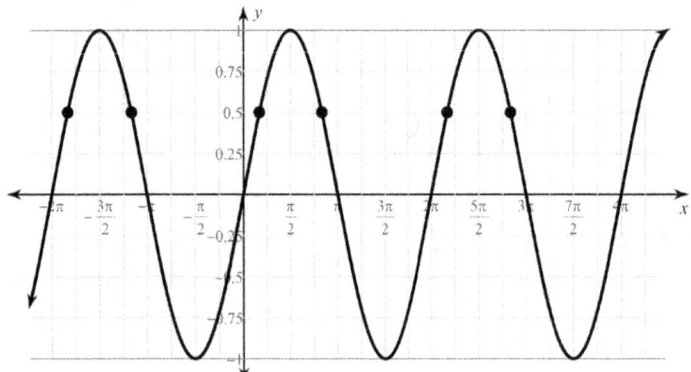

Ejemplo 3: Dar las soluciones a la ecuación $-5 + \sin\theta = -3$ en el intervalo $[0, 2\pi)$

Solución: Aísle la función trig:

$-5 + \sin\theta = -3$

$\sin\theta = 2$

2 está fuera del rango del seno. No hay ángulo posible que dé un seno de 2.

No Solution ∎

Ejemplo 4: Dar las soluciones a la ecuación $4 = 3 - 2\cos\theta$ en el intervalo $[0, 2\pi)$

Solución: Aísle la función trig:

$4 = 3 - 2\cos\theta$

$1 = -2\cos\theta$

$-\dfrac{1}{2} = \cos\theta$

$\theta = \cos^{-1}\left(-\dfrac{1}{2}\right) = \dfrac{2\pi}{3}, \dfrac{4\pi}{3}$ ∎

Resolución de ecuaciones trigonométricas

Ejemplo 5: Dar las soluciones a la ecuación $-7 + 2\cos\left(-\theta + \frac{\pi}{2}\right) = -3 + 10\cos(-\theta + \frac{\pi}{2})$ en el intervalo $[0, 2\pi)$

Solución: Aísle la función trig:

$$-7 + 2\cos\left(-\theta + \frac{\pi}{2}\right) = -3 + 10\cos(-\theta + \frac{\pi}{2})$$

$$-7 - 8\cos\left(-\theta + \frac{\pi}{2}\right) = -3$$

$$-8\cos\left(-\theta + \frac{\pi}{2}\right) = 4$$

$$\cos\left(-\theta + \frac{\pi}{2}\right) = -\frac{1}{2}$$

Ahora que tenemos el valor trig aislado tomemos el coseno inverso de ambos lados:

$$-\theta + \frac{\pi}{2} = \cos^{-1} -\frac{1}{2}$$

Hay dos valores que tienen un coseno inverso de -1/2, establezca el interior en ambos, sumando a ambos ya que cualquier múltiplo también es una solución: $2\pi n$

$$-\theta + \frac{\pi}{2} = \frac{2\pi}{3} + 2\pi n \ or \ -\theta + \frac{\pi}{2} = \frac{4\pi}{3} + 2\pi n$$

$$-\theta = \frac{\pi}{6} + 2\pi n \ or \ -\theta = \frac{5\pi}{6} + 2\pi n$$

$$\theta = -\frac{\pi}{6} - 2\pi n \ or \ \theta = -\frac{5\pi}{6} - 2\pi n$$

$-\frac{\pi}{6}$ y no están en el intervalo, pero si permitimos, tenemos: $-\frac{5\pi}{6}$ $[0, 2\pi) n = -1$

$$\theta = \frac{11\pi}{6} \ or \ \theta = \frac{7\pi}{6} \ \blacksquare$$

Ejemplo 6: Dar las soluciones a la ecuación $-4 = -3 + \tan\left(4\theta + \frac{7\pi}{4}\right)$ en el intervalo $[0, 2\pi)$

Página | 213

Resolución de ecuaciones trigonométricas

Solución: Aísle la función trig:

$$-1 = \tan\left(4\theta + \frac{7\pi}{4}\right)$$

$$\tan^{-1}(-1) = \tan^{-1}\left(\tan\left(4\theta + \frac{7\pi}{4}\right)\right)$$

Como tenemos un coeficiente delante de la variable, debemos asegurarnos de sumar para encontrar todas las soluciones: $+2\pi n$

$$4\theta + \frac{7\pi}{4} = \frac{3\pi}{4} + 2n\pi \text{ or } 4\theta + \frac{7\pi}{4} = \frac{7\pi}{4} + 2n\pi$$

$$4\theta = -\pi + 2n\pi \text{ or } 4\theta = 2n\pi$$

$$\theta = -\frac{\pi}{4} + \frac{2n\pi}{4} \text{ or } \theta = \frac{2n\pi}{4}$$

$$\theta = -\frac{\pi}{4} + \frac{n\pi}{2} \text{ or } \theta = \frac{n\pi}{2}$$

Estas son las soluciones generales, si queremos las soluciones específicas, encontramos todos los valores para n que darán soluciones en el intervalo.$[0, 2\pi)$

Use , ya que no está en el intervalo deje n cambiar para encontrar las otras soluciones. $\theta = -\frac{\pi}{4} + \frac{n\pi}{2} - \frac{\pi}{4}$

Sea n = 1

$$-\frac{\pi}{4} + \frac{\pi}{2} = \frac{\pi}{4}$$

Continúe aumentando n para encontrar las otras soluciones:

$$-\frac{\pi}{4} + \frac{2\pi}{2} = \frac{3\pi}{4}, -\frac{\pi}{4} + \frac{3\pi}{2} = \frac{5\pi}{4}, -\frac{\pi}{4} + \frac{4\pi}{2} = \frac{7\pi}{4}, -\frac{\pi}{4} + \frac{5\pi}{2} = \frac{9\pi}{4}$$

$\frac{9\pi}{4}$ es superior a 2π, por lo que podemos excluirlo del conjunto de soluciones.

Ahora use la otra solución general

$$\theta = \frac{n\pi}{2}$$

$$\frac{0\pi}{2} = 0, \frac{1\pi}{2} = \frac{\pi}{2}, \frac{2\pi}{2} = \pi, \frac{3\pi}{2}, \frac{4\pi}{2} = 2\pi$$

Una vez que lleguemos a 2π, podemos parar.

Enumere todas las soluciones:

$$0, \frac{\pi}{2}, \pi, \frac{3\pi}{2}, \frac{\pi}{4}, \frac{3\pi}{4}, \frac{5\pi}{4}, \frac{7\pi}{4} \blacksquare$$

Ejemplo 7: Dar las soluciones a la ecuación $-\sqrt{2}\cos\theta + 2\sin\theta = 2\cos\theta\sin\theta + 2\sin\theta$ en el intervalo $[0, 2\pi)$

Solución: Aísle las funciones trig:

$$-\sqrt{2}\cos\theta + 2\sin\theta = 2\cos\theta\sin\theta + 2\sin\theta$$

Resta $2\sin\theta$ de ambos lados:

$$-\sqrt{2}\cos\theta = 2\cos\theta\sin\theta$$

Esta ecuación involucra seno y coseno, y no parece que se pueda simplificar. Intente establecer en cero y factorizar:

$$-\sqrt{2}\cos\theta - 2\cos\theta\sin\theta = 0$$

$$\cos\theta(-\sqrt{2} - 2\sin\theta) = 0$$

Ahora establezca cada factor en cero:

$$\cos\theta = 0 \text{ or } -\sqrt{2} - 2\sin\theta = 0$$

$$\cos\theta = 0 \text{ or } \sin\theta = -\frac{\sqrt{2}}{2}$$

$$\cos\theta = 0 \text{ entonces } \theta = \frac{\pi}{2}, \frac{3\pi}{2}$$

Resolución de ecuaciones trigonométricas

$\sin\theta = -\frac{\sqrt{2}}{2}$ entonces $\theta = \frac{5\pi}{4}, \frac{7\pi}{4}$

Las soluciones son: $\theta = \frac{\pi}{2}, \frac{3\pi}{2}, \frac{5\pi}{4}, \frac{7\pi}{4}$ ∎

Ejemplo 8: Dar las soluciones a la ecuación $-1 + 3\cot^2\theta = 4\cot^2\theta + 2\cot\theta$ en el intervalo $[0,2\pi)$

Solución: Esta ecuación implica sólo potencias de la cotangente, y parece estar en forma cuadrática. Establezca la ecuación en cero:

$-1 + 3\cot^2\theta = 4\cot^2\theta + 2\cot\theta$

$0 = \cot^2\theta + 2\cot\theta + 1$

Factor como trinomio cuadrado perfecto $x^2 + 2x + 1 = (x+1)^2$

$0 = (\cot\theta + 1)^2$

Establezca cada factor en cero:

$\cot\theta + 1 = 0$ entonces sucede cuando: $\cot\theta = -1$ $\tan\theta = -1$

$\theta = \frac{3\pi}{4}, \frac{7\pi}{4}$ ∎

Ejemplo 9: Dar las soluciones a la ecuación $2 = 4\cos^2\theta - 1$ en el intervalo $[0,2\pi)$

Solución: Aquí solo tenemos el coseno al cuadrado en la ecuación; aislar la función trigonométrica:

$2 = 4\cos^2\theta - 1$

$3 = 4\cos^2\theta$

$\frac{3}{4} = \cos^2\theta$

Ahora extraiga las raíces cuadradas, tomando las raíces cuadradas positivas y negativas de ambos lados:

$$\pm\sqrt{\frac{3}{4}} = \cos\theta$$

$$\pm\frac{\sqrt{3}}{2} = \cos\theta$$

¿Cuándo es igual el coseno de theta o: $\frac{\sqrt{3}}{2} - \frac{\sqrt{3}}{2}$

$$\theta = \frac{\pi}{6}, \frac{5\pi}{6}, \frac{7\pi}{6}, \frac{11\pi}{6} \blacksquare$$

Ejemplo 10: Dar las soluciones a la ecuación $\sec\theta + \tan^2\theta = 1$ en el intervalo $[0, 2\pi)$

Solución: Esta ecuación implica dos funciones trigonométricas diferentes. No hay forma de aislar ninguna de las funciones. No podemos factorizar en factores separados, separando las funciones trigonométricas. Cuando esto sucede, necesitamos usar algunas identidades trigonométricas para tratar de reescribir la ecuación usando una identidad trigonométrica:

$\sec\theta + \tan^2\theta = 1$

Usar una identidad pitagórica: $\tan^2\theta + 1 = \sec^2\theta$ o $\tan^2\theta = \sec^2\theta - 1$

$\sec\theta + \sec^2\theta - 1 = 1$

Ahora está en forma cuadrática, establecido en cero y factor:

$\sec^2\theta + \sec\theta - 2 = 0$

$(\sec\theta + 2)(\sec\theta - 1) = 0$

$\sec\theta = -2$ o $\sec\theta = 1$

¿Cuándo ? Entonces nos da: $\sec\theta = -2 \cos\theta = -\frac{1}{2} \theta = \frac{2\pi}{3}, \frac{4\pi}{3}$

Resolución de ecuaciones trigonométricas

¿Cuándo ? Entonces nos da: $\sec\theta = 1 \cos\theta = 1 \theta = 0$

Juntar las respuestas da:

$$\theta = 0, \frac{2\pi}{3}, \frac{4\pi}{3} \blacksquare$$

Ejemplo 11: Dar las soluciones a la ecuación $-\cot\theta = \sqrt{3}\csc\theta + \cot\theta$ en el intervalo $[0, 2\pi)$

Solución: Esta ecuación también implica dos funciones trigonométricas diferentes. No hay forma de aislar ninguna de las funciones. En este caso, no parece que se pueda utilizar ninguna identidad trig para hacer una sustitución. Separa las funciones trig, una a cada lado de la ecuación:

$-\cot\theta = \sqrt{3}\csc\theta + \cot\theta$

$-2\cot\theta = \sqrt{3}\csc\theta$

Cuadra ambos lados para que podamos usar una identidad pitagórica:

$4\cot^2\theta = 3\csc^2\theta$

Usa una identidad pitagórica: $\cot^2\theta + 1 = \csc^2\theta$

$4\cot^2\theta = 3(\cot^2\theta + 1)$

$4\cot^2\theta = 3\cot^2\theta + 3$

$\cot^2\theta = 3$

$\cot\theta = \pm\sqrt{3}$ entonces $\tan\theta = \pm\frac{1}{\sqrt{3}} = \pm\frac{\sqrt{3}}{3}$

$$\theta = \frac{7\pi}{6}, \frac{5\pi}{6}, \frac{\pi}{6}, \frac{11\pi}{6}$$

Dado que cuadramos ambos lados, es importante verificar nuestras respuestas porque la cuadratura de ambos lados puede introducir soluciones extrañas:

$-\cot\frac{\pi}{6} = \sqrt{3}\csc\frac{\pi}{6} + \cot\frac{\pi}{6}$ lo que da lo cual es una contradicción. $-\sqrt{3} = 2\sqrt{3} + \sqrt{3}$

$-\cot\frac{11\pi}{6} = \sqrt{3}\csc\frac{11\pi}{6} + \cot\frac{11\pi}{6}$ también da una contradicción.

Entonces, las soluciones finales son:

$\theta = \dfrac{7\pi}{6}, \dfrac{5\pi}{6}$ ■

Practicar la resolución de ecuaciones trigonométricas

Resuelve cada ecuación en el intervalo $[0, 2\pi)$

1) $\sin\theta = -1$

2) $-\sqrt{3} = \sin\theta$

3) $0 = \cos\theta$

4) $-\dfrac{\sqrt{3}}{2} = \sin\theta$

5) $-1 + 2\sin\theta = -1$

6) $2 = 5 - 3\cos\theta$

7) $-3 + 4\cos\theta = -3$

8) $-5 - 3\sin\theta = -2$

9) $\dfrac{8 - \sqrt{3}}{4} = 2 - \dfrac{1}{2}\cdot\cos\theta$

10) $5 - \dfrac{2}{3}\cdot\sin\theta = \dfrac{15 + \sqrt{3}}{3}$

11) $-3 - \tan\theta = -4$

12) $-4 - 4\cos\theta = -12$

Resolución de ecuaciones trigonométricas

13) $-6 = -5 - \tan\left(-2\theta + \dfrac{5\pi}{4}\right)$

14) $3 + \dfrac{2}{3} \cdot \cos\left(-3\theta + \pi\right) = \dfrac{8}{3}$

15) $-1 + 3\sin\left(-3\theta + \dfrac{5\pi}{6}\right) = -1$

16) $5 - \tan\left(-\theta + \pi\right) = \dfrac{15 + \sqrt{3}}{3}$

17) $3 - 2\sin\left(3\theta + \dfrac{5\pi}{4}\right) = 5$

18) $2 - \dfrac{1}{5} \cdot \tan\left(4\theta + \dfrac{\pi}{6}\right) = \dfrac{10 + \sqrt{3}}{5}$

19) $-6 = -2 + 8\sin\left(-4\theta + \pi\right)$

20) $-4 - \dfrac{1}{5} \cdot \cos\left(-4\theta + \dfrac{3\pi}{4}\right) = -\dfrac{21}{5}$

21) $-\sqrt{2}\sin\theta\cos\theta - 3\sin\theta = -2\sin\theta$

22) $\cot\theta\tan\theta + 2\tan\theta = \cot\theta + 2\tan\theta$

23) $\cos\theta + 3\cos^2\theta = \cos^2\theta$

24) $-3\tan\theta\cot\theta - \sqrt{3}\tan\theta = 0$

25) $6 - 3\cot^2\theta = 5$

26) $-1 + 3\sin^2\theta = \sin^2\theta$

27) $\cos^2\theta = 1$

28) $1 = -\sin^2\theta + 2$

29) $1 + 3\tan^2\theta = 2\tan\theta + 2\tan^2\theta$

30) $-1 = 2\tan\theta + \tan^2\theta$

31) $2\sin\theta + 5 = -\sin^2\theta + 4$

32) $4\cos^2\theta - 4 = 4\cos\theta - 5$

33) $0 = -\tan^2 \theta - 3 + 3\sec \theta$

34) $\csc^2 \theta + 2\cot \theta = 0$

35) $3\cos^2 \theta = 4\cos \theta + \sin^2 \theta - 2$

36) $-\cos^2 \theta + \sin^2 \theta = -2 + 3\sin \theta$

37) $3\sec \theta = -\sqrt{3}\sec \theta + 2\tan \theta + 3\sec \theta$

38) $-2 + \csc \theta + \cot \theta = -3$

39) $-2\sin \theta = \sqrt{3}\cos \theta + \sin \theta$

40) $1 = -\cos \theta + \sin \theta$

41) $\cot \theta - 2\csc \theta = -1 - 3\csc \theta$

42) $\cos^2 \theta = 1$

43) $0 = 4\csc \theta + 5 + \cot^2 \theta$

44) $\cos \theta + \tan \theta = \sqrt{3}\cos \theta \tan \theta + \tan \theta$

45) $-4\cos^2 \theta + 6 = 5$

46) $\sqrt{3}\sec \theta + \sec \theta \cot \theta + 2\sec \theta = 2\sec \theta$

47) $-\cot^2 \theta + 5 = 2$

48) $\tan^2 \theta + 6 = 9$

49) $3\sin^2 \theta - 2 = -1 + \sin^2 \theta$

50) $\sin \theta = -\sqrt{3}\sin \theta - 3\cos \theta + \sin \theta$

Soluciones

Triángulos de práctica

1) 40°   2) 30°   3) 75°   4) 50°
5) 25°   6) 160°   7) 20°   8) 20°
9) 35°   10) 45°   11) 65°   12) 87°
13) 100°   14) 23°   15) 58°   16) 50°
17) 46°   18) 80°   19) 31°   20) 30°
21) 151°   22) 140°   23) right scalene   24) equilateral
25) acute isosceles   26) right isosceles   27) obtuse isosceles   28) obtuse scalene
29) acute scalene   30) right isosceles

Practica soluciones de teoremas pitagóricos

1) 28   2) 20   3) 12   4) 20
5) 41   6) 27   7) 40   8) 26
9) $4\sqrt{3}$ 10) $2\sqrt{34}$ 11) $\sqrt{35}$ 12) $3\sqrt{23}$
13) $\sqrt{11}$ 14) $2\sqrt{14}$ 15) $5\sqrt{7}$ 16) $2\sqrt{3}$
17) $3\sqrt{10}$ 18) $\sqrt{30}$ 19) $7\sqrt{5}$ 20) $2\sqrt{2}$
21) $4\sqrt{14}$ 22) $13\sqrt{2}$ 23) $3\sqrt{26}$ 24) $3\sqrt{15}$
25) $7\sqrt{2}$ 26) $5\sqrt{11}$ 27) $4\sqrt{6}$ 28) $3\sqrt{3}$
29) $8\sqrt{15}$ 30) $5\sqrt{65}$

Soluciones

Práctica de soluciones de medición de ángulos

1) 130° 2) 220° 3) −235° 4) 275°
5) −50° 6) 210° 7) 150° 8) −310°
9) 870° 10) 610° 11) −930° 12) −800°
13) 14) 15) 16)
17) 18) 19) 20)

Practique soluciones de ángulos coterminales

1) Yes 2) Yes 3) Yes 4) No
5) No 6) Yes 7) No 8) Yes
9) 255° 10) 28° 11) 185° 12) 105°
13) 15° 14) 185° 15) 170° 16) 82°
17) 715° and −5° 18) 660° and −60° 19) 300° and −420° 20) 120° and −240°
21) 650° and −70° 22) 360° and −360° 23) 191° and −169° 24) 18° and −342°

Soluciones de ángulos de referencia de práctica

1) 40° 2) 20° 3) 5° 4) 10°
5) 75° 6) 20° 7) 40° 8) 30°
9) 5° 10) 75° 11) 80° 12) 65°
13) 25° 14) 10° 15) 70° 16) 70°
17) 25° 18) 70° 19) 55° 20) 30°

Practique las soluciones de radianes

1) $\dfrac{10\pi}{9}$ 2) $\dfrac{3\pi}{4}$ 3) $\dfrac{\pi}{4}$ 4) 2π

5) $-\dfrac{3\pi}{2}$ 6) $-\dfrac{5\pi}{9}$ 7) $\dfrac{35\pi}{12}$ 8) $-\dfrac{16\pi}{3}$

9) 345° 10) 300° 11) 140° 12) 160°

13) −75° 14) −280° 15) 735° 16) −825°

17) $\dfrac{\pi}{6}$ 18) $-\dfrac{11\pi}{6}$ 19) $\dfrac{\pi}{3}$ 20) $\dfrac{25\pi}{18}$

21) $-\dfrac{83\pi}{18}$ 22) $-\dfrac{5\pi}{6}$ 23) -4π 24) $-\dfrac{13\pi}{3}$

Soluciones

25) 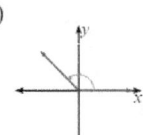 26) 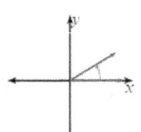 27) 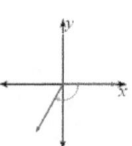 28)

29) $\dfrac{5\pi}{4}$ and $-\dfrac{3\pi}{4}$ 30) $\dfrac{31\pi}{12}$ and $-\dfrac{17\pi}{12}$ 31) 2π and -2π 32) $\dfrac{95\pi}{36}$ and $-\dfrac{49\pi}{36}$

33) $\dfrac{\pi}{2}$ and $-\dfrac{7\pi}{2}$ 34) $\dfrac{29\pi}{36}$ and $-\dfrac{115\pi}{36}$ 35) $\dfrac{11\pi}{12}$ and $-\dfrac{37\pi}{12}$ 36) $\dfrac{\pi}{4}$ and $-\dfrac{15\pi}{4}$

37) $\dfrac{5\pi}{18}$ 38) $\dfrac{2\pi}{9}$ 39) $\dfrac{7\pi}{18}$ 40) $\dfrac{2\pi}{9}$

41) $\dfrac{7\pi}{18}$ 42) $\dfrac{\pi}{4}$ 43) $\dfrac{\pi}{4}$ 44) $\dfrac{\pi}{12}$

45) $\dfrac{2\pi}{9}$ 46) $\dfrac{\pi}{3}$ 47) $\dfrac{5\pi}{18}$ 48) $\dfrac{4\pi}{9}$

49) $\dfrac{7\pi}{18}$ 50) $\dfrac{\pi}{6}$

Practique las soluciones de funciones trigonométricas

1) $\dfrac{15}{8}$ 2) $\dfrac{5}{4}$ 3) $\dfrac{3}{5}$ 4) $\dfrac{5\sqrt{17}}{19}$

5) $\dfrac{3}{5}$ 6) $\dfrac{1}{3}$ 7) $\dfrac{19\sqrt{17}}{85}$ 8) $\dfrac{\sqrt{2}}{2}$

9) $\dfrac{5\sqrt{11}}{11}$ 10) $\dfrac{2\sqrt{10}}{3}$ 11) $\dfrac{5}{3}$ 12) $\dfrac{5}{3}$

13) $\dfrac{15}{17}$ 14) $\dfrac{3\sqrt{13}}{13}$ 15) $\sqrt{5}$ 16) $\dfrac{4\sqrt{11}}{15}$

17) $\dfrac{5}{3}$ 18) $\dfrac{7}{24}$ 19) $\dfrac{15}{17}$ 20) $\dfrac{4\sqrt{6}}{11}$

21) $\dfrac{15}{17}$ 22) $\sqrt{2}$ 23) $\dfrac{12}{5}$ 24) $\dfrac{3}{5}$

25) $\dfrac{3}{4}$ 26) $\dfrac{25}{7}$ 27) $\dfrac{5}{12}$ 28) $\dfrac{13}{15}$

29) 4 30) 1 31) $\dfrac{23}{7}$ 32) $\dfrac{5}{12}$

Soluciones

Practique soluciones especiales de triángulos rectángulos

1) $m=2,\ n=2$
2) $x=7\sqrt{2},\ y=7$
3) $u=8\sqrt{2},\ v=8$
4) $u=3,\ v=\dfrac{3\sqrt{2}}{2}$
5) $u=16,\ v=8$
6) $a=3\sqrt{3},\ b=3$
7) $u=4\sqrt{3},\ v=4$
8) $x=3,\ y=\dfrac{3}{2}$
9) $u=3\sqrt{6},\ v=3\sqrt{6}$
10) $x=3\sqrt{2},\ y=3$
11) $a=6,\ b=3\sqrt{3}$
12) $m=4\sqrt{2},\ n=4$
13) $m=2,\ n=1$
14) $x=4,\ y=\dfrac{4\sqrt{3}}{3}$
15) $x=8,\ y=4\sqrt{2}$
16) $m=2,\ n=\sqrt{2}$
17) $5\sqrt{2}$
18) $16\sqrt{3}$
19) $\dfrac{7}{2}$
20) 5
21) $\dfrac{32\sqrt{3}}{3}$
22) 10
23) 5
24) $\dfrac{27}{2}$
25) $6\sqrt{6}$
26) 6
27) $\dfrac{9\sqrt{3}}{2}$
28) $9\sqrt{2}$
29) 32
30) $\dfrac{7\sqrt{6}}{6}$
31) $\dfrac{20\sqrt{3}}{3}$
32) $4\sqrt{6}$

Practique el uso de la calculadora para encontrar soluciones de relaciones trigonométricas

1) 2.7475
2) 0.7002
3) 0.3420
4) 0.8192
5) 1.7434
6) 28.6537
7) 0.4695
8) 1.0223
9) 0.2679
10) 0.9986
11) 1.0024
12) 0.6428
13) 0.1763
14) 0.7536
15) 5.7588
16) 1.1547
17) 1.1918
18) 0.7660
19) 1.0515
20) 1.2868
21) 0.5317
22) 1.0263
23) 0.3249
24) 1.7434
25) 0.7660
26) 0.3584
27) 2.7475
28) 0.9848
29) 3.2361
30) 0.9397
31) 0.8660
32) 2.1301

Soluciones

Practique la búsqueda de lados y ángulos en soluciones de triángulos

1) 6.7   2) 3.1   3) 3.4   4) 9
5) 1   6) 19.2   7) 16   8) 45.9
9) 20.2   10) 16.4   11) 2.7   12) 8.6
13) 5.1   14) 10.9   15) 4.5   16) 9.7
17) $m\angle B = 39°$, $b = 8.2$, $a = 10.1$ 18) $m\angle B = 43.3°$, $m\angle A = 46.7°$, $b = 7.5$
19) $m\angle B = 45°$, $b = 7.8$, $a = 7.8$ 20) $m\angle A = 67°$, $a = 13.2$, $c = 14.3$
21) $m\angle A = 33.7°$, $m\angle B = 56.3°$, $b = 7.5$ 22) $m\angle A = 30°$, $b = 25.8$, $c = 29.8$
23) $m\angle A = 30°$, $b = 3.5$, $c = 4$ 24) $m\angle B = 43°$, $a = 7.3$, $b = 6.8$
25) $m\angle B = 66°$, $a = 2.8$, $b = 6.4$ 26) $m\angle A = 50°$, $b = 10.5$, $c = 16.3$
27) $m\angle B = 21°$, $a = 27.9$, $c = 29.9$ 28) $m\angle B = 38°$, $a = 20.5$, $c = 26$
29) $m\angle B = 62.5°$, $m\angle A = 27.5°$, $b = 11.5$ 30) $m\angle A = 61.3°$, $m\angle B = 28.7°$, $c = 15.8$
31) $m\angle B = 49.1°$, $m\angle A = 40.9°$, $c = 19.8$ 32) $m\angle B = 18°$, $a = 33.9$, $c = 35.6$

Practique la trigonometría Soluciones de problemas de palabras

1) $15\tan 70 = 41.21$
2) $\dfrac{100}{\tan 26} = 205.03$
3) $\dfrac{2.5}{\sin 10} = 14.4$
4) $\sin^{-1}\dfrac{16}{30} = 32.2$
5) $\dfrac{62}{\tan 51} = 50.21$
6) $15\tan 76 = 60.16$
7) $\tan^{-1}\dfrac{324}{54} = 80.5$
8) $\cos^{-1}\dfrac{30}{50} = 53.13$
9) $\dfrac{60}{\tan 30} = 103.92$
10) $25\tan 48 = 27.77$
11) $3.4\cos 20 = 3.19$
12) $\dfrac{100}{\sin 12} = 480.97$
13) $\tan^{-1}\dfrac{443}{18} = 87.7$
14) $\dfrac{200}{\tan 62} = 106.34$
15) $3.4\sin 20 = 1.16$
16) $\dfrac{50}{\sin 40} = 77.79$
17) $500\tan 35 = 350.1$
18) $\dfrac{4000}{\tan 40} = 4767.01$
19) $\dfrac{20}{\cos 65} = 47.32$
20) $\tan^{-1}\dfrac{36}{50} = 35.75$
21) $1100\tan 35 = 770.23$
22) $900\sin 19 = 293.01$
23) $500\tan 20 = 181.99$

21) $1100\tan 35 = 770.23$
22) $900\sin 19 = 293.01$
23) $500\tan 20 = 181.99$
24) $\dfrac{5}{\cos 60} = 10$
25) $50\tan 30 = 28.87$
26) $150\sin 55 = 122.87$
27) $100\tan 55 = 142.81$
28) $34\tan 39 - 34\tan 26 = 10.95$
29) $\cos^{-1}\dfrac{21}{27} = 38.9$
30) $\dfrac{462}{\tan 73} + \dfrac{326}{\tan 52} = 395.95$
31) $115\tan 24 + 115\tan 55 = 215.44$
32) $5\cos 29 + 2.75 = 7.12$

Soluciones

Practique el uso del círculo de unidades para encontrar soluciones exactas de valores trig

1) $\dfrac{2\sqrt{3}}{3}$
2) 1
3) $\dfrac{\sqrt{3}}{2}$
4) 2
5) 2
6) $-\dfrac{1}{2}$
7) $-\dfrac{\sqrt{3}}{3}$
8) $\dfrac{\sqrt{3}}{3}$
9) 2
10) Undefined
11) $\dfrac{2\sqrt{3}}{3}$
12) -1
13) $-\dfrac{2\sqrt{3}}{3}$
14) $-\dfrac{2\sqrt{3}}{3}$
15) $\dfrac{\sqrt{3}}{3}$
16) $\dfrac{\sqrt{3}}{2}$
17) $-\dfrac{\sqrt{3}}{3}$
18) 2
19) -1
20) 2
21) $-\dfrac{\sqrt{2}}{2}$
22) $\dfrac{\sqrt{3}}{2}$
23) $-\sqrt{3}$
24) Undefined
25) 0
26) $-\dfrac{1}{2}$
27) $\dfrac{\sqrt{3}}{3}$
28) $-\sqrt{3}$
29) Undefined
30) 2
31) $\dfrac{\sqrt{3}}{2}$
32) $\dfrac{2\sqrt{3}}{3}$
33) $\sqrt{2}$
34) 0
35) Undefined
36) -1
37) $\dfrac{\sqrt{3}}{3}$
38) 1
39) $\dfrac{\sqrt{2}}{2}$
40) $\sqrt{2}$

Práctica de Derecho de Sines Solutions

1) 43.1°
2) 15°
3) 43°
4) 43.1°
5) 9
6) 21
7) 10
8) 20
9) $m\angle A = 100°, c = 24, b = 23$
10) $m\angle A = 10°, c = 35, a = 7$
11) $m\angle A = 38°, b = 17, c = 10$
12) $m\angle A = 68°, m\angle B = 18°, a = 27$
13) $m\angle A = 17°, a = 10, c = 33$
14) $m\angle A = 93°, b = 28, c = 16$
15) $m\angle A = 28°, b = 21.1, c = 49$
16) $m\angle C = 97°, a = 19, b = 9$
17) 26°
18) 50.4° or 129.6°
19) Not a triangle
20) 22°
21) 66.7° or 17.3°
22) 30°
23) 39.9°
24) 30°
25) 13°
26) Not a triangle
27) 69° or 111°
28) 31°
29) 22.6 or 8.3
30) 31.9
31) 26.6 or 9.3
32) 14
33) 20
34) Not a triangle
35) 28
36) 17.8 or 3.9
37) 22.9
38) 26.5 or 2.5
39) Not a triangle
40) 28.3

Soluciones

Práctica Derecho de Cosines Solutions

1) $m\angle C = 63°, m\angle A = 42°, m\angle B = 75°$
2) $m\angle A = 41°, m\angle B = 115°, m\angle C = 24°$
3) $m\angle C = 40°, m\angle A = 45°, b = 31$
4) $m\angle A = 28°, m\angle B = 61°, c = 32$
5) $m\angle B = 27°, m\angle C = 31°, a = 28$
6) $m\angle B = 26°, m\angle C = 17°, a = 42$
7) $m\angle B = 62°, m\angle C = 25°, a = 26$
8) $m\angle A = 28°, m\angle B = 50°, c = 23$
9) 25
10) 40
11) 38.3
12) 45
13) 17.8°
14) 24.5°
15) 63°
16) 25°
17) 34°
18) No triangle formed
19) 40.4°
20) 69°
21) No triangle formed
22) 65°
23) 26°
24) 57.3°
25) 38°
26) 99.8°
27) 38°
28) No triangle formed
29) 31°
30) 88.9°
31) 58.7°
32) 49.5°

Área de Práctica de Triángulos Soluciones

1) 27.2 mi²
2) 116.1 yd²
3) 10.5 m²
4) 156.3 in²
5) 33.4 in²
6) 23.6 m²
7) 24 ft²
8) 15.9 km²
9) 62.8 m²
10) 56 ft²
11) 20.6 in²
12) 42.4 cm²
13) 21.7 cm²
14) 102 yd²
15) 36.9 ft²
16) 8 m²
17) 25.8 yd²
18) 16 cm²
19) 23.6 cm²
20) 43.1 in²
21) 39.5 cm²
22) 17.4 yd²
23) 33.7 m²
24) 25.8 mi²
25) 36.5 cm²
26) 7.2 km²
27) 70.3 mi²
28) 39.6 ft²
29) 22 yd²
30) 16.5 cm²
31) 63 km²
32) 49 m²

33) $s = \frac{1}{2}(35 + 27 + 14) = 38$

$A = \sqrt{38(38 - 35)(38 - 27)(38 - 14)} = 173.5$

34) $s = \frac{1}{2}(9.25 + 8 + 13.75) = 15.5$

$A = \sqrt{15.5(15.5 - 9.25)(15.5 - 8)(15.55 - 13.75)} = 35.7$

Practique la representación gráfica de soluciones sinusoidales y de coseno

1) Domain: $(-\infty, \infty)$
Range: $[-1, 1]$
y-intercept: $(0, 0)$
x-intercept: $n \cdot \pi$, n is an integer
Midline: $y = 0$
Amplitude: 1
Period: 2π

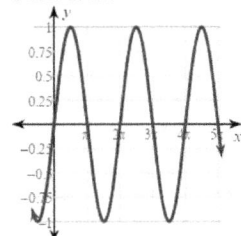

2) Domain: $(-\infty, \infty)$
Range: $[-1, 1]$
y-intercept: $(0, 1)$
x-intercept: $\frac{n \cdot \pi}{2}$, n is an integer
Midline: $y = 0$
Amplitude: 1
Period: 2π

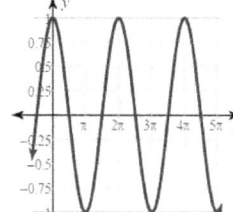

3) Amplitude: 3
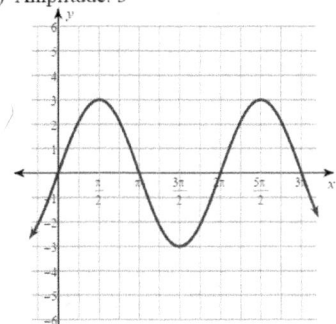

4) Amplitude: 4
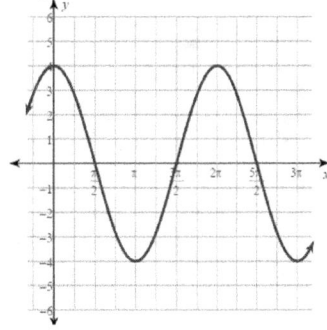

5) Amplitude: $\frac{3}{2}$
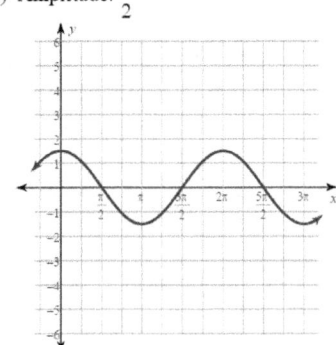

6) Amplitude: $\frac{1}{2}$
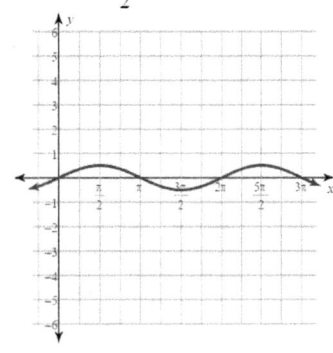

7) Amplitude: 2
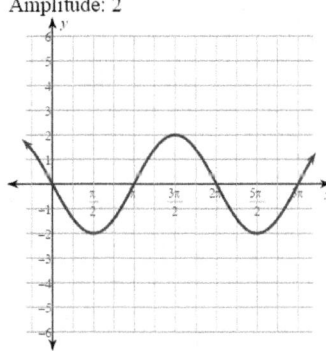

8) Amplitude: 3
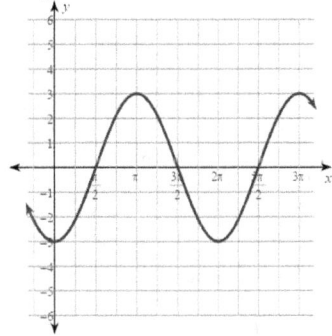

9) Amplitude: 1
   Period: π
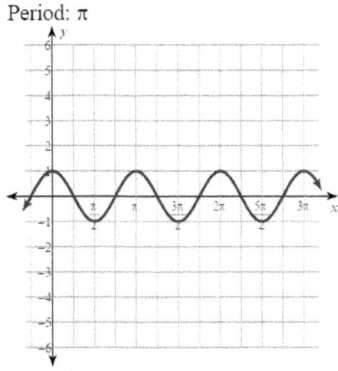

10) Amplitude: 1
    Period: $\frac{\pi}{2}$
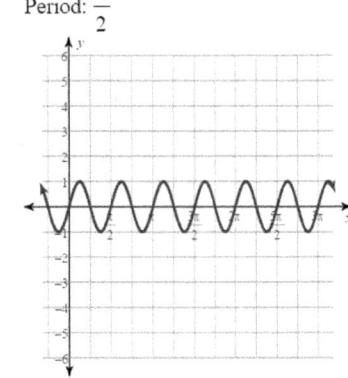

Soluciones

11) Amplitude: 1
    Period: 3π
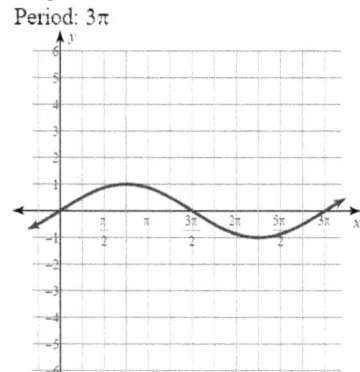

12) Amplitude: 1
    Period: $\dfrac{5\pi}{2}$
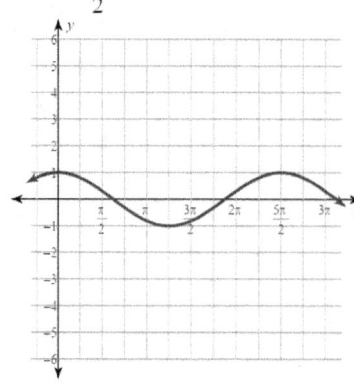

13) Amplitude: 3
    Period: $\dfrac{\pi}{2}$
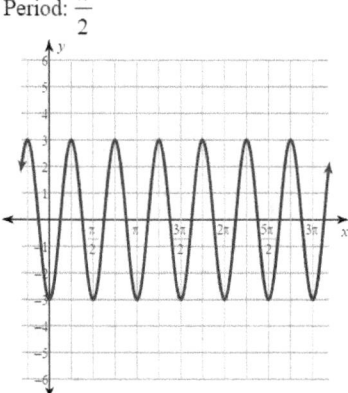

14) Amplitude: 4
    Period: π
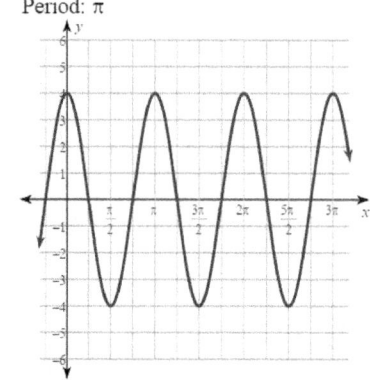

15) Amplitude: 1
    Period: 2π
    Vertical shift: 2
    Midline: $y = 2$
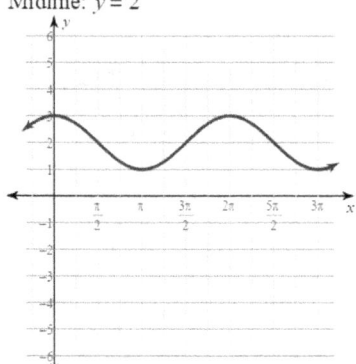

16) Amplitude: 1
    Period: 2π
    Vertical shift: -3
    Midline: $y = -3$
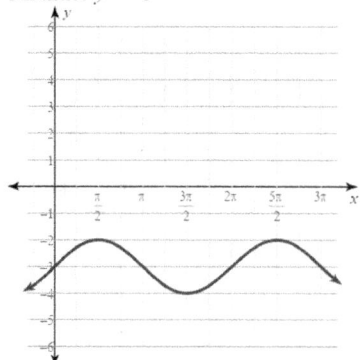

17) Amplitude: 3
    Period: 2π
    Vertical shift: -2
    Midline: $y = -2$
    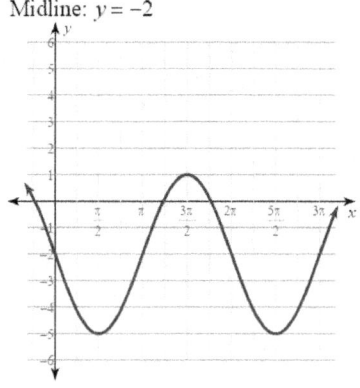

18) Amplitude: 4
    Period: 2π
    Vertical shift: 1
    Midline: $y = 1$
    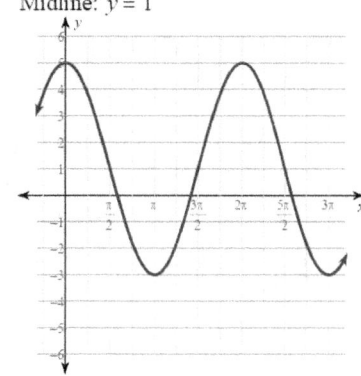

19) Amplitude: 3
    Period: π
    Vertical shift: -1
    Midline: $y = -1$
    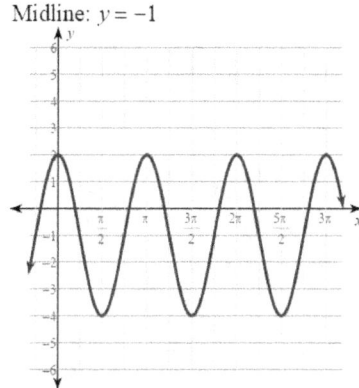

20) Amplitude: 2
    Period: 3π
    Vertical shift: 3
    Midline: $y = 3$
    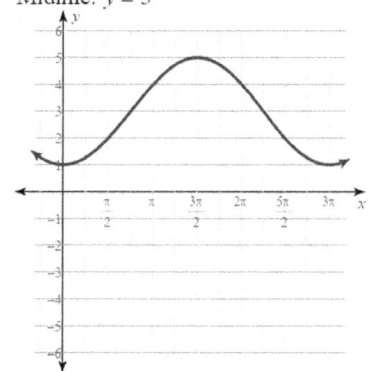

21) Amplitude: 1
    Period: 2π
    Vertical shift: 0
    Midline: $y = 0$
    Phase shift: $\dfrac{\pi}{2}$
    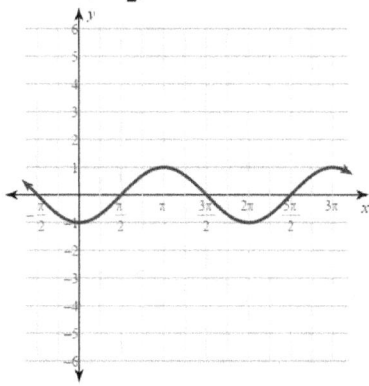

22) Amplitude: 1
    Period: 2π
    Vertical shift: 0
    Midline: $y = 0$
    Phase shift: $-\dfrac{\pi}{2}$
    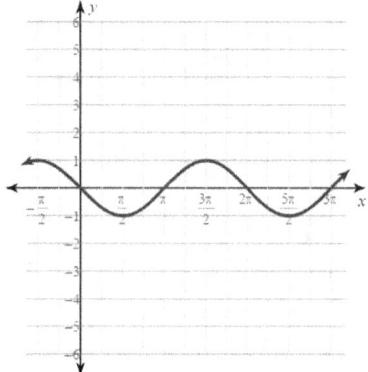

Soluciones

23) Amplitude: 3
    Period: π
    Vertical shift: -1
    Midline: $y = -1$
    Phase shift: $-\dfrac{\pi}{4}$

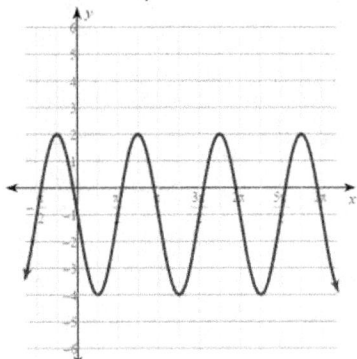

24) Amplitude: 2
    Period: π
    Vertical shift: 3
    Midline: $y = 3$
    Phase shift: $\dfrac{\pi}{4}$

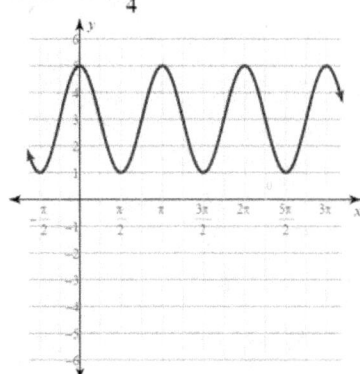

25) Amplitude: 3
    Period: $\dfrac{2\pi}{3}$
    Vertical shift: -2
    Midline: $y = -2$
    Phase shift: $-\dfrac{\pi}{6}$

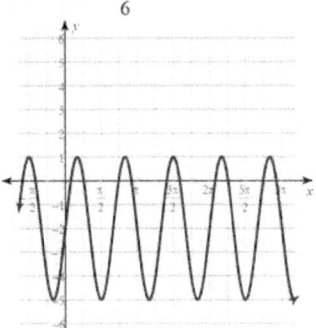

26) Amplitude: $\dfrac{1}{2}$
    Period: $\dfrac{\pi}{2}$
    Vertical shift: -1
    Midline: $y = -1$
    Phase shift: $-\dfrac{5\pi}{24}$

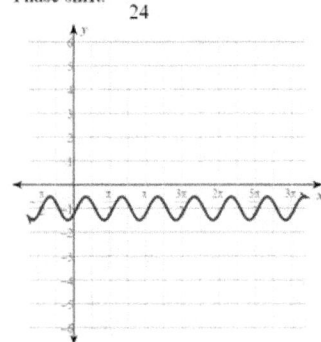

27) Amplitude: 4
    Period: $\dfrac{2\pi}{3}$
    Vertical shift: 2
    Midline: $y = 2$
    Phase shift: $-\dfrac{\pi}{18}$

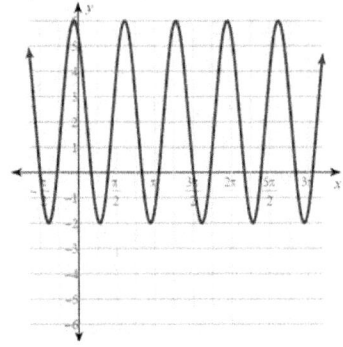

28) Amplitude: $\dfrac{1}{2}$
    Period: π
    Vertical shift: -1
    Midline: $y = -1$
    Phase shift: $-\dfrac{\pi}{6}$

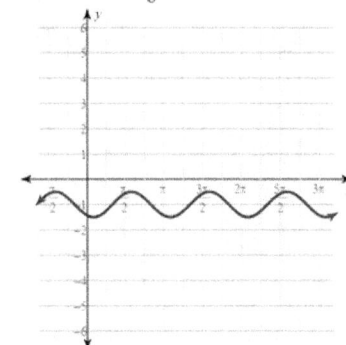

29) Amplitude: 7
Period: $\frac{\pi}{3}$
Phase shift: Left $\frac{\pi}{12}$
Vert. shift: Down 1

30) Amplitude: 6
Period: π
Phase shift: Left $\frac{5\pi}{12}$
Vert. shift: Up 3

31) Amplitude: 6
Period: π
Phase shift: Left $\frac{\pi}{4}$
Vert. shift: Down 2

32) Amplitude: $\frac{1}{2}$
Period: $\frac{\pi}{3}$
Phase shift: Right $\frac{\pi}{36}$
Vert. shift: Down 2

33) Amplitude: 10
Period: $\frac{\pi}{4}$
Phase shift: Left $\frac{\pi}{12}$
Vert. shift: Down 2

34) Amplitude: 10
Period: 16π
Phase shift: Right $\frac{16\pi}{3}$
Vert. shift: Down 5

35) Amplitude: $\frac{1}{5}$
Period: $\frac{2\pi}{3}$
Phase shift: Right $\frac{2\pi}{9}$
Vert. shift: Up 4

36) Amplitude: 9
Period: $\frac{2\pi}{5}$
Phase shift: Right $\frac{\pi}{20}$
Vert. shift: Up 2

37) Amplitude: $\frac{1}{9}$
Period: $\frac{2\pi}{3}$
Phase shift: Left $\frac{2\pi}{9}$
Vert. shift: Up 3

38) Amplitude: 5
Period: $\frac{2\pi}{5}$
Phase shift: Left $\frac{3\pi}{20}$
Vert. shift: Down 3

39) Amplitude: 3
Period: $\frac{2\pi}{3}$
Phase shift: Left $\frac{5\pi}{9}$
Vert. shift: Up 2

40) Amplitude: 6
Period: 10π
Phase shift: Right $\frac{11\pi}{30}$
Vert. shift: Up 4

Practique la representación gráfica de soluciones tangentes y cotangentes

Soluciones

3) Vertical stretch: 2
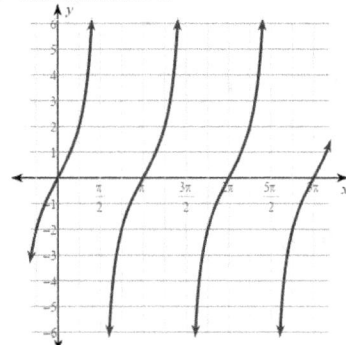

4) Vertical stretch: 3
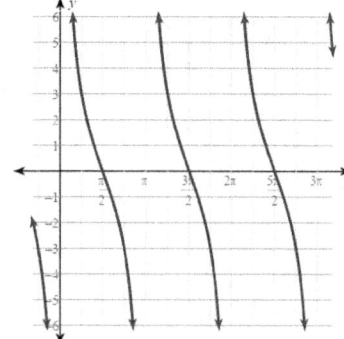

5) Vertical stretch: 4
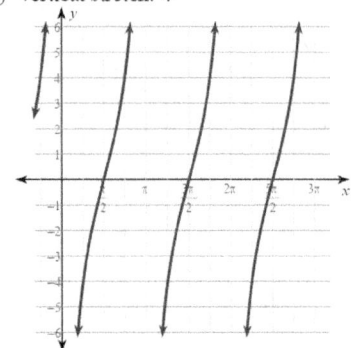

6) Vertical stretch: 2
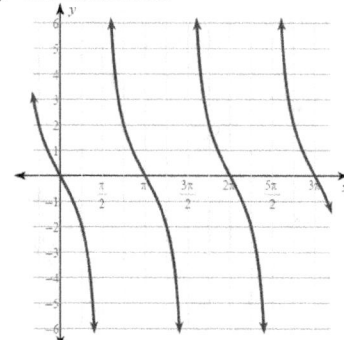

7) Vertical stretch: 3
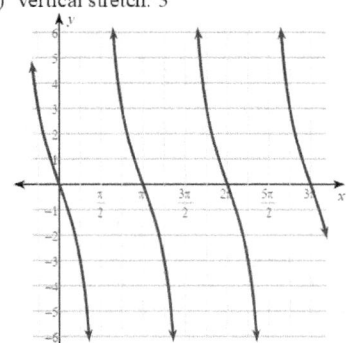

8) Vertical stretch: 4
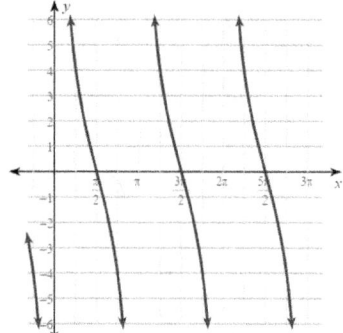

9) Vertical Stretch: 1
   Period: $\dfrac{\pi}{2}$
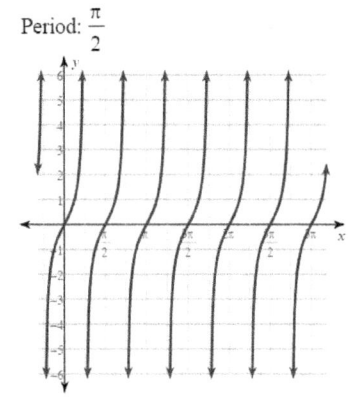

10) Vertical Stretch: 1
    Period: 2π
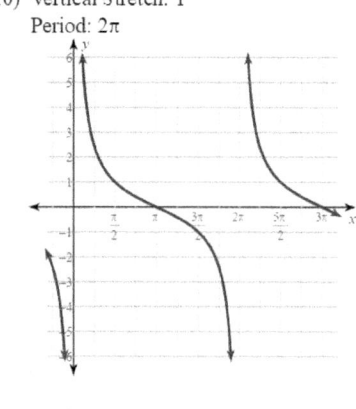

11) Vertical Stretch: $\dfrac{1}{2}$

Period: $\dfrac{3\pi}{2}$

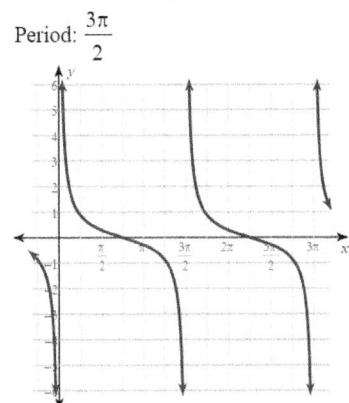

12) Vertical Stretch: 2

Period: $\dfrac{\pi}{2}$

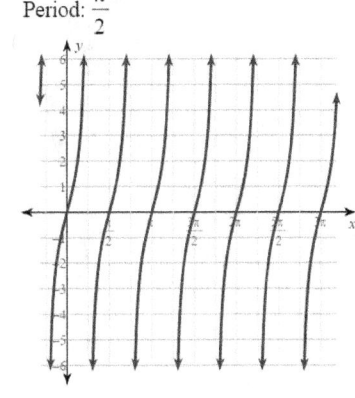

13) Vertical Stretch: 2
    Period: 2π

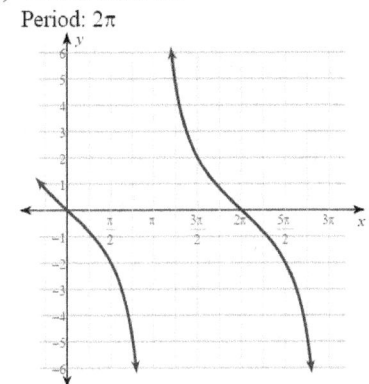

14) Vertical Stretch: 1
    Period: 3π

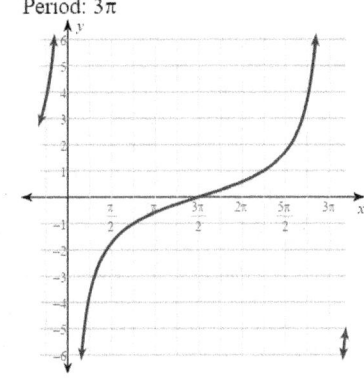

15) V. Stretch: 1
    Period: π
    Vertical shift: 2
    Midline: $y = 2$

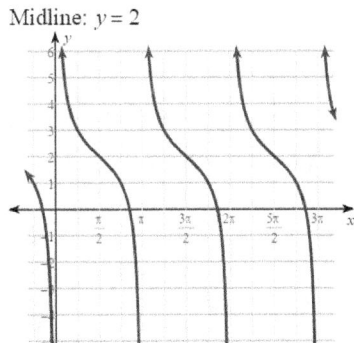

16) V. Stretch: 1
    Period: π
    Vertical shift: -3
    Midline: $y = -3$

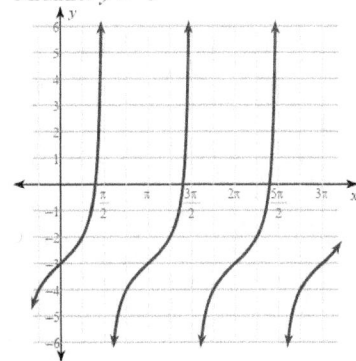

Soluciones

17) V. Stretch: 2
 Period: π
 Vertical shift: −1
 Midline: y = −1

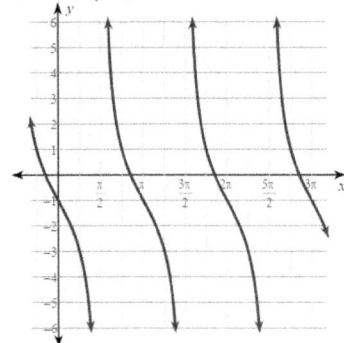

18) V. Stretch: 3
 Period: π
 Vertical shift: 2
 Midline: y = 2

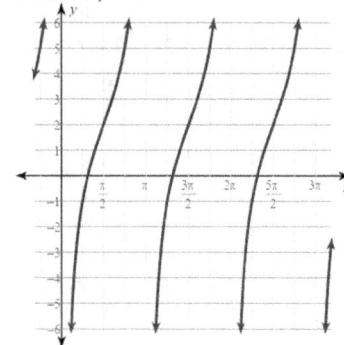

19) V. Stretch: 2
 Period: 2π
 Vertical shift: 1
 Midline: y = 1

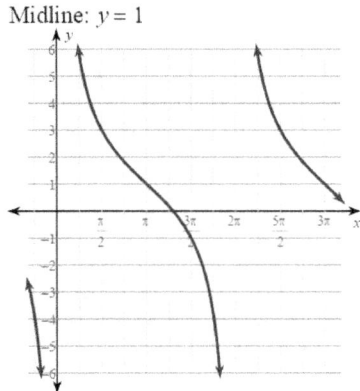

20) V. Stretch: 1
 Period: $\frac{\pi}{2}$
 Vertical shift: −2
 Midline: y = −2

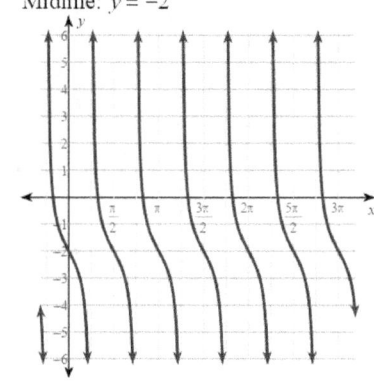

21) V. Stretch: 1
 Period: π
 Vertical shift: 0
 Midline: y = 0
 Phase shift: $-\frac{\pi}{2}$

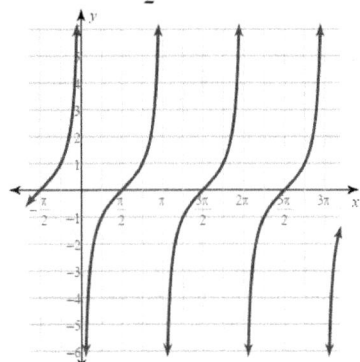

22) V. Stretch: 1
 Period: π
 Vertical shift: 0
 Midline: y = 0
 Phase shift: $\frac{\pi}{2}$

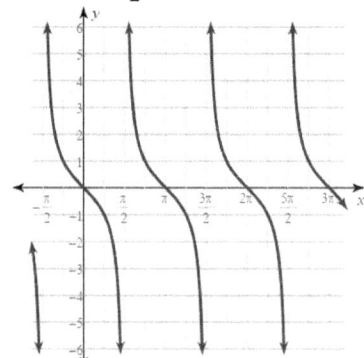

23) V. Stretch: 3
Period: $\frac{\pi}{2}$
Vertical shift: −1
Midline: $y = -1$
Phase shift: $-\frac{\pi}{4}$

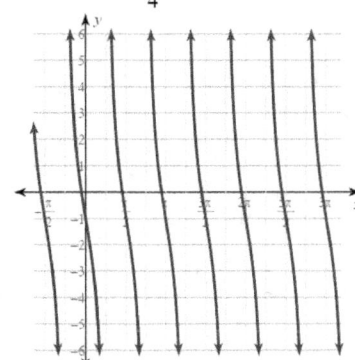

24) V. Stretch: 2
Period: $\frac{\pi}{2}$
Vertical shift: 1
Midline: $y = 1$
Phase shift: $\frac{\pi}{4}$

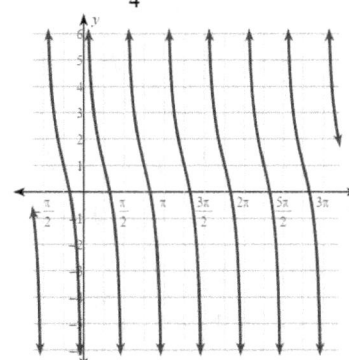

27) Stretch: $\frac{1}{2}$
Period: $\frac{\pi}{2}$
Phase shift: Left $\frac{2\pi}{3}$
Vert. shift: Up 4

28) Stretch: 1
Period: $\frac{\pi}{5}$
Phase shift: Left $\frac{\pi}{10}$
Vert. shift: Up 3

29) Stretch: 5
Period: $\frac{\pi}{2}$
Phase shift: Left $\frac{\pi}{12}$
Vert. shift: Up 1

30) Stretch: $\frac{1}{6}$
Period: π
Phase shift: Left $\frac{\pi}{3}$
Vert. shift: Down 5

31) Stretch: 5
Period: $\frac{\pi}{4}$
Phase shift: Left $\frac{\pi}{16}$
Vert. shift: Up 2

32) Stretch: 7
Period: 2π
Phase shift: Right $\frac{3\pi}{2}$
Vert. shift: Down 2

Soluciones

33) Stretch: 4
    Period: $\frac{\pi}{2}$
    Phase shift: Right $\frac{\pi}{6}$
    Vert. shift: Down 5

34) Stretch: $\frac{1}{8}$
    Period: $\frac{\pi}{4}$
    Phase shift: Left $\frac{5\pi}{12}$

35) Stretch: 8
    Period: $\frac{\pi}{3}$
    Phase shift: Right $\frac{\pi}{12}$
    Vert. shift: Down 3

36) Stretch: 7
    Period: $\frac{\pi}{8}$
    Phase shift: Right $\frac{\pi}{6}$
    Vert. shift: Up 4

37) Stretch: 4
    Period: 2π
    Phase shift: Right $\frac{\pi}{3}$
    Vert. shift: Down 2

38) Stretch: 10
    Period: 6π
    Phase shift: Left $\frac{15\pi}{2}$
    Vert. shift: Up 1

39) Stretch: $\frac{1}{4}$
    Period: $\frac{\pi}{6}$
    Phase shift: Right $\frac{5\pi}{36}$
    Vert. shift: Up 4

40) Stretch: None
    Period: $\frac{\pi}{7}$
    Phase shift: None
    Vert. shift: Down 5

Practique la representación gráfica de soluciones secantes y cosecantes

1) Domain: All reals $x \neq \pi n$, n is an integer
   Range: $(-\infty, -1]U[1, \infty)$
   y-intercept: none
   x-intercept: none
   Midline: $y = 0$
   Amplitude: undefined
   Period: 2π
   Vertical Asymptotes: $x = \pi n$, n is an integer

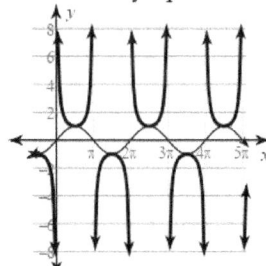

2) Domain: All reals $x \neq \frac{\pi}{2} + \pi n$, n is an integer
   Range: $(-\infty, -1]U[1, \infty)$
   y-intercept: $(0, 1)$
   x-intercept: none
   Midline: $y = 0$
   Amplitude: undefined
   Period: 2π
   Vertical Asymptotes: $x = \frac{\pi}{2} + \pi n$, n is an integer

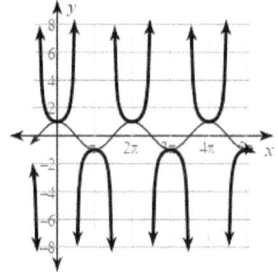

3) Vertical stretch: 2

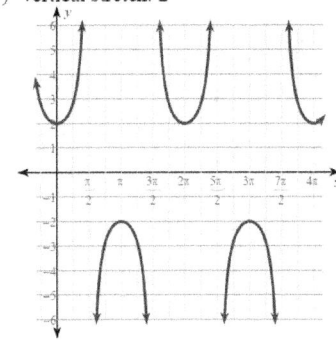

4) Vertical stretch: $\frac{1}{2}$
   Redlect down

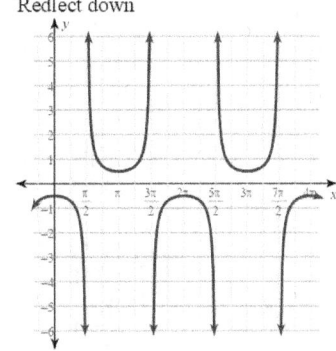

5) Vertical stretch: 3
   Reflect down

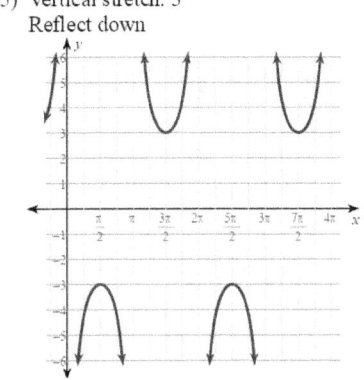

6) Vertical stretch: $\frac{1}{2}$

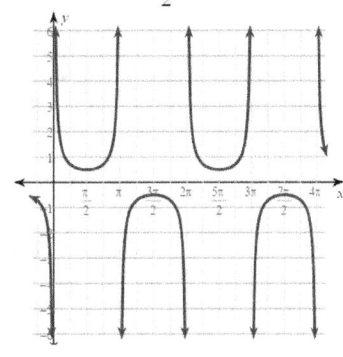

7) Vertical Stretch: 2
   Period: $\frac{\pi}{2}$

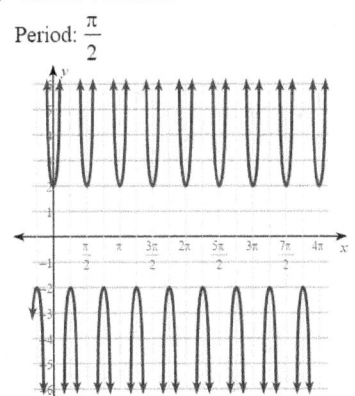

8) Vertical Stretch: 3
   Period: π

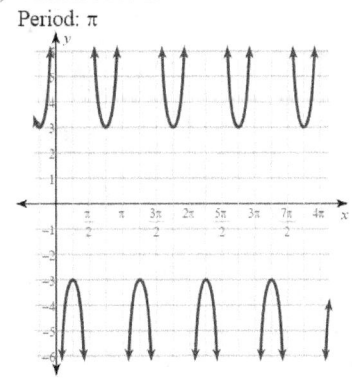

Soluciones

9) Vertical Stretch: 1
   Period: 4π
   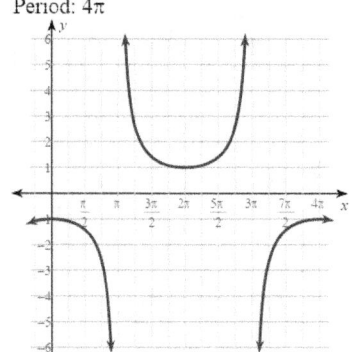

10) Vertical Stretch: $\dfrac{1}{2}$
    Period: $\dfrac{\pi}{2}$
    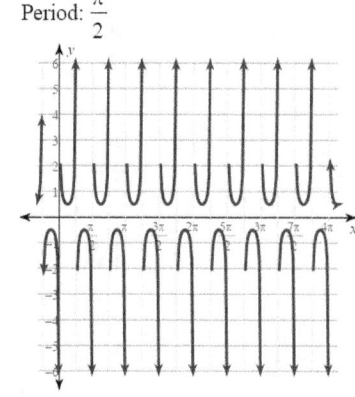

11) V. Stretch: 2
    Period: 4π
    Vertical shift: 1
    Midline: $y = 1$
    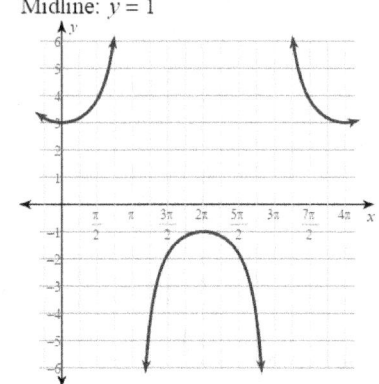

12) V. Stretch: 3
    Period: π
    Vertical shift: 2
    Midline: $y = 2$
    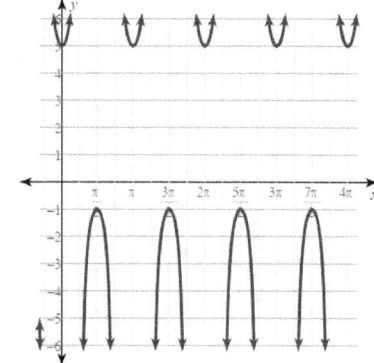

13) V. Stretch: $\dfrac{1}{3}$
    Period: $\dfrac{\pi}{2}$
    Vertical shift: -2
    Midline: $y = -2$
    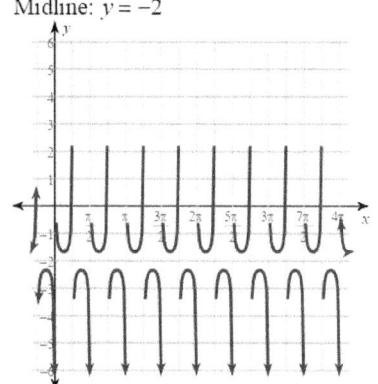

14) V. Stretch: 1
    Period: π
    Vertical shift: -2
    Midline: $y = -2$
    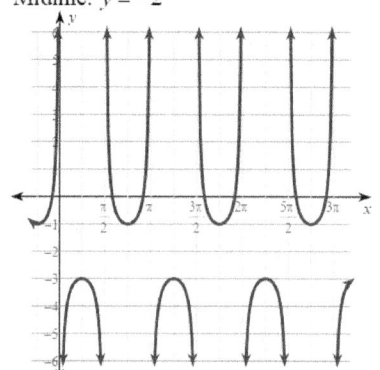

15) V. Stretch: 1
    Period: 2π
    Vertical shift: 0
    Midline: $y = 0$
    Phase shift: $-\dfrac{\pi}{2}$

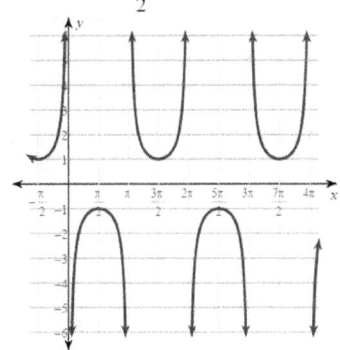

16) V. Stretch: 1
    Period: 2π
    Vertical shift: 0
    Midline: $y = 0$
    Phase shift: $\dfrac{\pi}{2}$

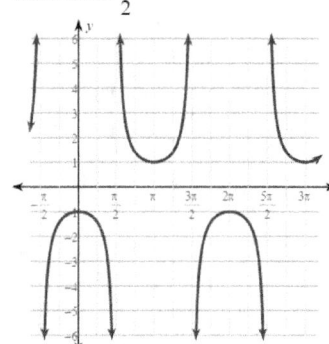

17) V. Stretch: $\dfrac{1}{2}$
    Period: 2π
    Vertical shift: -3
    Midline: $y = -3$
    Phase shift: left $\dfrac{\pi}{2}$

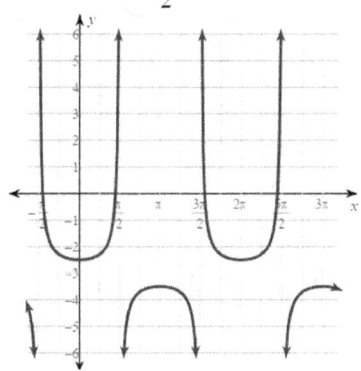

18) V. Stretch: 4
    Period: 2π
    Vertical shift: 3
    Midline: $y = 3$
    Phase shift: right $\dfrac{\pi}{3}$

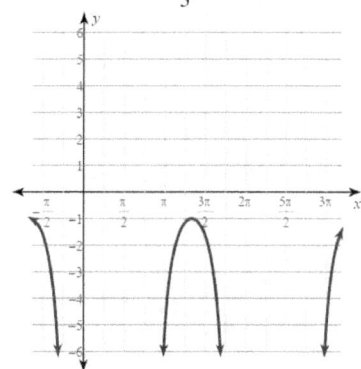

19) V. Stretch: 3
    Period: π
    Vertical shift: -1
    Midline: $y = -1$
    Phase shift: $-\dfrac{\pi}{4}$

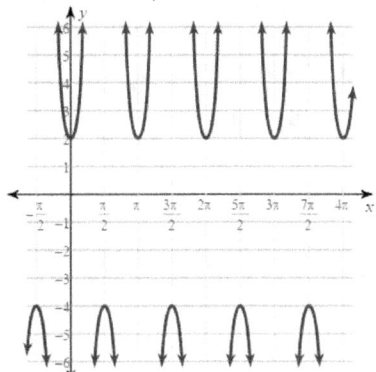

20) V. Stretch: 2
    Period: π
    Vertical shift: 1
    Midline: $y = 1$
    Phase shift: $\dfrac{\pi}{4}$

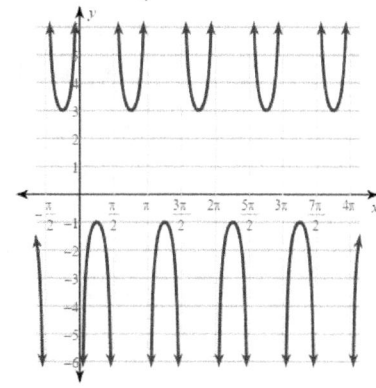

Soluciones

21) V. Stretch: 3
    Period: π
    Vertical shift: 1
    Midline: $y = 1$
    Phase shift: $\dfrac{7\pi}{8}$

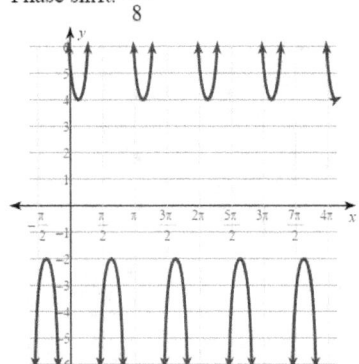

22) V. Stretch: $\dfrac{1}{2}$
    Period: 4π
    Vertical shift: -1
    Midline: $y = -1$
    Phase shift: left $\dfrac{\pi}{2}$

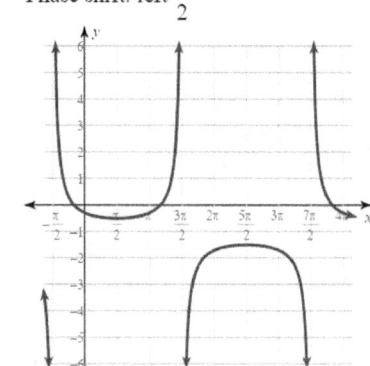

23) Vertical Stretch: 4
    Period: 2π
    Phase shift: Right $\dfrac{\pi}{6}$
    Vert. shift: Up 2

24) Vertical Stretch: 7
    Period: 4π
    Phase shift: Right $-\dfrac{4\pi}{3}$
    Vert. shift: Up 3

25) Amplitude: 9
    Period: $\dfrac{\pi}{4}$
    Phase shift: Right $\dfrac{\pi}{24}$
    Vert. shift: Down 4

26) Vertical Stretch: 8
    Period: $\dfrac{\pi}{4}$
    Phase shift: Right $\dfrac{\pi}{24}$
    Vert. shift: Down 5

27) Vertical Stretch: 9
    Period: $\dfrac{\pi}{6}$
    Phase shift: Left $\dfrac{\pi}{12}$
    Vert. shift: Up 5

28) Amplitude: 4
    Period: 4π
    Phase shift: Right $\dfrac{\pi}{3}$
    Vert. shift: Down 2

29) Vertical Stretch: $\dfrac{1}{8}$
    Period: $\dfrac{\pi}{4}$
    Phase shift: Right $\dfrac{\pi}{24}$

30) Amplitude: 2
    Period: $\dfrac{2\pi}{3}$
    Phase shift: Left $\dfrac{\pi}{12}$
    Vert. shift: Down 4

31) Vertical Stretch: 4
    Period: 2π
    Phase shift: Left $\dfrac{\pi}{2}$
    Vert. shift: Down 1

32) Amplitude: 7
    Period: 16π
    Phase shift: Left 6π
    Vert. shift: Up 5

33) Vertical Stretch: 6
    Period: 16π
    Phase shift: Right 2π
    Vert. shift: Down 3

34) Vertical Stretch: 6
    Period: $\dfrac{\pi}{5}$
    Phase shift: Right $\dfrac{\pi}{20}$
    Vert. shift: Down 5

35) Amplitude: 9
Period: $\dfrac{2\pi}{3}$
Phase shift: Left $\dfrac{\pi}{18}$
Vert. shift: Down 4

36) Vertical Stretch: 10
Period: 8π
Phase shift: Left $\dfrac{20\pi}{3}$
Vert. shift: Down 3

37) Amplitude: 8
Period: π
Phase shift: Left $\dfrac{\pi}{12}$
Vert. shift: Down 2

38) Amplitude: 7
Period: π
Phase shift: Right $\dfrac{\pi}{12}$
Vert. shift: Up 1

39) Vertical Stretch: $\dfrac{1}{6}$
Period: 2π
Phase shift: Left $\dfrac{\pi}{6}$
Vert. shift: Up 4

40) Vertical Stretch: 3
Period: $\dfrac{\pi}{2}$
Phase shift: Left $\dfrac{\pi}{8}$
Vert. shift: Up 2

Practique soluciones de funciones trigonométricas inversas

1) $\dfrac{\pi}{2}$
2) $\dfrac{\pi}{6}$
3) $-\dfrac{\pi}{2}$
4) $\dfrac{2\pi}{3}$

5) $\dfrac{3\pi}{4}$
6) 0
7) $-\dfrac{\pi}{4}$
8) $\dfrac{\pi}{6}$

9) $\dfrac{\pi}{4}$
10) $\dfrac{\pi}{3}$
11) $-\dfrac{\pi}{4}$
12) $\dfrac{\pi}{6}$

13) $\dfrac{2\sqrt{3}}{3}$
14) $\dfrac{\sqrt{3}}{3}$
15) $\dfrac{\sqrt{10}}{10}$
16) $\dfrac{\pi}{4}$

17) $\dfrac{2\sqrt{13}}{13}$
18) $-\dfrac{\pi}{3}$
19) $-\dfrac{\pi}{4}$
20) $\dfrac{\sqrt{14}}{7}$

21) π
22) $\dfrac{\pi}{2}$
23) 0
24) $\dfrac{5}{3}$

25) $\dfrac{1}{x}$
26) $\dfrac{1}{\sqrt{1+x^2}}$
27) $\dfrac{1}{\sqrt{1-x^2}}$
28) $\sqrt{1-x^2}$

29) $\dfrac{\sqrt{1-x^2}}{x}$
30) $\dfrac{x}{\sqrt{1-x^2}}$
31) $\sqrt{1+x^2}$
32) $\dfrac{x}{\sqrt{1+x^2}}$

33)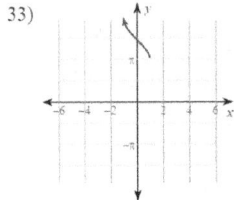
34)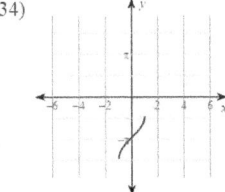
35)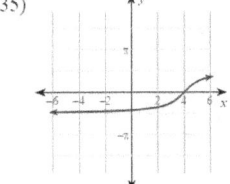

36)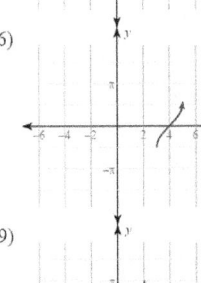
37)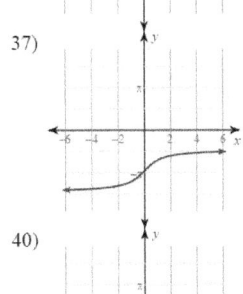
38)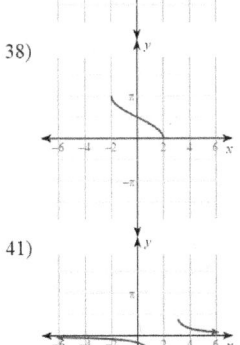

Soluciones

42) 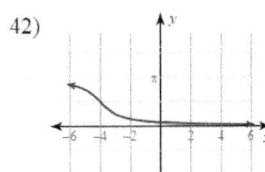   43) 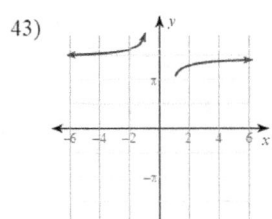   44)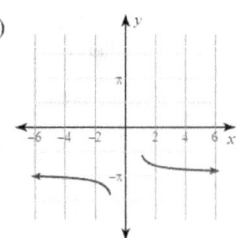

Practique soluciones de identidades trigonométricas

1) $\dfrac{4}{3}$ 2) $\dfrac{4}{5}$ 3) $2\sqrt{3}$ 4) $2\sqrt{5}$

5) $\dfrac{\sqrt{30}}{6}$ 6) $\dfrac{\sqrt{6}}{3}$ 7) $\dfrac{2\sqrt{15}}{3}$ 8) $-\dfrac{\sqrt{6}}{8}$

9) $-\dfrac{1}{3}$ 10) $-\dfrac{\sqrt{2}}{3}$ 11) $-\dfrac{\sqrt{5}}{5}$ 12) $\dfrac{9\sqrt{2}}{8}$

13) $-\dfrac{\sqrt{74}}{5}$ and $\dfrac{7\sqrt{74}}{74}$ 14) $\dfrac{3\sqrt{2}}{4}$ and $\dfrac{2\sqrt{2}}{3}$ 15) $-\dfrac{2\sqrt{2}}{3}$ and $\dfrac{1}{3}$

16) $\dfrac{5\sqrt{39}}{39}$ and $-\dfrac{8\sqrt{39}}{39}$ 17) $-\dfrac{4\sqrt{17}}{17}$ and $-\dfrac{\sqrt{17}}{17}$ 18) $\dfrac{1}{2}$ and $\dfrac{2\sqrt{5}}{5}$

19) $-2\sqrt{2}$ and $-\dfrac{3\sqrt{2}}{4}$ 20) $-\dfrac{3\sqrt{2}}{4}$ and $-2\sqrt{2}$ 21) $\dfrac{\sqrt{29}}{5}$ and $\dfrac{2\sqrt{29}}{29}$ 22) $\dfrac{1}{5}$ and $\dfrac{\sqrt{26}}{26}$

23) $\dfrac{\sqrt{21}}{5}$ and $\dfrac{2\sqrt{21}}{21}$ 24) $-\dfrac{4\sqrt{41}}{41}$ and $-\dfrac{\sqrt{41}}{5}$ 25) -0.74

26) -1 27) 2 28) -0.14 29) -0.99
30) 0.57 31) -2.14 32) 2.14 33) 8.21
34) 1.15 35) -0.54 36) -0.21

Práctica simplificación de soluciones de expresiones trigonométricas

1) 1 2) $\tan^2 x$ 3) $3\sin \theta$ 4) $2\tan x$
5) $2\sin \theta$ 6) $\cot^2 x$ 7) $\csc^2 \theta$ 8) -1
9) $\sin x$ 10) $\csc^2 x$ 11) $2\sin x$ 12) $\cos x$
13) 1 14) 1 15) -1 16) $\cos^2 \theta$
17) $\sec^2 x$ 18) -1 19) -1 20) $-\sec^2 x$
21) $\cos^2 \theta$ 22) $\sec x$ 23) $\cos x$ 24) $\sec^2 x$
25) 1 26) $\tan^2 x$ 27) $1 - \cos x$ 28) $\sin^2 \theta$
29) $\csc \theta$ 30) 1 31) $\cos \theta$ 32) $\tan^2 x$
33) $\sin x$ 34) -1 35) $\cot x$ 36) $2\csc \theta$
37) $-\cos \theta$ 38) $\csc \theta$ 39) $\tan x$ 40) $2\sec \theta$
41) $\tan x$ 42) $\sin x + \cos x$ 43) $\sin x + \cos x$ 44) $\tan x$
45) $\tan \theta$ 46) $\sin x$ 47) $\sin^2 x$ 48) $\sin^2 \theta$
49) $\sin^2 x$ 50) $-\cos x$

Practique la prueba de soluciones de identidades trigonométricas

1) $\dfrac{\sin x}{\sec x}$ Use $\csc x = \dfrac{1}{\sin x}$ 2) $\dfrac{1}{\cot x \tan^2 x}$ Use $\cot x = \dfrac{1}{\tan x}$

$\dfrac{1}{\sec x \csc x}$ Use $\sec x = \dfrac{1}{\cos x}$ $\dfrac{\tan x}{\tan^2 x}$ Use $\cot x = \dfrac{1}{\tan x}$

$\dfrac{\cos x}{\csc x}$ ∎ $\tan x \cot^2 x$ ∎

3) $-\tan x \cos x$ Use $\tan x = \dfrac{\sin x}{\cos x}$ 4) $\dfrac{1}{\sec^2 x \csc^2 x}$ Use $\sec x = \dfrac{1}{\cos x}$

$-\dfrac{\cos x \sin x}{\cos x}$ Cancel common factors $\dfrac{\cos^2 x}{\csc^2 x}$ Use $\csc x = \dfrac{1}{\sin x}$

$-\sin x$ ∎ $\sin^2 x \cos^2 x$ ∎

5) $\dfrac{\cot^2 x}{\cos x}$ Use $\sec x = \dfrac{1}{\cos x}$ 6) $-\cos^2 x \csc^2 x$ Use $\csc x = \dfrac{1}{\sin x}$

$\cot^2 x \sec x$ Use $\cot x = \dfrac{1}{\tan x}$ $-\dfrac{\cos^2 x}{\sin^2 x}$ Use $\cot x = \dfrac{\cos x}{\sin x}$

$\dfrac{\sec x}{\tan^2 x}$ ∎ $-\cot^2 x$ ∎

7) $\dfrac{\cos x}{\csc^2 x}$ Use $\csc x = \dfrac{1}{\sin x}$ 8) $\dfrac{\csc x \sin x}{\cos x}$ Use $\tan x = \dfrac{\sin x}{\cos x}$

$\sin^2 x \cos x$ Use $\sec x = \dfrac{1}{\cos x}$ $\csc x \tan x$ Use $\csc x = \dfrac{1}{\sin x}$

$\dfrac{\sin^2 x}{\sec x}$ ∎ $\dfrac{\tan x}{\sin x}$ ∎

9) $\cos^2 x \csc^2 x$ Use $\csc x = \dfrac{1}{\sin x}$ 10) $\dfrac{\tan^2 x}{\sec^2 x}$ Decompose into sine and cosine

$\dfrac{\cos^2 x}{\sin^2 x}$ Use $\tan x = \dfrac{\sin x}{\cos x}$ $\dfrac{\left(\dfrac{\sin x}{\cos x}\right)^2}{\left(\dfrac{1}{\cos x}\right)^2}$ Simplify

$\dfrac{1}{\tan^2 x}$ ∎ $\sin^2 x$ ∎

Soluciones

11) $\tan^2 x + 1 = \dfrac{\sin^2 x}{\cos^2 x} + 1$

$= \dfrac{\sin^2 x}{\cos^2 x} + \dfrac{\cos^2 x}{\cos^2 x}$

$= \dfrac{\sin^2 x + \cos^2 x}{\cos^2 x}$

$= \dfrac{1}{\cos^2 x} = \sec^2 x$

12) $1 + \cot^2 x = 1 + \dfrac{\cos^2 x}{\sin^2 x}$

$= \dfrac{\sin^2 x}{\sin^2 x} + \dfrac{\cos^2 x}{\sin^2 x}$

$= \dfrac{\sin^2 x + \cos^2 x}{\sin^2 x}$

$= \dfrac{1}{\sin^2 x} = \csc^2 x$

13) $\dfrac{1 - \sec^2 x}{\tan x}$ Use $\tan^2 x + 1 = \sec^2 x$

$-\dfrac{\tan^2 x}{\tan x}$ Use $\cot x = \dfrac{1}{\tan x}$

$-\tan^2 x \cot x$ ∎

14) $\dfrac{\sin x}{\sec^2 x - \tan^2 x}$ Use $\tan^2 x + 1 = \sec^2 x$

$\sin x$ Use $\csc x = \dfrac{1}{\sin x}$

$\dfrac{1}{\csc x}$ ∎

15) $\dfrac{\sin^2 x + \cos^2 x}{\sec x}$ Use $\sin^2 x + \cos^2 x = 1$

$\dfrac{1}{\sec x}$ Use $\sec x = \dfrac{1}{\cos x}$

$\cos x$ ∎

16) $\dfrac{\cot x}{\cos^2 x + \sin^2 x}$ Use $\sin^2 x + \cos^2 x = 1$

$\cot x$ Use $\cot x = \dfrac{\cos x}{\sin x}$

$\dfrac{\cos x}{\sin x}$ ∎

17) $\dfrac{1}{1 + \cot^2 x}$ Use $\cot^2 x + 1 = \csc^2 x$

$\dfrac{1}{\csc^2 x}$ Use $\csc x = \dfrac{1}{\sin x}$

$\dfrac{\sin x}{\csc x}$ ∎

18) $\tan^2 x - \cot^2 x$ Use $\cot^2 x + 1 = \csc^2 x$

$\tan^2 x + 1 - \csc^2 x$ Use $\tan^2 x + 1 = \sec^2 x$

$\sec^2 x - \csc^2 x$ ∎

19) $\dfrac{\tan^2 x - \sec x}{\sec^2 x}$ Decompose into sine and cosine

$\dfrac{\left(\dfrac{\sin x}{\cos x}\right)^2 - \dfrac{1}{\cos x}}{\left(\dfrac{1}{\cos x}\right)^2}$ Simplify

$\sin^2 x - \cos x$ ∎

20) $\csc^2 x + \cot^2 x$ Decompose into sine and cosine

$\left(\dfrac{1}{\sin x}\right)^2 + \left(\dfrac{\cos x}{\sin x}\right)^2$ Simplify

$\dfrac{1 + \cos^2 x}{\sin^2 x}$ ∎

21) $\dfrac{\tan^2 x + \sec x}{\sec^2 x}$ Decompose into sine and cosine

$\dfrac{\left(\dfrac{\sin x}{\cos x}\right)^2 + \dfrac{1}{\cos x}}{\left(\dfrac{1}{\cos x}\right)^2}$ Simplify

$\cos x + \sin^2 x$ ∎

22) $\cot^2 x + \csc x$ Decompose into sine and cosine

$\left(\dfrac{\cos x}{\sin x}\right)^2 + \dfrac{1}{\sin x}$ Simplify

$\dfrac{\cos^2 x + \sin x}{\sin^2 x}$ ∎

23) $\dfrac{\csc^2 x - 1}{\csc^2 x}$ Decompose into sine and cosine

$\dfrac{\left(\dfrac{1}{\sin x}\right)^2 - 1}{\left(\dfrac{1}{\sin x}\right)^2}$ Simplify

$-\sin^2 x + 1$ ∎

24) $\dfrac{\cot x \csc x}{\sec x}$ Decompose into sine and cosine

$\dfrac{\dfrac{\cos x}{\sin x} \cdot \dfrac{1}{\sin x}}{\dfrac{1}{\cos x}}$ Simplify

$\dfrac{\cos^2 x}{\sin^2 x}$ ∎

25) $\dfrac{\cot^2 x - 1}{\csc^2 x}$ Decompose into sine and cosine

$\dfrac{\left(\dfrac{\cos x}{\sin x}\right)^2 - 1}{\left(\dfrac{1}{\sin x}\right)^2}$ Simplify

$\cos^2 x - \sin^2 x$ ∎

26) $\dfrac{1}{\csc x \cdot (\csc x + 1)}$ Decompose into sine and cosine

$\dfrac{1}{\dfrac{1}{\sin x}\left(\dfrac{1}{\sin x} + 1\right)}$ Simplify

$\dfrac{\sin^2 x}{1 + \sin x}$ ∎

Soluciones

27) $\dfrac{\csc^2 x - 1}{\csc x}$ Use $\cot^2 x + 1 = \csc^2 x$

$\dfrac{\cot^2 x}{\csc x}$ Decompose into sine and cosine

$\dfrac{\left(\dfrac{\cos x}{\sin x}\right)^2}{\dfrac{1}{\sin x}}$ Simplify

$\dfrac{\cos^2 x}{\sin x}$ Use $\cot x = \dfrac{\cos x}{\sin x}$

$\cot x \cos x$ ∎

28) $\dfrac{\sin^2 x}{1 - \sec^2 x}$ Use $\tan^2 x + 1 = \sec^2 x$

$\dfrac{\sin^2 x}{-\tan^2 x}$ Decompose into sine and cosine

$\dfrac{\sin^2 x}{-\left(\dfrac{\sin x}{\cos x}\right)^2}$ Simplify

$-\cos^2 x$ ∎

29) $\cot x \sec x$ Decompose into sine and cosine

$\dfrac{\cos x}{\sin x} \cdot \dfrac{1}{\cos x}$ Simplify

$\dfrac{1}{\sin x}$ Use $\tan^2 x + 1 = \sec^2 x$

$\dfrac{1}{\sin x \cdot (\sec^2 x - \tan^2 x)}$ Use $\csc x = \dfrac{1}{\sin x}$

$\dfrac{\csc x}{\sec^2 x - \tan^2 x}$ ∎

30) $\csc^2 x \tan^2 x$ Decompose into sine and cosine

$\left(\dfrac{1}{\sin x}\right)^2 \cdot \left(\dfrac{\sin x}{\cos x}\right)^2$ Simplify

$\dfrac{1}{\cos^2 x}$ Use $\sec x = \dfrac{1}{\cos x}$

$\sec^2 x$ Use $\tan^2 x + 1 = \sec^2 x$

$\tan^2 x + 1$ ∎

31) $\tan x + \cot x$ Decompose into sine and cosine

$\dfrac{\sin x}{\cos x} + \dfrac{\cos x}{\sin x}$ Simplify

$\dfrac{\sin^2 x + \cos^2 x}{\cos x \sin x}$ Use $\sin^2 x + \cos^2 x = 1$

$\dfrac{1}{\cos x \sin x}$ Use $\csc x = \dfrac{1}{\sin x}$

$\dfrac{\csc x}{\cos x}$ ∎

Soluciones

32) $\sin x \sec x + \cot x$ Decompose into sine and cosine

$\sin x \cdot \dfrac{1}{\cos x} + \dfrac{\cos x}{\sin x}$ Simplify

$\dfrac{\sin^2 x + \cos^2 x}{\cos x \sin x}$ Use $\sin^2 x + \cos^2 x = 1$

$\dfrac{1}{\cos x \sin x}$ Use $\csc x = \dfrac{1}{\sin x}$

$\dfrac{\csc x}{\cos x}$ ∎

33) $\sec^2 x + \csc^2 x$ Decompose into sine and cosine

$\left(\dfrac{1}{\cos x}\right)^2 + \left(\dfrac{1}{\sin x}\right)^2$ Simplify

$\dfrac{\sin^2 x + \cos^2 x}{\cos^2 x \sin^2 x}$ Use $\sin^2 x + \cos^2 x = 1$

$\dfrac{1}{\cos^2 x \sin^2 x}$ Use $\sec x = \dfrac{1}{\cos x}$

$\dfrac{\sec^2 x}{\sin^2 x}$ ∎

34) $\csc^2 x \cos^2 x + 1$ Decompose into sine and cosine

$\left(\dfrac{1}{\sin x}\right)^2 \cdot \cos^2 x + 1$ Simplify

$\dfrac{\sin^2 x + \cos^2 x}{\sin^2 x}$ Use $\sin^2 x + \cos^2 x = 1$

$\dfrac{1}{\sin^2 x}$ ∎

35) $\dfrac{\tan^2 x}{\sin^2 x}$ Use $\tan x = \dfrac{\sin x}{\cos x}$

$\dfrac{\sin^2 x}{\sin^2 x \cos^2 x}$ Cancel common factors

$\dfrac{1}{\cos^2 x}$ Use $\sec x = \dfrac{1}{\cos x}$

$\sec^2 x$ Use $\tan^2 x + 1 = \sec^2 x$

$1 + \tan^2 x$ ∎

36) $\csc^2 x \tan^2 x \cot^2 x$ Use $\cot x = \dfrac{1}{\tan x}$

$\dfrac{\csc^2 x \tan^2 x}{\tan^2 x}$ Cancel common factors

$\csc^2 x$ Use $\cot^2 x + 1 = \csc^2 x$

$\cot^2 x + 1$ ∎

Soluciones

Practique soluciones de identidades de doble ángulo y medio ángulo

1) $-\dfrac{24}{25}$ 2) $\dfrac{24}{25}$ 3) $\dfrac{17}{18}$ 4) $-\dfrac{7}{25}$

5) $-4\sqrt{5}$ 6) $-\dfrac{24}{7}$ 7) $-\dfrac{24}{25}$ 8) $\dfrac{\sqrt{3}}{2}$

9) $-\dfrac{9}{41}$ 10) $-\dfrac{7}{25}$ 11) $\dfrac{24}{7}$ 12) $\dfrac{6\sqrt{2}}{17}$

13) $\dfrac{7}{18}$ 14) $-\dfrac{7}{25}$ 15) $-\dfrac{7}{25}$ 16) $\dfrac{24}{25}$

17) $\dfrac{\sqrt{2-\sqrt{3}}}{2}$ 18) $-\dfrac{\sqrt{2+\sqrt{2}}}{2}$ 19) $-\dfrac{\sqrt{2-\sqrt{3}}}{2}$ 20) $\dfrac{\sqrt{2+\sqrt{3}}}{2}$

21) $1+\sqrt{2}$ 22) $-2-\sqrt{3}$ 23) $\dfrac{\sqrt{2+\sqrt{3}}}{2}$ 24) $\dfrac{\sqrt{2+\sqrt{3}}}{2}$

25) $-\dfrac{\sqrt{2-\sqrt{3}}}{2}$ 26) $\dfrac{\sqrt{2-\sqrt{3}}}{2}$ 27) $2+\sqrt{3}$ 28) $2-\sqrt{3}$

29) $-\dfrac{3\sqrt{13}}{13}$ 30) $\dfrac{\sqrt{5}}{5}$ 31) $\dfrac{3\sqrt{13}}{13}$ 32) $-\dfrac{\sqrt{5}}{5}$

33) $\dfrac{1}{2}$ 34) 2 35) $\dfrac{2\sqrt{5}}{5}$ 36) $-\dfrac{5\sqrt{34}}{34}$

37) $\dfrac{\sqrt{5}}{5}$ 38) $-\dfrac{\sqrt{14}}{4}$ 39) $\dfrac{1}{2}$ 40) $\sqrt{3}$

Practique soluciones de identidades de suma de productos

1) $\dfrac{\sin 12B - \sin -8B}{2}$
2) $\dfrac{\cos 7\theta - \cos 11\theta}{2}$
3) $\dfrac{\sin 11B + \sin 3B}{2}$
4) $\dfrac{\sin 9x + \sin 3x}{2}$
5) $\dfrac{\cos -2x + \cos 4x}{2}$
6) $\dfrac{\cos A + \cos 7A}{2}$
7) $\dfrac{3\sin 10x + 3\sin 6x}{2}$
8) $\dfrac{\cos B - \cos 7B}{2}$
9) $10\sin 10\theta \cos 5\theta$
10) $4\cos 8\theta \cos 3\theta$
11) $-6\cos 8x \cos 3x$
12) $-6\sin 12\theta \sin 6\theta$
13) $2\cos 7x \cos 2x$
14) $-2\sin 4A \sin 2A$
15) $2\sin 11B \cos 3B$
16) $-10\sin 4B \cos 3B$
17) $\dfrac{\sqrt{6}}{2}$
18) $\dfrac{\sqrt{6}}{2}$
19) $-2 - \sqrt{3}$
20) $\dfrac{2 - \sqrt{3}}{4}$
21) $-\dfrac{\sqrt{2}}{2}$
22) $\dfrac{-5 + 5\sqrt{3}}{4}$
23) $-2\sqrt{2}$
24) $\dfrac{-6 - 3\sqrt{3}}{4}$
25) $\dfrac{\sqrt{6}}{2}$
26) $\dfrac{-2 + \sqrt{3}}{4}$
27) $-2\sqrt{6}$
28) $-\dfrac{5}{4}$
29) $-\dfrac{1}{4}$
30) $\dfrac{-10 + 5\sqrt{3}}{4}$
31) $-2\sqrt{2}$
32) $-\dfrac{\sqrt{2}}{2}$
33) $-2\sqrt{2}$
34) $-\dfrac{3\sqrt{2}}{2}$
35) $\dfrac{\sqrt{6}}{2}$
36) $\dfrac{\sqrt{6}}{2}$
37) $\dfrac{-1 + \sqrt{3}}{4}$
38) $2 + \sqrt{3}$
39) $\dfrac{\sqrt{3} - 1}{4}$
40) $\dfrac{1 + \sqrt{3}}{4}$
41) $\dfrac{3\sqrt{3} + 3}{4}$
42) $1 - \sqrt{3}$
43) $-\dfrac{\sqrt{6}}{2}$
44) $\dfrac{\sqrt{2}}{2}$
45) $-\dfrac{5\sqrt{2}}{2}$
46) $\dfrac{6 - 3\sqrt{3}}{4}$
47) $\dfrac{2 - \sqrt{3}}{2}$
48) $\dfrac{5\sqrt{2}}{2}$

49) $\dfrac{\tan x - \tan x \cos 2x}{1 + \cos 2x}$
$\dfrac{3\sin x - \sin 3x}{3\cos x + \cos 3x}$

50) $\dfrac{3}{8} + \dfrac{1}{2} \cdot \cos 2x + \dfrac{1}{8} \cdot \cos 4x$

51) $\dfrac{1 - \cos 2x}{2} \cdot \dfrac{1 - \cos 2x}{2}$
$\dfrac{3}{8} - \dfrac{1}{2} \cdot \cos 2x + \dfrac{1}{8} \cdot \cos 4x$

52) $\dfrac{1}{8} \cdot \sin x - \dfrac{1}{8} \cdot \sin x \cos 4x$

53) $\dfrac{1 - \cos 2x}{1 + \cos 2x}$

$\dfrac{1}{8} \cdot \sin x - \dfrac{1}{16} \cdot \sin 5x + \dfrac{1}{16} \cdot \sin 3x$

54) $\dfrac{7 - 8\cos 2x + \cos 4x}{4 + 4\cos 2x}$

55) $\dfrac{\dfrac{3}{2} - 2\cos 2x + \dfrac{1}{2} \cdot \cos 4x}{\dfrac{3}{2} + 2\cos 2x + \dfrac{1}{2} \cdot \cos 4x}$

$\dfrac{3 - 4\cos 2x + \cos 4x}{3 + 4\cos 2x + \cos 4x}$

56) $\dfrac{1}{8} \cdot \cos x - \dfrac{1}{16} \cdot \cos 3x - \dfrac{1}{16} \cdot \cos 5x$

Soluciones

57) $\dfrac{1+\cos 2x}{2}\cdot \cos x$

$\dfrac{1}{2}\cdot \cos x + \dfrac{1}{2}\cdot \cos x\cos 2x$

$\dfrac{1}{2}\cdot \cos x + \dfrac{1}{2}\cdot \dfrac{1}{2}(\cos(x-2x)+\cos(x+2x))$

$\dfrac{1}{2}\cdot \cos x + \dfrac{1}{4}\cdot \cos -x + \dfrac{1}{4}\cdot \cos 3x$

$\dfrac{3}{4}\cdot \cos x + \dfrac{1}{4}\cdot \cos 3x$

58) $\dfrac{3}{4}\cdot \sin x - \dfrac{1}{4}\cdot \sin 3x$

59) $\dfrac{-\csc x + \csc x\cos 2x}{2}$

60) $\dfrac{1}{8} - \dfrac{1}{8}\cdot \cos 4x$

Practique probar más soluciones de identidades trigonométricas

1) $\sin\left(\theta - \dfrac{3\pi}{2}\right)$
$= \sin\theta\cos\dfrac{3\pi}{2} - \cos\theta\sin\dfrac{3\pi}{2}$
$= \sin\theta\cdot 0 - \cos\theta\cdot -1$
$= \cos\theta$

2) $\tan\left(\theta - \dfrac{\pi}{4}\right)$
$= \dfrac{\tan\theta - \tan\dfrac{\pi}{4}}{1+\tan\theta\tan\dfrac{\pi}{4}}$
$= \dfrac{\tan\theta - 1}{1+\tan\theta\cdot 1}$
$= \dfrac{\tan\theta - 1}{1+\tan\theta}$

3) $\cot x\cdot(1-\cos 2x)$ Use $\cos 2x = 1 - 2\sin^2 x$

$2\cot x\sin^2 x$ Use $\cot x = \dfrac{1}{\tan x}$

$\dfrac{2\sin^2 x}{\tan x}$ ∎

4) $\cos^2 x(1-\cos 2x)$ Use $\cos^2 x = \dfrac{1+\cos 2x}{2}$

$\dfrac{(1-\cos 2x)(1+\cos 2x)}{2}$ Use $\sin^2 x = \dfrac{1-\cos 2x}{2}$

$\sin^2 x(1+\cos 2x)$ ∎

5) $2\sin x\cos x\tan x$ Use $\tan x = \dfrac{\sin x}{\cos x}$

$\dfrac{2\sin^2 x\cos x}{\cos x}$ Cancel common factors

$2\sin^2 x$ Use $\cos 2x = 1 - 2\sin^2 x$

$1 - \cos 2x$ ∎

6) $1 - \tan^2 x$ Decompose into sine and cosine

$1 - \left(\dfrac{\sin x}{\cos x}\right)^2$ Simplify

$\dfrac{\cos^2 x - \sin^2 x}{\cos^2 x}$ Use $\cos 2x = \cos^2 x - \sin^2 x$

$\dfrac{\cos 2x}{\cos^2 x}$ ∎

Soluciones

7) $\dfrac{1 + \cos 2x}{\sin 2x}$ Use $\sin 2x = 2\sin x\cos x$

$\dfrac{1 + \cos 2x}{2\sin x\cos x}$ Use $\cos^2 x = \dfrac{1 + \cos 2x}{2}$

$\dfrac{\cos^2 x}{\sin x\cos x}$ Cancel common factors

$\dfrac{\cos x}{\sin x}$ Use $\tan x = \dfrac{\sin x}{\cos x}$

$\dfrac{1}{\tan x}$ ∎

8) $\dfrac{1 - \tan^2 x}{\cos 2x}$ Use $\cos 2x = \cos^2 x - \sin^2 x$

$\dfrac{1 - \tan^2 x}{\cos^2 x - \sin^2 x}$ Decompose into sine and cosine

$\dfrac{1 - \left(\dfrac{\sin x}{\cos x}\right)^2}{\cos^2 x - \sin^2 x}$ Simplify

$\dfrac{1}{\cos^2 x}$ Use $\sec x = \dfrac{1}{\cos x}$

$\sec^2 x$ ∎

9) $\dfrac{\sin(x + y) - \sin(x - y)}{\cos(x + y) + \cos(x - y)} = \tan y$

$\dfrac{\sin x\cos y + \cos x\sin y - (\sin x\cos y - \cos x\sin y)}{\cos x\cos y - \sin x\sin y + \cos x\cos y + \sin x\sin y} = \tan y$

$\dfrac{\cos x\sin y + \cos x\sin y}{\cos x\cos y + \cos x\cos y} = \tan y$

$\dfrac{2\cos x\sin y}{2\cos x\cos y} = \tan y$

$\dfrac{\sin y}{\cos y} = \tan y$

10) $\dfrac{\sin(x + y) + \sin(x - y)}{\cos(x + y) - \cos(x - y)} = -\cot y$

$\dfrac{\sin x\cos y + \cos x\sin y + \sin x\cos y - \cos x\sin y}{\cos x\cos y - \sin x\sin y - (\cos x\cos y + \sin x\sin y)} = -\cot y$

$\dfrac{\sin x\cos y + \sin x\cos y}{-\sin x\sin y - \sin x\sin y} = -\cot y$

$\dfrac{2\sin x\cos y}{-2\sin x\sin y} = -\cot y$

$-\dfrac{\cos y}{\sin y} = -\cot y$

11) $\sec^2 x + \csc^2 x$ Decompose into sine and cosine

$\left(\dfrac{1}{\cos x}\right)^2 + \left(\dfrac{1}{\sin x}\right)^2$ Simplify

$\dfrac{\sin^2 x + \cos^2 x}{\cos^2 x\sin^2 x}$ Use $\sin^2 x + \cos^2 x = 1$

$\dfrac{1}{\sin^2 x\cos^2 x}$ Use $\csc x = \dfrac{1}{\sin x}$

$\dfrac{\csc^2 x}{\cos^2 x}$ ∎

12) $\dfrac{1}{\sec^2 x + \csc^2 x}$ Decompose into sine and cosine

$\dfrac{1}{\left(\dfrac{1}{\cos x}\right)^2 + \left(\dfrac{1}{\sin x}\right)^2}$ Simplify

$\dfrac{\cos^2 x\sin^2 x}{\sin^2 x + \cos^2 x}$ Use $\sin^2 x + \cos^2 x = 1$

$\cos^2 x\sin^2 x$ ∎

Soluciones

13) $\tan(\pi - \theta)$
$= \dfrac{\tan \pi - \tan \theta}{1 + \tan \pi \tan \theta}$
$= \dfrac{0 - \tan \theta}{1 + 0\tan \theta}$
$= -\tan \theta$

14) $\tan(\theta + 45°)$
$= \dfrac{\tan \theta + \tan 45°}{1 - \tan \theta \tan 45°}$
$= \dfrac{\tan \theta + 1}{1 - \tan \theta \cdot 1}$
$= \dfrac{\tan \theta + 1}{1 - \tan \theta}$

15) $\dfrac{\sin x}{\sin 2x}$ Use $\sin 2x = 2\sin x \cos x$

$\dfrac{\sin x}{2\sin x \cos x}$ Cancel common factors

$\dfrac{1}{2\cos x}$ ∎

16) $\csc^2 x - 2\cos^2 x$ Use $\cot^2 x + 1 = \csc^2 x$

$\cot^2 x + 1 - 2\cos^2 x$ Use $\cos 2x = 2\cos^2 x - 1$

$\cot^2 x - \cos 2x$ ∎

17) $\dfrac{\cot x}{1 + \cos 2x}$ Use $\cos 2x = 2\cos^2 x - 1$

$\dfrac{\cot x}{2\cos^2 x}$ Use $\cot x = \dfrac{\cos x}{\sin x}$

$\dfrac{\cos x}{2\sin x \cos^2 x}$ Cancel common factors

$\dfrac{1}{2\sin x \cos x}$ ∎

18) $\sin^2 x \cot^2 x$ Decompose into sine and cosine

$\sin^2 x \cdot \left(\dfrac{\cos x}{\sin x}\right)^2$ Simplify

$\cos^2 x$ Use $\cos 2x = \cos^2 x - \sin^2 x$

$\sin^2 x + \cos 2x$ ∎

19) $\tan \dfrac{x}{2} + \cos x \tan \dfrac{x}{2} = \sin x$

$\tan \dfrac{x}{2} \cdot (1 + \cos x) = \sin x$

$\dfrac{\sin x}{1 + \cos x}(1 + \cos x) = \sin x$

$\sin x = \sin x$

20) $\sin 2x \cos x - \cos 2x \sin x = \sin x$

$2\sin x \cos x \cos x - (1 - 2\sin^2 x)\sin x = \sin x$

$2\sin x \cos^2 x - \sin x \cdot (1 - 2\sin^2 x) = \sin x$

$2\sin x \cdot (1 - \sin^2 x) - \sin x \cdot (1 - 2\sin^2 x) = \sin x$

$2\sin x - 2\sin^3 x - \sin x + 2\sin^3 x = \sin x$

$2\sin x - \sin x = \sin x$

$\sin x = \sin x$

21) $\dfrac{\sin 2x}{\cot^2 x}$ Use $\sin 2x = 2\sin x\cos x$

$\dfrac{2\sin x\cos x}{\cot^2 x}$ Use $\cot x = \dfrac{\cos x}{\sin x}$

$\dfrac{2\sin^3 x\cos x}{\cos^2 x}$ Cancel common factors

$\dfrac{2\sin^3 x}{\cos x}$ Use $\tan x = \dfrac{\sin x}{\cos x}$

$2\sin^2 x \tan x$ ∎

22) $\tan x \cdot (1 + \cos 2x)$ Use $\cos 2x = 2\cos^2 x - 1$

$2\tan x\cos^2 x$ Use $\tan x = \dfrac{\sin x}{\cos x}$

$\dfrac{2\sin x\cos^2 x}{\cos x}$ Cancel common factors

$2\sin x\cos x$ Use $\sin 2x = 2\sin x\cos x$

$\sin 2x$ ∎

23) $\cos(\theta - \pi)$
$= \cos\theta\cos\pi + \sin\theta\sin\pi$
$= \cos\theta \cdot -1 + \sin\theta \cdot 0$
$= -\cos\theta$

24) $\sin(\theta + 90°)$
$= \sin\theta\cos 90° + \cos\theta\sin 90°$
$= \sin\theta \cdot 0 + \cos\theta \cdot 1$
$= \cos\theta$

25) $\dfrac{\tan^2 x(1 - \cos 2x)}{2}$ Use $\cot x = \dfrac{1}{\tan x}$

$\dfrac{1 - \cos 2x}{2\cot^2 x}$ Use $\sin^2 x = \dfrac{1 - \cos 2x}{2}$

$\dfrac{\sin^2 x}{\cot^2 x}$ ∎

26) $\dfrac{1}{\csc^2 x}$ Use $\csc x = \dfrac{1}{\sin x}$

$\sin^2 x$ Use $\sin^2 x = \dfrac{1 - \cos 2x}{2}$

$\dfrac{1 - \cos 2x}{2}$ ∎

27) $2\sec^2 x\sin x\cos x\tan x$ Decompose into sine and cosine

$2 \cdot \left(\dfrac{1}{\cos x}\right)^2 \sin x\cos x \cdot \dfrac{\sin x}{\cos x}$ Simplify

$\dfrac{2\sin^2 x}{\cos^2 x}$ Use $\cos 2x = 1 - 2\sin^2 x$

$\dfrac{1 - \cos 2x}{\cos^2 x}$ ∎

28) $\tan 2x\cos 2x$ Use $\tan 2x = \dfrac{\sin 2x}{\cos 2x}$

$\dfrac{\cos 2x\sin 2x}{\cos 2x}$ Cancel common factors

$\sin 2x$ Use $\sin 2x = 2\sin x\cos x$

$2\sin x\cos x$ ∎

29) $\dfrac{1 + \cos 2x}{\sin 2x}$ Use $\sin 2x = 2\sin x\cos x$

$\dfrac{1 + \cos 2x}{2\sin x\cos x}$ Use $\cos^2 x = \dfrac{1 + \cos 2x}{2}$

$\dfrac{\cos^2 x}{\sin x\cos x}$ Cancel common factors

$\dfrac{\cos x}{\sin x}$ Use $\cot x = \dfrac{\cos x}{\sin x}$

$\cot x$ ∎

Soluciones

30) $\tan 2x \cos 2x + 1 - \cos 2x$ Decompose into sine and cosine

$\dfrac{\sin 2x}{\cos 2x} \cdot \cos 2x + 1 - \cos 2x$ Simplify

$\sin 2x + 1 - \cos 2x$ Use $\sin 2x = 2\sin x \cos x$

$2\sin x \cos x + 1 - \cos 2x$ Use $\cos 2x = 1 - 2\sin^2 x$

$2\sin x \cdot (\sin x + \cos x)$ ■

31) $\dfrac{\csc x \cdot (1 + \cos 2x)}{\cot x}$ Use $\cos 2x = 2\cos^2 x - 1$

$\dfrac{2\csc x \cos^2 x}{\cot x}$ Use $\cot x = \dfrac{\cos x}{\sin x}$

$\dfrac{2\csc x \sin x \cos^2 x}{\cos x}$ Cancel common factors

$2\cos x \sin x \csc x$ Use $\csc x = \dfrac{1}{\sin x}$

$\dfrac{2\cos x \csc x}{\csc x}$ Use $\csc x = \dfrac{1}{\sin x}$

$\dfrac{2\cos x}{\csc x \sin x}$ ■

32) $\tan^2 x - 2\sin^2 x$ Decompose into sine and cosine

$\left(\dfrac{\sin x}{\cos x}\right)^2 - 2\sin^2 x$ Simplify

$\dfrac{\sin^2 x(-2\cos^2 x + 1)}{\cos^2 x}$ Use $\cos 2x = 2\cos^2 x - 1$

$-\dfrac{\sin^2 x \cos 2x}{\cos^2 x}$ Use $\tan x = \dfrac{\sin x}{\cos x}$

$-\tan^2 x \cos 2x$ ■

Practique la resolución de soluciones de ecuaciones trigonométricas

www.ingramcontent.com/pod-product-compliance
Lightning Source LLC
Chambersburg PA
CBHW082104220526
45472CB00009B/2042